高等学校水利学科专业规范核心课程教材·水文与水资源工程
全国水利行业规划教材
“十四五”时期水利类专业重点建设教材

水文学原理（第3版）

主　编　沈　冰　黄领梅

高等学校水利类专业教学指导委员会组织编审

中国水利水电出版社
www.waterpub.com.cn
·北京·

经验和水平所限，不足和欠缺之处在所难免，恳请广大师生批评指正。

教育部高等学校水利类专业教学指导委员会

中国工程教育专业认证协会水利类专业认证委员会

中国水利水电出版社

2019 年 6 月

总 前 言（2008 版）

随着我国水利事业与高等教育事业的快速发展以及教育教学改革的不断深入，水利高等教育也得到很大的发展与提高。与1999年相比，水利学科专业的办学点增加了将近一倍，每年的招生人数增加了将近两倍。通过专业目录调整与面向新世纪的教育教学改革，在水利学科专业的适应面有很大拓宽的同时，水利学科专业的建设也面临着新形势与新任务。

在教育部高教司的领导与组织下，从2003年到2005年，各学科教学指导委员会开展了本学科专业发展战略研究与制定专业规范的工作。在水利部人教司的支持下，水利学科教学指导委员会也组织课题组于2005年年底完成了相关的研究工作，制定了水文与水资源工程，水利水电工程，港口、航道与海岸工程以及农业水利工程四个专业规范。这些专业规范较好地总结与体现了近些年来水利学科专业教育教学改革的成果，并能较好地适用不同地区、不同类型高校举办水利学科专业的共性需求与个性特色。为了便于各水利学科专业点参照专业规范组织教学，经水利学科教学指导委员会与中国水利水电出版社共同策划，决定组织编写出版"高等学校水利学科专业规范核心课程教材"。

核心课程是指该课程所包括的专业教育知识单元和知识点，是本专业的每个学生都必须学习、掌握的，或在一组课程中必须选择几门课程学习、掌握的，因而，核心课程教材质量对于保证水利学科各专业的教学质量具有重要的意义。为此，我们不仅提出了坚持"质量第一"的原则，还通过专业教学组讨论、提出，专家咨询组审议、遴选，相关院、系认定等步骤，对核心课程教材选题及其主编、主审和教材编写大纲进行了严格把关。为了把本套教材组织好、编著好、出版好、使用好，我们还成立了高等学校水利学科专业规范核心课程教材编审委员会以及各专业教材编审分委员会，对教材编纂与使用的全过程进行组织、把关和监督。充分依靠各学科专家发挥咨询、评审、决策等作用。

本套教材第一批共规划52种，其中水文与水资源工程专业17种，水利水电工程专业17种，农业水利工程专业18种，计划在2009年年底之前全部出齐。尽管已有许多人为本套教材作出了许多努力，付出了许多心血，但是，由于专业规范还在修订完善之中，参照专业规范组织教学还需要通过实践不断总结提高，加之，在新形势下如何组织好教材建设还缺乏经验，因此，这套教材一定会有各种不足与缺点，恳请使用这套教材的师生提出宝贵意见。本套教材还将出版配套的立体化教材，以利于教、便于学，更希望师生们对此提出建议。

高等学校水利学科教学指导委员会

中国水利水电出版社

2008年4月

第3版前言

本书是高等学校水利学科专业规范核心课程教材、全国水利行业规划教材和“十四五”时期水利类专业重点建设教材。

本版保留了第1、第2版的基本框架和特点，并在此基础上，重点对第1、7、8、10章进行了结构微调、内容增减、算例增补等；其余章节作了少量文字修改和概念更新；各章补充了“习题与思考题”；对教材重点、难点知识增加数字资源，共计83个短视频，时长约300分钟。

本版由沈冰、黄领梅担任主编，由莫淑红担任副主编，由武汉大学夏军教授担任主审。夏军教授对第3版全稿进行了细致审校，提出了若干建设性意见，进一步提高了本书的质量，编者对此深表谢意。研究生陈建新、吕攀屹绘制增补示意图；研究生张清杰、苏盼珠、刘羽祺、刘静初、吕攀屹、陈建新参与书稿校对；余芮、李学武、张帅参与数字资源制作。

本书的出版得到西安理工大学水利水电学院、教务处等的大力支持，特此一并致谢。

限于时间与编写者的水平，书中不妥乃至谬误之处，请函告：陕西省西安市金花南路西安理工大学748＃黄领梅，邮编710048，或邮件Email：269894801@qq.com。

编 者

2023年12月

第1版前言

本教材根据高等学校水利水电类教学指导委员会“十一五”教材出版计划和“水文与水资源工程本科专业规范”编写。本教材作为水文与水资源工程本科专业的核心课程教材，在2006年水利水电类教学指导委员会水文水资源教学组会议上讨论了本教材的编写大纲，与会专家确认了主要内容和知识点与其他课程的分工，并对各章节核心内容和编排提出了若干建设性意见，本教材编写中采纳了专家们的建议。

本教材内容涉及水文学的发展，水文循环与水量平衡，河流与流域，降水，土壤水与下渗，蒸散发，径流，流域产流，坡面、土壤与河道水流，流域汇流，河流泥沙，沼泽、冰川与融雪径流，湖泊、水库与河口水文等方面的知识及分析计算原理。本教材在下述教材基础上增补了新内容，包括：河海大学胡方荣和成都科技大学侯宇光合编的《水文学原理（一）》，河海大学于维忠主编的《水文学原理（二）》（水利电力出版社，1988）；河海大学芮孝芳主编的《径流形成原理》（水利电力出版社，1994）；梁学田主编的《水文学原理》（水利电力出版社，1992）；芮孝芳著的《水文学原理》（中国水利水电出版社，2004）等。此外，还引用了有关院校和科研单位的成果与论著，并以参考文献形式列于各章之后，以利于学生理解。本教材内容成熟，取材广泛，体系完整，阐述力求简明扼要以利于学生理解，适合于水文与水资源工程本科专业教学使用，也可供从事水文、水资源、水环境及相关领域的工程技术人员和管理人员参考。

本教材由西安理工大学沈冰、扬州大学黄红虎主编；新疆农业大学姜卉芳，西安理工大学黄领梅、史文娟参加编写。全书共分13章，第1、9、10、11章由沈冰编写；第2、3、4、7章由黄领梅编写；第5、6章由史文娟编写；第8、13章由黄红虎编写；第12章由姜卉芳编写。《西北水力发电》编辑部沈珞珞绘制了书中大部分图稿，西安理工大学研究生张晓伟、张高锋、唐春娥、张恒、张振华、褚桂红、孙旭、吕继强、喻钰等参与了书稿的校对工作。

全书由四川大学水电学院薛焱森教授主审，主审人对书稿进行了认真审校，并提出了许多建设性的修改意见，编者对此深表谢意。

本书的编写和出版得到西安理工大学、扬州大学、新疆农业大学的大力支持，特此一并致谢。

限于编写者水平，书中不妥乃至谬误之处，恳请读者批评指正。

编　者

2008 年 6 月

第2版前言

《水文学原理》作为"水文与水资源工程"本科专业的核心教材，2008年出版后，已为众多院校教学采用。在中国水利水电出版社支持下，得以列入全国水利行业规划教材。

在此基础上，依据各校有关任课教师的意见和建议，第2版保持了第1版的基本框架与特点，第5、6、8章的编者对相关章节做了适当精简与调整，其余章节则修改了少量概念的阐述与文字。增补的示意图仍由《电网与清洁能源》编辑部沈珞珞绘制。西安理工大学硕士研究生张倩、聂思雨、张晓龙、田开迪、常肖杰、蒋春宇、马瑞婷等参与了书稿的校对工作。

鉴于四川大学薛焱森教授年事已高，第2版改由武汉大学夏军教授主审。夏军教授对第2版全稿进行了认真审校，提出了若干建设性意见，进一步提高了本教材的质量，编者对此深表谢意。

第2版继续得到西安理工大学、扬州大学、新疆农业大学的大力支持，特此一并致谢。

限于编写者的时间与水平，书中不妥乃至谬误之处，恳请读者批评指正。

编　者

2014年8月

数 字 资 源 清 单

序号	资 源 名 称	资源类型	页码
资源 1.1	水体	微课	1
资源 1.2	水文现象	微课	1
资源 1.3	水文现象的基本规律	微课	2
资源 1.4	水文学	微课	3
资源 1.5	水文学的分类	微课	3
资源 2.1	水文循环现象	微课	7
资源 2.2	水文循环的分类	微课	8
资源 2.3	水文循环的作用与意义	微课	9
资源 2.4	地球上水的分布	微课	11
资源 3.1	河流	微课	19
资源 3.2	流域形状特征	微课	21
资源 3.3	流域地形特征	微课	22
资源 3.4	水系特征	微课	23
资源 3.5	河流纵比降	微课	26
资源 4.1	降水要素	微课	29
资源 4.2	雨强-历时曲线	微课	31
资源 4.3	降水资料的订正	微课	38
资源 4.4	泰森多边形法	微课	39
资源 4.5	客观运行法	微课	40
资源 5.1	包气带与饱和带	微课	48
资源 5.2	毛管水	微课	49
资源 5.3	下渗的物理过程	微课	56
资源 5.4	非饱和土壤水下渗理论	微课	57
资源 5.5	饱和土壤水下渗理论	微课	59
资源 5.6	霍顿下渗公式	微课	61
资源 6.1	水面蒸发机制	微课	67
资源 6.2	水面蒸发的影响因素	微课	68

续表

序号	资 源 名 称	资源类型	页码
资源 6.3	器测法	微课	69
资源 6.4	土壤蒸发的物理过程	微课	74
资源 6.5	流域蒸散发规律	微课	81
资源 6.6	模式计算法	微课	83
资源 7.1	产流过程	微课	86
资源 7.2	汇流过程	微课	87
资源 7.3	径流的表示方法	微课	89
资源 7.4	枯水消退规律	微课	98
资源 7.5	流量过程线分析	微课	102
资源 7.6	非本次降雨的径流分割	微课	103
资源 7.7	地面、地下径流划分	微课	103
资源 8.1	毛管悬着水带	微课	109
资源 8.2	中间包气带	微课	110
资源 8.3	毛管上升水带	微课	110
资源 8.4	包气带对降雨的再分配作用	微课	113
资源 8.5	霍顿产流观念	微课	114
资源 8.6	霍顿产流观念与水文现象之间的矛盾	微课	115
资源 8.7	产流模式的概念与分类	微课	121
资源 8.8	单点产流模式的分类	微课	122
资源 8.9	单点产流模式的归纳	微课	122
资源 8.10	单元流域的概念	微课	123
资源 8.11	单元流域的产流模式	微课	123
资源 8.12	流域产流模式	微课	124
资源 8.13	产流面积	微课	126
资源 8.14	蓄水容量面积分布曲线的绘制	微课	126
资源 8.15	蓄水容量面积分布曲线的特点	微课	126
资源 8.16	下渗能力面积分布曲线	微课	127
资源 8.17	蓄满产流模式的流域产流过程分析	微课	128
资源 8.18	初始蓄水量在流域蓄水容量面积分布曲线上的表示	微课	128
资源 8.19	超渗产流模式的流域产流过程分析	微课	129

续表

序号	资　源　名　称	资源类型	页码
资源 8.20	时段产流量计算	微课	132
资源 8.21	产流过程计算	微课	132
资源 8.22	产流过程划分	微课	135
资源 8.23	降雨径流相关图的特点	微课	138
资源 8.24	下渗曲线法	微课	138
资源 8.25	读图法计算超渗产流过程	微课	139
资源 8.26	图解法	微课	140
资源 8.27	初损后损法的基本原理	微课	141
资源 8.28	初损的主要影响因素及其确定方法	微课	141
资源 8.29	平均下渗率的主要影响因素和确定方法	微课	142
资源 9.1	坡面漫流	微课	148
资源 9.2	河道汇流	微课	152
资源 9.3	槽蓄方程	微课	157
资源 9.4	特征河长	微课	158
资源 10.1	汇流时间	微课	169
资源 10.2	汇流时间的统计特性	微课	170
资源 10.3	净雨过程与之形成的流量过程之间的差异	微课	171
资源 10.4	流域调蓄作用	微课	172
资源 10.5	径流成因公式	微课	172
资源 10.6	流域蓄泄关系	微课	173
资源 10.7	面积时间曲线	微课	174
资源 10.8	单位线的基本概念	微课	177
资源 10.9	单位线的假定	微课	177
资源 10.10	单位线的应用	微课	179
资源 10.11	地下线性水库演算法	微课	200
资源 10.12	概化三角形法	微课	201

目　录

总前言
总前言（2008版）
第3版前言
第1版前言
第2版前言
数字资源清单

第1章　绪论 …… 1
1.1　水文现象及其特点 …… 1
1.2　水文学的定义与分类 …… 3
1.3　水文学的发展 …… 3
习题与思考题 …… 5
参考文献 …… 5

第2章　水文循环与水量平衡 …… 7
2.1　水文循环 …… 7
2.2　地球上的水 …… 11
2.3　水量平衡 …… 13
2.4　研究水量平衡的意义 …… 15
2.5　人类活动对水文循环和水量平衡的影响 …… 16
习题与思考题 …… 17
参考文献 …… 18

第3章　河流与流域 …… 19
3.1　基本概念 …… 19
3.2　流域与水系特征 …… 21
3.3　河流纵横断面 …… 24

习题与思考题 …… 27
参考文献 …… 28
第4章 降水 …… 29
4.1 降水及其要素的表示方法 …… 29
4.2 降水类型及影响因素 …… 32
4.3 降水资料的检验与订正 …… 37
4.4 流域面平均降水量计算 …… 39
4.5 我国降水的时空分布特征 …… 41
习题与思考题 …… 44
参考文献 …… 47
第5章 土壤水与下渗 …… 48
5.1 土壤水的存在形式 …… 48
5.2 土壤含水量与水分常数 …… 50
5.3 土壤水分运动基本方程 …… 52
5.4 下渗的物理过程 …… 55
5.5 下渗理论与公式 …… 57
5.6 天然降雨下渗和土壤水的再分布 …… 62
习题与思考题 …… 65
参考文献 …… 65
第6章 蒸散发 …… 66
6.1 基本概念 …… 66
6.2 水面蒸发 …… 67
6.3 土壤蒸发 …… 74
6.4 植物散发 …… 77
6.5 流域蒸散发 …… 81
习题与思考题 …… 85
参考文献 …… 85
第7章 径流 …… 86
7.1 径流形成过程概述 …… 86
7.2 河流水情 …… 89
7.3 洪水、枯水与冰情 …… 95
7.4 径流的分割与计算 …… 102
7.5 径流的影响因素 …… 105
习题与思考题 …… 108
参考文献 …… 108

第 8 章　流域产流 …… 109
8.1　包气带的水文特性 …… 109
8.2　产流机制 …… 114
8.3　产流模式 …… 121
8.4　流域产流过程及产流量计算 …… 128
习题与思考题 …… 145
参考文献 …… 147
第 9 章　坡面、土壤与河道水流 …… 148
9.1　坡面漫流 …… 148
9.2　壤中流与地下径流简述 …… 151
9.3　河道汇流 …… 152
9.4　槽蓄原理与特征河长 …… 157
9.5　线性洪水演算 …… 161
习题与思考题 …… 168
参考文献 …… 168
第 10 章　流域汇流 …… 169
10.1　概述 …… 169
10.2　流域汇流计算基础 …… 171
10.3　流域汇流系统分析 …… 175
10.4　线性分布式流域汇流模型 …… 193
10.5　流域汇流的非线性处理 …… 197
10.6　流域出口断面流量过程 …… 200
习题与思考题 …… 203
参考文献 …… 205
第 11 章　河流泥沙 …… 206
11.1　河流泥沙来源 …… 206
11.2　河流泥沙特征与运动 …… 207
11.3　坡面产沙 …… 211
11.4　流域输沙 …… 213
习题与思考题 …… 215
参考文献 …… 215
第 12 章　沼泽、冰川与融雪径流 …… 217
12.1　沼泽 …… 217
12.2　冰川 …… 222
12.3　融雪径流 …… 231
习题与思考题 …… 237
参考文献 …… 238

动。例如，土壤的侵蚀与泥沙的搬运，河流中泥沙的输移，肥料以及污染物的溶解和迁移都是在水流作用下进行的。数十万年来，泥沙的淤积形成了肥沃富庶的黄淮海平原，就是水和泥沙为我们提供的良田；而黄河的泛滥改道也是中华民族的心腹之患。随着人类社会经济的发展，某些工业废弃物被水流所携带而扩散，引起了环境的污染，其中重金属污染甚至危及人类健康；氮磷等农业肥料也会因施用方法不当而随水流而流失，造成水体的富营养化，引起新的环境问题。

水在流动过程中具有能量，洪水因流量和流速大，具有巨大动能，一方面会冲毁桥梁、堤坝，给人类带来难以估计的损害；另一方面，人类可以利用水流动能驱动水力机械或把水的势能集中起来发电，为人类生产、生活提供清洁能源。

资源 1.3

1.1.2　水文现象的基本规律

水文现象作为自然现象的一部分，既有必然性，也有偶然性。然而，其独特的属性，即水文现象的基本规律，更是值得深入探讨。这些基本规律主要体现在以下三个方面。

1. 水文现象具有确定性规律

对应自然现象的必然性，在水文学上称为确定性。水文现象的确定性表现在两个方面。一是水文现象的周期性。由于受地球自转和公转、四季更替和昼夜变化等具有周期性规律的影响，水文现象在时间上的变化具有一定的周期。周期有年、季、日等多种。例如，降雨在一年内有多雨季和少雨季的年周期变化，河流水量有汛期与枯期的年周期变化；冰川融水径流具有昼夜交替的日周期变化。二是水文现象的变化与其影响因素之间存在物理上的成因联系。例如，流域内有一次大暴雨，就可能会在流域出口形成一场大洪水，暴雨的量越大、持续时间越长、笼罩面积越大，洪水就越大，暴雨与洪水之间存在必然的因果关系。由此说明，水文现象存在发生的客观原因和形成条件，具有确定性规律。

2. 水文现象具有随机性规律

对应自然现象的偶然性，在水文学上称为随机性。水文现象的影响因素很多，各因素自身也在不断变化，导致水文现象在发生的时间和出现的量的大小上存在一定的随机性特点。例如，任意一条河，不同年份的降雨过程、洪水过程完全不同；河流某一断面，不同年份的年最高水位不同，发生的时间也不同。

3. 水文现象具有地区性规律

气候因素和地理因素具有地区性的变化特点，受其影响的水文现象在空间上表现出地区性特点。当气候因素和地理因素相似，水文现象在空间上的变化规律具有相似性特点。例如，我国南方湿润地区的河流，降雨丰沛，河川径流量丰富、年内分配较均匀；而北方干旱地区的河流，降雨稀少，河川径流量较小甚至会断流，年内分配极不均匀。另外，当气候因素和地理因素差异较大，则水文现象就会表现出明显的差异性或特殊性。例如，在同一个地区的山区与平原，河流的洪水大小不同；岩溶区与非岩溶区的地下水赋存状态不同；迎风坡与背风坡的降水量不同等。

1.2　水文学的定义与分类

1.2.1　水文学的定义

资源 1.4

水文学研究各种水体的存在、运动、循环和分布，水体的物理化学性质，以及水体与环境的相互作用和影响，包括与生物特别是人类的相互作用和影响。水文学原理作为水文学科的基础课程，主要阐明各种水文现象、水文过程形成的原因和机理，为定量研究水文过程奠定基础。

水文学是地球科学的一个分支，既具有理科的特征，也具有应用学科的性质。与其他学科一样，需要在不断解决新问题的过程中，拓展研究范畴，增强科学基础，以便更好地为人类经济社会发展服务。

1.2.2　水文学的分类

资源 1.5

水文学是地球科学的一个分支学科，包括许多基础科学问题，如水循环转化过程及其机理，属于自然科学范畴；同时，它又广泛服务于社会生产实践，具有社会属性，又属于应用科学范畴。随着水文学的理论、基础知识以及研究方法等渗透到与水相关的领域，形成了多样化的水文分支学科。水文学主要有以下几种分类。

按照基础理论与应用分类，水文学可分为水文学原理和应用水文学。前者研究水文循环、水流运动及与之相关的溶质输移转化机理，阐述水在大气圈、岩石圈和生物圈中的作用，特别是与人类活动的相互影响的机理及效应。后者侧重于水文学原理在各项经济建设中的应用，内容涉及水文计算、水文预报和水利计算等。

按照研究方法分类，水文学可分为系统水文学、动力水文学、确定性水文学、随机水文学、模糊水文学、水文测验学、数值水文学、同位素水文学、实验水文学、遥感水文学等。其中，由美籍华人周文德先生创建的系统水文学近年来得到广泛应用，值得重视。而由美国水文学家 Eagleson 提出的动力水文学[1]，则揭示了蒸发、输移的动力机制，为大尺度水文学研究奠定了基础。当今技术日新月异，H^1、H^3、O^{18} 等稳定同位素被用来研究径流来源与组成，同位素水文学在阐释水文过程机理方面将扮演更加举足轻重的角色。

按照研究水体分类，水文学可分为河流水文学、湖泊水文学、河口水文学、海洋水文学、地下水水文学、冰川水文学、湿地水文学等。

按照服务范畴或应用领域分类，水文学可分为工程水文学、农业水文学、森林水文学、城市水文学、环境水文学、生态水文学等。我国城市化进程正在加速，城市水文学的研究将会加快步伐，以满足社会经济发展的需求。

按研究的新老内容不同分类，水文学可分为传统水文学和现代水文学。

1.3　水文学的发展

水文学作为一门科学，是人类在开发利用水资源过程中，遇到问题、解决问题的循环中通过认识与实践不断积累、总结而发展起来的。直到今天，仍在不断发展完善中。

为了生活的需要，人类很早以前就开始了雨量、河流水位与流速的观测，并不断试图给水文现象以科学解释。例如，公元前 3500—前 3000 年古埃及人即开始观测尼罗河的水位。中华民族的祖先为了防御黄河洪水，公元前 2000 多年就开始关注水位涨落与天气状况，有了描写雨、泉、洪水等的象形文字；公元前 1200 年的河南安阳甲骨文记载了水文循环的朦胧概念；公元前 722—前 221 年的《黄帝内经・素问》中对“成云致雨”有了详细描述，《庄子・徐无鬼》中指出了河流水量蒸发的影响因子和水量平衡，《吕氏春秋》中阐述了水文循环的过程与环节。公元前 450—前 350 年古希腊哲学家 Plato 和 Aristotle 也提出了水文循环的猜想。1452—1519 年意大利科学家 da Vinci 进一步完善了水文循环的概念，并发明了浮标测定流量的方法。这些早期的水文现象观测和研究为水文科学的形成奠定了基础。

1674 年法国科学家 Perrault 在巴黎出版了《喷泉的起源》一书，阐述了他在塞纳河进行的 3 年雨量观测，分析计算出塞纳河伯格底以上流域的年径流量为年降水量的 1/6。通过这本专著人们对水文循环的认识从定性描述提升到定量计算的水平，联合国教科文组织（UNESCO）和世界气象组织（WMO）确认 1674 年为现代水文科学的开端，并于 1974 年在巴黎举行了纪念水文科学 300 周年活动[2]。此后，涌现了一批水文测验仪器，如翻斗式雨量计和流速仪。在水力学的 Bernouli 定理和 Chezy 水流阻力公式基础上[3]，水文领域也提出了若干基础理论和公式，例如，1802 年 Dalton 的蒸发原理[4]，1850 年 Mulvaney 的估算洪峰推理公式[5]，1856 年达西（Darcy）的多孔介质流定律[6]，1891 年 Manning 的明渠流公式[7] 等。这些研究成果标志着水文研究逐步加快了前进步伐。

进入 20 世纪，随着社会生产力的提高，各国经济迅速发展，而洪水、干旱等造成的经济损失也与日俱增。为了减小洪旱灾害的经济损失，全球掀起了水利工程建设的高潮。为了适应这一迫切需求，水文领域涌现出了一系列重要的研究成果。1911 年 Green 和 Ampt 建立了具有物理基础的入渗方程[8]，1914 年 Hazen 将频率分析用于洪峰流量及其所需滞蓄水量的估算[9]，1931 年 Richards 推导出土壤非饱和流基本方程[10]，1932 年 Sherman 提出时段单位线[11]，1933 年 Horton 建立入渗理论[12]，1941 年 Gumbel 提出水文极值定律[13] 等，水文领域的这些研究成果为水利工程建设顺利实施提供了基础理论与技术的支撑。

20 世纪中期，随着工业经济的发展，世界人口快速增长，致使若干国家和地区先后发生资源、环境问题，特别是水资源短缺和环境污染的危机[14-16]。同时，电子计算机的发明和应用带来现代科学技术的飞速发展，也为水文分析创造了有利条件。由于社会经济的需求和技术条件的成熟，先后提出大尺度水文模型的基本概念[17]，研制出基于遥感（RS）、数字高程（DEM）和地理信息系统（GIS）的分布式流域水文模型[14]，实时洪水预报专家系统[15]，决策支持系统[16] 等，以满足社会经济发展中所遇到的生态环境保护、水资源评价等大尺度模拟的需要，以及水资源配置、调度的实际需要。

我国在21世纪进入发展的黄金时期，社会经济对水文学科提出了更进一步的要求与挑战，同时也是发展水文科学的机遇。首先，从全球范围看气候变暖更为明显，这使得水循环变化加剧。在这种条件下，水资源短缺与洪旱灾害将同时存在并影响社会经济的发展。据中国工程院统计，我国人均水资源量为2220m^3，属于用水紧张国家[23]。如何依据区域实际情况，合理配置有限的水资源，是水文水资源工作者面临的艰巨任务；同时，也必须在基础理论方面探索自然和人类活动影响下的水文情势变化[24]，促进人类活动的有序化[25]；以便为我国这样一个人口众多、人类活动影响极其显著的国家实现可持续发展。

习题与思考题

1.1　水体、水文现象、水文学的定义。

1.2　水文现象的基本规律有哪些？

1.3　了解中国在认识水文循环概念方面的发展与成就。

参考文献

[1] Peter Sturges Eagleson. Hydrodynamic [M]. New York: McGraw-Hill, Inc, 1970.

[2] UNESCO. Contributions to the development of the concept of the hydrological cycle [M]. Paris: The Unesco Press, 1974.

[3] Finch J K. A hundred years of American civil engineering, 1852—1952 [M]. Centennial Trans, ASCE, 1953.

[4] Dalton J. Experimental essays on the constitution of mixed gases; on the force of stream or vapor from water and other liquids, both in a Torricellian vacuum and in air; on evaporation; and on the expansion of gases by heat [J]. Memoirs of the Literary and Philosophical Society of Manchester, 1802, 5: 535-602.

[5] Mulvaney T J. On the use of self-registering rain and flood gauges in making observations of the relations of rainfall and discharges in a given catchment [J]. Transactions of American Society of Civil Engineers, 1850, 4: 18-31.

[6] Darcy H. Les fontaines publiques de la ville de Dijon V [M]. Paris: Dalmont, 1856.

[7] Manning R. On the flow of water in open channels and pipes [J]. Trans. Inst. Civ. Eng. Ireland, 1891, 20: 161-207; 1895, 24 (supplement): 179-207.

[8] Green W H and G A Ampt. Studies on soil physics [J]. Journal of Agriculture Science, 1911, 4: 1-24.

[9] Hazen A. Storage to be provided in impounding reservoirs for municipal water supply [J]. Trans. Am. Soc. Civ. Eng., 1914, 77: 1539-1640.

[10] Richards L A. Capillary conduction of liquids through porous mediums [J]. Physics, 1931, 1: 318-333.

[11] Sherman L K. Streamflow from rainfall by the unit-graph method [J]. Engineering News Record, 1932, 108: 501-505.

[12] Horton R E. The role of infiltration in the hydrological cycle [J]. Transactions American Geo-

physical Union, 1933, 14: 446-460.
[13] Gumbel E J. The return period of flood flows [J]. Ann. Math. Stat., 1941, 12 (2): 163-190.
[14] Keen P G W. Decision support systems: The next decades [J]. Decision Support System, 1987, 3: 79-92.
[15] World Co-commission on Environment and Development. Our common future [M]. Oxford: Oxford University Press, 1987.
[16] Nace R L. Water of the world [M]. Washington D. C.: US Government Printing Office, 1980.
[17] W J Shuttleworth. Macro-hydrology-The new challenge for process hydrology [J]. Journal of Hydrology, 1988, 100: 31-56.
[18] 《世界环境》编辑部. 21世纪议程 [J]. 世界环境, 1993 (3): 1-37.
[19] Abbott M B, Bathurst J C, Cunge J A, et al. An introduction to the European Hydrological System-Systeme Hydrologique European, "SHE", 1: History and philosophy of a physically-based, distributed modelling system [J]. Journal of Hydrology, 1986, 87: 45-59.
[20] Abbott M B, Bathurst J C, Cunge J A, et al. An introduction to the European Hydrological System-Systeme Hydrologique European, "SHE", 2: Structure of a physically-based distributed modelling system [J]. Journal of Hydrology, 1986, 87: 61-77.
[21] Floris V, et al. Knowledge-based expert system for the real-time operation of reservoir systems [J]. Water Power, 1989, 76: 47-56.
[22] 钱正英, 张光斗. 中国可持续发展水资源战略研究综合报告及各专题报告 [M]. 北京: 中国水利水电出版社, 2001.
[23] 周艳琼. 中国海平面在上升 [J]. 珠江水运, 2004 (5): 50-51.
[24] 刘昌明, 陈志凯. 中国水资源现状评价和供需发展趋势分析 [M]. 北京: 中国水利水电出版社, 2001.
[25] 王浩, 王建华, 秦大庸, 等. 基于二元水循环模式的水资源评价理论方法 [J]. 水利学报, 2006, 37 (12): 1496-1502.
[26] 夏军. 水文科学发展与思考 [A]//刘昌明. 21世纪中国水文科学研究的新问题新技术和新方法 [C]. 北京: 科学出版社, 2001.

第 2 章

水文循环与水量平衡

2.1 水 文 循 环

水文循环是地球上一个重要的自然过程，它通过降水、蒸散发、下渗、地面径流与地下径流等环节，将大气圈、水圈、岩石圈与生物圈联系起来，并在它们之间进行水量和能量交换。正是由于水文循环的作用，大气水、地表水、土壤水和地下水之间才能相互转化，形成不断更新的统一系统；也正是由于水文循环的作用，水资源才能够成为可再生资源，才能被人类及一切生物持续利用。

2.1.1 水文循环现象

地球上的水以液态、固态和气态的形式分布于海洋、陆地、大气和生物体内，这些水体构成了地球的水圈。水文循环现象如图 2.1 所示。

资源 2.1

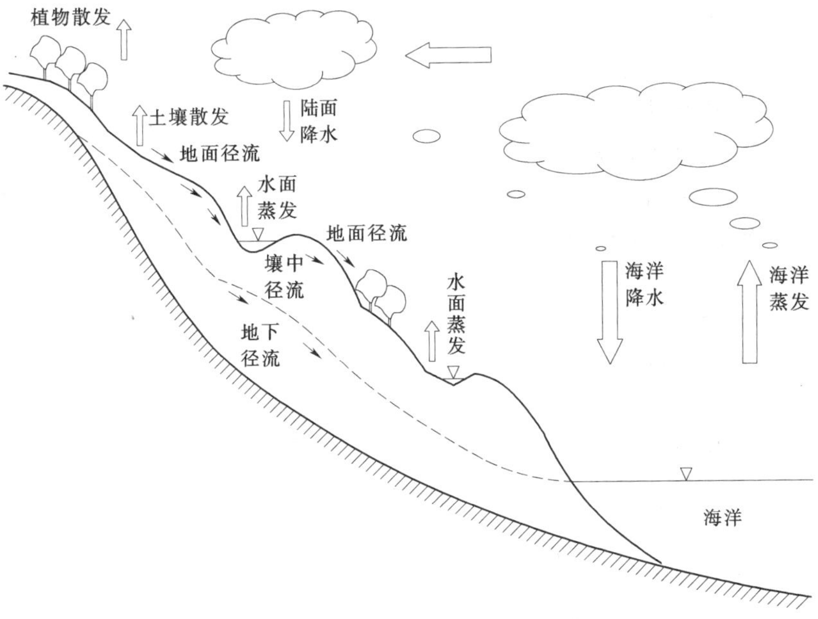

图 2.1 水文循环现象

水圈中的各种水体在太阳辐射和大气环流作用下，不断从水面（江、河、湖、海等）、陆面（土壤、岩石等）和植物的茎叶表面，通过蒸发或散发以水汽形式进入大气圈。在适当的条件下，大气圈中的水汽可以凝结成小水滴，小水滴相互碰撞合并成大水滴，当凝结的水滴大到能克服空气阻力时，就在地球引力的作用下，以降水形式

续表

序　号	水 体 种 类	储量/10^4km^3	占总量的比例/%	占淡水的比例/%
7	沼泽水	1.147	0.0008	0.03
8	河网水	0.212	0.0002	0.006
9	生物水	0.112	0.0001	0.003
10	大气水	1.29	0.001	0.04
	总计	138598.461	100.0	
	其中：陆地	4798.461	3.46	
	淡水	3502.921	2.53	100.0

从表 2.1 可知，分布在陆地的水量为 $0.48\times10^8km^3$，占全球总水量的 3.46%，其中淡水占 2.53%。而分布在河流、湖泊及沼泽、地下水等水体中可被人类利用的淡水只占全球总水量的 0.014%，且主要分布在地下水中。由此可知，地球是一个水量丰富的星球，同时对人类来说又是一个水资源短缺的星球。可开发利用水资源的紧缺必然制约经济社会的发展和人类文明的进步，水资源的可持续开发利用已成为人类社会可持续发展的必要前提。

2.2.2　地球上水的更新

水文循环的周而复始、永不停息使得地球上的各种水体中的水得到不断更新。水体中的水全部更新一次所需要的时间称为更新周期。

水体的更新周期可用式（2.1）计算：

$$t_r=\frac{S}{Q} \tag{2.1}$$

式中：S 为水体的储量；Q 为流量；t_r 为水体更新周期。

【例 2.1】 大气中的水量 S 为 $12900km^3$，流量 Q 为 $577000km^3/a$。则大气水的更新周期为

$$t_r=\frac{S}{Q}=\frac{12900}{577000}=0.022(年)=8.2(d)$$

根据全球各水体的储量和流量之间的关系，计算出相应的更新周期，见表 2.2。由水体更新概念可知，地球上总水量虽有 $13.86\times10^8km^3$，但平均每年只有 $57.7\times10^4km^3$ 的水参与水文循环，按此速度，地球上全部水量参与循环一次，或者说全部更新一次，大约需要 2400 年。

地球上不同水体的更新速度是不同的。除生物水外，地球上更新最快的水体是大气水，只需 8.2d，其次为河流水，为 16d。河流水这种快速更新对人类获取淡水资源具有特别重要的意义，也是水资源成为地球上能自行恢复或再生资源的原因。相反，深层地下水的更新周期长达 1400 年，短时期内大量开采、超采深层地下水而得不到及时补充恢复，就会导致各种负面影响，如海水入侵地下水、地裂缝、地面沉降等。

表 2.2 各种水体的更新周期

水 体	更新周期	水 体	更新周期
极地冰川、常年积雪	约 10000 年	土壤水	1 年
世界大洋	2500 年	河流水	16 天
高山冰川	1600 年	大气水	8.2 天
深层地下水	1400 年	生物水	几个小时
湖泊水	17 年	全球	2400 年
沼泽水	5 年		

注 引自《地球水环境学》[2]。

2.3 水 量 平 衡

2.3.1 水量平衡原理

水量平衡是物质不灭定律在水文学中的具体应用，是定量研究水文现象的基本工具。应用水量平衡原理可对水文循环建立定量概念，从而了解各循环要素（如降水、蒸发、径流、下渗）之间的定量关系，这对于水资源评价、水文水利计算、水文预报等具有重要作用。

根据物质不灭定律，在水文循环过程中，对任一区域（或水体）、任一时段内输入水量与输出水量之差等于其蓄水量的变化量。根据该原理可写出某一区域或水体任一时段 Δt 内的水量平衡方程：

$$S_{in}-S_{out}=\Delta S=S_2-S_1 \tag{2.2}$$

式中：S_{in} 为时段 Δt 内输入水量；S_{out} 为时段 Δt 内输出水量；S_1、S_2 分别为时段 Δt 初、末蓄水量；ΔS 为时段 Δt 内蓄水量的变化量。$\Delta S>0$，蓄水量增加；$\Delta S=0$，蓄水量不变；$\Delta S<0$，蓄水量减小。

式（2.2）为水量平衡的基本方程，应用时需要注意：一是研究区域，二是计算时段。研究区域可以是一个流域，或某一水体，如海洋、湖泊、水库等，也可以是流域或水体的一部分，如某一河段。计算时段要根据所研究的问题而定，如果是研究大范围的水量平衡问题，计算时段常取月、年、多年平均。如果是研究某个不大的水体，一般取较短的计算时段，如日、时、分等。水量平衡原理可用于定量计算水文循环各要素之间的关系，还可用于水文计算、水文预报中，如河道洪水演算、水库调洪计算、水库兴利计算等。

2.3.2 全球水量平衡

地球由海洋与陆地两大部分组成。分别以海洋和陆地为研究对象，时段为 Δt 的水量平衡方程为

$$P_O+R_{OL}-E_O=\Delta S_O \tag{2.3}$$

$$P_L-R_{OL}-E_L=\Delta S_L \tag{2.4}$$

式中：P_O 为时段 Δt 内海洋面上的降水量；R_{OL} 为时段 Δt 内汇入海洋的径流量；E_O

为时段 Δt 内的海洋蒸发量；ΔS_O 为时段 Δt 内的海洋蓄水变化量；P_L 为时段 Δt 内的陆地降水量；E_L 为时段 Δt 内的陆地蒸发量；ΔS_L 为时段 Δt 内的陆地蓄水变化量。

式（2.3）与式（2.4）的叠加，可得时段为 Δt 的全球水量平衡方程：

$$P_O+P_L-(E_O+E_L)=\Delta S_O+\Delta S_L=\Delta S_E \text{ 或 } P_E-E_E=\Delta S_E \tag{2.5}$$

式中：P_E 为时段 Δt 内的全球降水量，$P_E=P_O+P_L$；E_E 为时段 Δt 内的全球蒸发量，$E_E=E_O+E_L$；ΔS_E 为时段 Δt 内的全球蓄水变化量；其余符号意义同前。

有限时段数内，ΔS 可正可负，但对多年平均情况而言，正负可能抵消，即蓄水量的变化量的多年平均值近似为0，即有

$$\Delta\overline{S}=\frac{1}{n}\sum_{i=1}^{n}\Delta S_i\approx 0$$

因此，海洋、陆地的多年平均水量平衡方程分别为

海洋：
$$\overline{P_O}+\overline{R_{OL}}=\overline{E_O} \tag{2.6}$$

陆地：
$$\overline{P_L}=\overline{R_{OL}}+\overline{E_L} \tag{2.7}$$

式中：$\overline{P_O}$ 为海洋的多年平均降水量；$\overline{R_{OL}}$ 为汇入海洋的多年平均径流量；$\overline{E_O}$ 为海洋的多年平均蒸发量；$\overline{P_L}$ 为陆地多年平均降水量；$\overline{E_L}$ 为陆地多年平均蒸发量。

式（2.6）与式（2.7）的叠加，可得全球的多年平均水量平衡方程为

$$\overline{P_O}+\overline{P_L}=\overline{E_O}+\overline{E_L} \text{ 或 } \overline{P_E}=\overline{E_E} \tag{2.8}$$

式中：$\overline{P_E}$ 为全球多年平均降水量；$\overline{E_E}$ 为全球多年平均蒸发量；其余符号意义同前。

式（2.8）表明，全球的多年平均降水量等于多年平均蒸发量。经分析计算，全球的多年平均降水量与蒸发量均为1130mm。

全球水量平衡要素见表2.3。由表2.3可知，全球多年平均蒸发量为 $57.7\times10^4km^3$，其中海洋的多年平均蒸发量为 $50.5\times10^4km^3$，陆地的多年平均蒸发量为 $7.2\times10^4km^3$。全球多年平均降水量为 $57.7\times10^4km^3$，其中海洋的多年平均降水量为 $45.8\times10^4km^3$，陆地的多年平均降水量为 $11.9\times10^4km^3$。值得一提的是，地球并不是一个封闭的系统，地球与宇宙空间存在水量交换，比如陨石降落、地球大气中的水汽分解后消失在宇宙空间等，但两者之间的水量交换基本保持平衡，对全球水量平衡产生的影响基本可不予考虑。

表2.3　　全球水量平衡要素

区域	蒸发		降水		径流	
	水量/km^3	深度/mm	水量/km^3	深度/mm	水量/km^3	深度/mm
海洋	505000	1400	458000	1270	17000	130
陆地	72000	435	119000	800	47000	315
陆地外流区	63000	529	110000	924	47000	395
陆地内流区	9000	300	9000	300		
全球	577000	1130	577000	1130		

2.3.3 流域水量平衡

以流域为研究对象，时段为 Δt 的水量平衡方程为

$$P+R_{sI}+R_{gI}-(E+R_{sO}+R_{gO}+S_{w})=\Delta S \tag{2.9}$$

式中：P 为时段 Δt 内流域上的降水量；R_{sI} 为时段 Δt 内的流入流域的地面径流量；R_{gI} 为时段 Δt 内流入流域的地下径流量；E 为时段 Δt 内流域上的蒸散发量；R_{sO} 为时段 Δt 内流出流域的地面径流量；R_{gO} 为时段 Δt 内流出流域的地下径流量；S_{w} 为时段 Δt 内流域用水量；ΔS 为时段 Δt 内流域的蓄水变化量。

式（2.9）为流域水量平衡方程的一般形式。如果流域为闭合流域，且用水量很小，即 $S_{w}\approx 0$，则式（2.9）可写成更简单的形式为

$$P-E-R=\Delta S \tag{2.10}$$

式中：R 为时段 Δt 内流出流域的地下、地面径流量之和；其余符号意义同前。

同样，还可以写出多年平均情况下的闭合流域水量平衡方程为

$$\overline{P}=\overline{E}+\overline{R} \tag{2.11}$$

式中：$\overline{P}$ 为流域多年平均降水量；$\overline{E}$ 为流域多年平均蒸散发量；$\overline{R}$ 为流域多年平均径流量。

中国主要河流的多年平均水量平衡要素见表 2.4。

表 2.4　中国主要河流的多年平均水量平衡要素

河流名称	流域面积/10^4 km^2	降水量/mm	径流量/mm	蒸散发量/mm
辽河	21.90	472.6	64.5	408.0
松花江	55.68	526.8	136.8	390.0
海河	26.34	558.7	86.5	472.2
黄河	75.20	464.6	87.5	377.1
淮河	26.90	888.7	231.0	657.7
长江	180.85	1070.5	526.0	544.5
珠江	44.20	1469.2	751.3	718.0
雅鲁藏布江①	24.05	949.4	687.8	261.0

① 为中国境内的流域面积及其水量平衡要素。

2.4 研究水量平衡的意义

水量平衡是水文、水资源学科的重大基础研究课题，同时又是研究和解决一系列实际问题的手段和方法。因而具有十分重要的理论意义和实际应用价值。

（1）通过水量平衡研究，可以定量地揭示水文循环过程与全球地理环境、自然生态系统之间的相互联系、相互制约的关系；揭示水文循环过程对人类社会的深刻影响，以及人类对水文循环过程的消极影响和积极控制的效果。

（2）水量平衡又是研究水文循环系统内在结构和运行机制，分析系统内蒸发、降水以及径流等各个环节之间的内在联系，揭示自然界水文过程基本规律的主要方法；

是人们认识和掌握河流、湖泊、海洋、地下水等各种水体的基本特征、空间分布、时间变化，以及今后发展趋势的重要手段。通过水量平衡分析，还能对水文测验站网的布局，观测资料的代表性、精度及其系统误差等作出判断，并加以改进。

(3) 水量平衡分析还是水资源现状评价与供需预测研究工作的核心。从降水、蒸发、径流等基本资料的代表性分析开始，到进行径流还原计算，到研究大气水、地表水、土壤水、地下水等四水转化关系，以及区域水资源总量评价，基本上都是根据水量平衡原理进行的。水资源开发利用现状以及未来的供需平衡计算，更是围绕着用水、需水与供水之间能否平衡的研究展开的，所以水量平衡分析是水资源研究的基础。

(4) 在流域规划、水资源工程系统规划与设计中，同样离不开水量平衡工作。它不仅为工程规划提供基本参数，而且可以评价工程建设后可能产生的实际效益。

此外，在水资源工程正式投入运行后，水量平衡方法又往往是恰当地协调各部门用水要求，进行合理调度，科学管理，充分发挥用水效益的重要手段。

2.5　人类活动对水文循环和水量平衡的影响

由于人类活动使得自然地理条件发生变化，从而导致水文循环要素、过程、强度、水文情势等发生变化，进而使水量平衡也产生变化。人类活动对水文循环的路径以及水量平衡各项量值的影响，有直接影响与间接影响两类。水文循环中有两个重要环节：一是空中水汽输送；二是陆地径流。人类活动对前者的影响是间接的，而对后者的影响是直接的。此外，人类活动不仅改变了水文循环各环节水的数量，也改变了水文循环过程中水的质量，即水的物理化学性质。

2.5.1　人类生产及生活用水的影响

人类为了满足生活和工农业生产的需要，把水从河流或地下含水层直接取出。其中一部分重新回到河流或地下含水层中，一部分通过蒸散发成为大气水，只有一小部分返回当地水文循环系统。从而使该区域水文循环各要素的量或质在时空分布上直接发生变化，这种影响在旱区尤为突出。例如，在我国新疆地区，气候干旱，农田需水迫切，大量引水灌溉，致使许多河流季节性断流。在黄河流域，因内蒙古河套地区大量引水灌溉，出现了河套地区流量比上游兰州段的流量小的反常现象。由于大量引水灌溉，增大了陆面蒸发，减小了河川径流，造成黄河年径流量逐年减小。同时，随着人口增长，城市与工业的发展，生活与工业引水量也日益加大。这些因素使用水量急剧增大，以致到 20 世纪末黄河这样的大河也发生了连续数年的断流现象。

人类活动的表现在于明显地改变了下垫面状况。农业方面，耕作面积的增加改变了原有植被状况，改变了蒸发条件，进而改变了水汽输送量；农田排水中含有不同数量的养分和农药，使水质发生了变化。城市化方面，随城市化的不断推进，大量透水陆面变为不透水地面，使得相同降雨量所产生的径流量及径流过程不同。现代工业排放的废气降低了近地面的大气透明度，从而改变了辐射状况，影响了陆面能量平衡，导致海洋与陆地表面温度变化，而降水量也随之发生了变化。工业排放的污、废水含有比农业排水更多的有害物质。而近年来，黄土高原地区的人类活动，包括修筑梯田和淤地坝等工程措施，以及退耕还林还草等改变土地利用状况的措施，则在一定程度上减缓了人类对水文循环的影响。

2.5.2 水利工程的影响

为了满足人类用水、用电的需要，人类在河流上兴建了大量水库、水电站等水利工程。这些工程改变了河川径流时间分配的过程，水库蓄水也增大了水面面积。由于水面蒸发远大于陆面蒸发，因而总体上蒸发量增大，径流量减小。蒸发的水量改变了内陆水文循环中的水汽量值，在一定程度上增强了内陆水文循环。由于这些工程在蓄水过程中，改变了径流的运动条件，改变了水的温度状况以及水中微生物和生物的生存条件，也相应会引起水质的变化。

跨流域调水改变了水文循环的路径，同时也改变了水文循环各要素之间的平衡关系，因而对水文循环具有很大影响。不仅对调出区有影响，对调入区也有不可忽视的影响。例如，我国的南水北调工程，使长江流域水量减少，使黄河、淮河、海河流域水量增加；长江流域水量减少量值相对有限，而黄淮海流域水量增加比例较大。因此，南水北调工程对长江的影响，如是否会产生入海口区淡水退缩及咸水入侵，河口侵蚀量增加等负面影响都需要持续深入研究；对黄淮海调入区而言，调入水量满足人民生产生活需要，在一定程度上补充了长期超采的地下水是有利的方面，但对调入区水文循环状况影响及其程度还有待进一步研究。

不同的人类活动，其水文效应的影响规模、变化过程和变化性质，以及可否逆转等均不同。例如跨流域引水、大型水库等水利工程，这些人类活动时间短暂，但可以骤然改变水循环要素，而且一旦改变就将持久发生而不可逆转地存在下去。植树造林、城市化等历时较长的人类活动，对水文要素的影响则是逐渐变化的。水文效应的影响与原水体水量大小有关，影响改变的量和质与总量和总体水质都是相对而言的。

总而言之，人类活动对水文循环的影响越来越大，而水文循环的改变又会引起自然环境的变化。这种变化有可能朝着有利于人类的方向发展，也可能朝着不利于人类的方向发展，弄清其机理，在理论和实践上都有重大的意义。

习题与思考题

2.1 何谓水文循环？产生水文循环的原因有哪些？

2.2 何谓水量平衡原理？流域、闭合流域的水量平衡方程中需要考虑哪些因素？

2.3 为什么说水资源是再生资源？决定不同水体水资源开发利用程度的关键因素是什么？

2.4 某水库 1993 年测得：入库年径流量为 $34.7\times10^8 m^3$，出库年径流量为 $37.8\times10^8 m^3$，区间来水年径流量为 $6.3\times10^8 m^3$，总灌溉引水量为 $1.0\times10^8 m^3$，年降水量为 $1.1\times10^8 m^3$，年水面蒸发量为 $1.2\times10^8 m^3$。

(1) 写出该水库的水量平衡方程；

(2) 当年水库的蓄水是增加还是减少？试求出水库的蓄水变化量；

3.1.3　分水线

若地形向两侧倾斜，使降水分别汇集到两条不同的河流中，这一地形上的脊线起着分水的作用，是相邻两流域的分界线。分隔相邻两个流域的高地为分水岭，可以是山地、高原、山丘或是微有起伏的平原。例如降落在秦岭以南的雨水形成径流汇入长江，而降落在秦岭以北的雨水形成径流汇入黄河，所以秦岭是长江与黄河的分水岭。分水岭上最高点的连线称为分水线。分水岭有对称与不对称两类，对称的分水线位于分水岭中央，不对称的分水线偏向一侧。后者更为常见。不对称的原因主要是两坡构造岩性不同或两侧流域的侵蚀基准面不同。

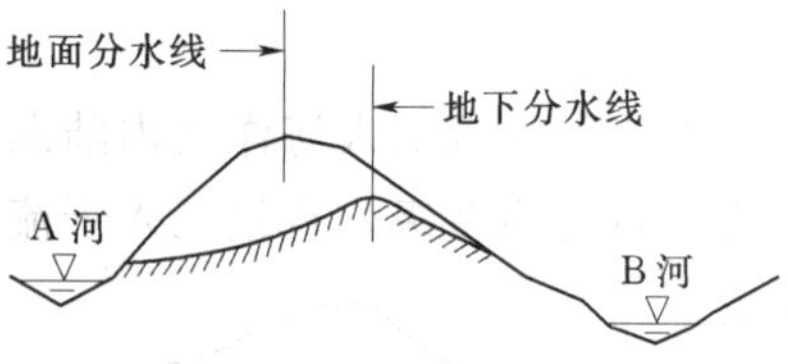

图 3.3　分水线示意图

河流水源包括地面水和地下水，因此分水线有地面分水线与地下分水线之分。流域的地面分水线和地下分水线一般大体一致，但有时受流域水文地质条件和地貌特征的影响，地面分水线与地下分水线可能不一致，表现在垂直方向上不重合，如图 3.3 所示。

流域的分水线通常并不是固定不变的，主要原因如下。

（1）由于河流的向源侵蚀而发生的相邻流域的袭夺现象，分水线的位置会发生改变。

（2）由于人工开挖河道或跨流域引水等会改变流域的实际集水面积。

（3）平原河网地区，由于地势平坦，河沟纵横交错，加之河道闸坝调节，造成水流方向不定，甚至在不同的季节，因水位高低不同而造成流向不一和集水面积不同。

3.1.4　流域

流域是汇集地面水和地下水的区域，也即是分水线包围的集水区。流域集水区有地面集水区和地下集水区两类。由地面分水线包围的集水区为地面集水区；由地下分水线包围的集水区为地下集水区。平时所称的流域，一般都指地面集水区。如果地面集水区和地下集水区相重合，称为闭合流域；如果不重合，则称为非闭合流域，如图 3.4 所示。严格来说，完全闭合的流域是不存在的。非闭合流域与周围邻近流域间存在水量交换。一般大、中型流域，因地面和地下集水区不一致产生的两相邻流域水量交换比流域总水量小得多，可忽略不计。因此，可用地面集水区代表流域。但是，小流域或者流域内有岩溶的石灰岩地区，有时交换水量占流域总水量的比重相当大，把地面集水区看作流域会造成很大误差。这就必须通过地质和水文地质调查及枯水调查、泉水调查等来确定地面及地下集水区的范围，估算相邻流域间的水量交换。

在实际工作中，除具有石灰岩溶洞等特殊地质情况外，集水区均可近似看作闭合流域。

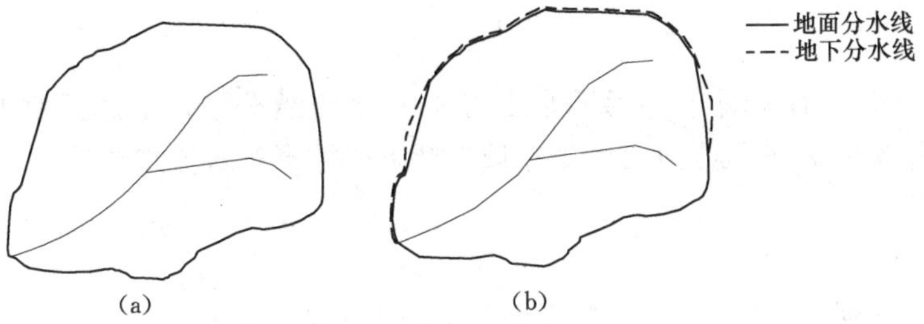

图 3.4 闭合与非闭合流域示意图

(a) 闭合流域（地面与地下分水线完全重合）；(b) 非闭合流域

3.2 流域与水系特征

3.2.1 流域特征

流域特征包括流域形状特征、地形特征和自然地理特征。

3.2.1.1 流域形状特征

资源 3.2

流域形状特征包括流域面积、流域长度、流域平均宽度和流域形状系数，分述如下。

1. 流域面积

流域是地面分水线与地下分水线所包围的区域，因地下分水线不易确定，通常所指的流域为地面分水线包围的区域。地面分水线所包围区域的水平投影面积，称为流域面积，记为 F，以 km^2 计。在水文地理研究中，流域面积是一个极为重要的参数。自然条件相似的两个或多个流域，一般是流域面积越大，水量越丰富。如不特别说明，流域面积是指河口断面以上地面分水线包围的水平投影面积。在实际工作中，常常需要确定水文站控制断面或水库坝址断面等对应的集水面积。

流域面积是在适当比例尺的地形图上勾绘出流域分水线后量算而得。勾绘地面分水线是确定流域面积的关键，一般在较大比例尺的地形图上进行。勾绘时一定要保证其与每条等高线在相交处垂直。随着计算机技术的发展与应用，可以借助 ArcGIS 等软件确定流域面积。

2. 流域长度

流域长度以 L 表示，单位以 km 计。目前确定流域长度的常用方法有以下 3 种，可依据研究目的选用。

(1) 从流域出口断面沿主河道到流域最远点的曲线距离为流域长度。

(2) 从流域出口断面至分水线的最大直线距离为流域长度。

(3) 用流域平面图形几何中心轴的长度（也称流域轴长，为折线长度）表示，即以流域出口断面为圆心作若干不同半径的同心圆，每个圆与流域边界的两交点连一条割线，各条割线中点的连线的总长度即为流域几何轴长。

3. 流域平均宽度

流域平均宽度 B 是流域面积 F 与流域长度 L 的比值，即

$$B=\frac{F}{L} \tag{3.1}$$

流域平均宽度 B 越小，流域形状越狭长，水流越分散，形成的洪峰流量越小，洪水过程越矮胖；若 B 接近于1，则流域形状近于方形，水流越较集中，形成的洪峰流量越大，洪水过程越尖瘦。

4. 流域形状系数

流域形状系数 K 等于流域平均宽度与流域长度之比，即

$$K=\frac{B}{L}=\frac{F}{L^2} \tag{3.2}$$

流域形状系数 K 越大，流域形状近于扇形，水流汇集越集中，洪水过程线越尖瘦；流域形状系数 K 越小，流域形状越狭长，水流汇集越平缓，洪水过程线越矮胖。

资源 3.3

3.2.1.2 流域地形特征

流域的地形特征一般用流域平均高程、流域平均坡度以及面积高程曲线表示。

1. 流域平均高程

流域平均高程指流域范围内地表的平均高程，利用面积加权概念推求，即流域内相邻等高线间的面积权重乘以其平均高程的乘积之和，计算公式如下：

$$\overline{Z}=\frac{f_1Z_1+f_2Z_2+\cdots+f_nZ_n}{F}=\frac{\sum_{i=1}^{n}f_iZ_i}{F} \tag{3.3}$$

其中
$$F=\sum_{i=1}^{n}f_i$$

式中：$\overline{Z}$ 为流域平均高程，m；f_i 为相邻两等高线之间的面积，km^2；Z_i 为相邻两等高线的平均高程（相邻两等高线的平均值），m；F 为流域面积，km^2；n 为流域内被等高线划分的数量。

2. 流域平均坡度

流域平均坡度又称地面平均坡度、流域平均比降，它是坡地漫流过程的一个重要影响因素，还是小流域洪水汇流计算中的一个重要参数。一般用式（3.4）计算：

$$\overline{J}=\frac{1}{F}\left[\frac{\Delta ZL_1f_1}{2f_1}+\frac{\Delta Z(L_1+L_2)f_2}{2f_2}+\cdots+\frac{\Delta ZL_nf_n}{2f_n}\right] \tag{3.4}$$

式中：$\overline{J}$ 为流域平均坡度；ΔZ 为相邻两条等高线的高程差，m；L_i 为流域内各条等高线的长度，m；其余符号意义同前。

另外，还可以将流域网格化计算流域平均坡度。将流域划分成若干正方形网格，定出每个网格的格点与等高线正交方向的坡度，所有格点坡度的算术平均值即为流域的平均坡度。

3. 面积高程曲线

某些水文要素，如降水、蒸发等，与高程之间具有一定关系，为研究高程对水文特征值的影响，就需要了解流域面积随高程的分布变化情况。具体做法是量算出相邻两条等高线之间的面积，统计出大于等于某一高程的面积与流域面积之比，然后以高

程为纵坐标、面积比为横坐标绘出光滑曲线，如图 3.5 所示。

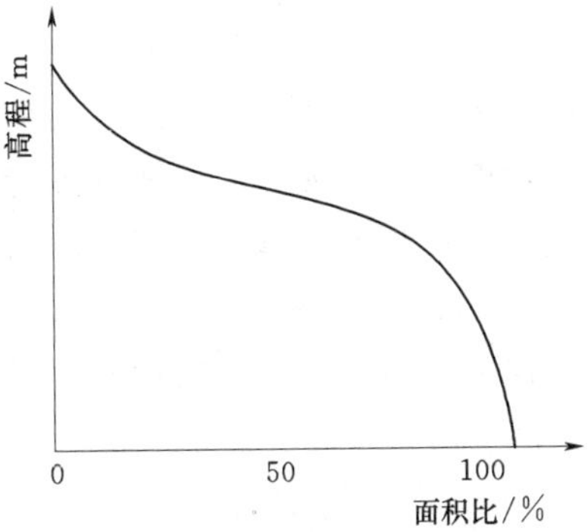

图 3.5　流域面积高程关系曲线

3.2.1.3　流域自然地理特征

流域的自然地理特征包括地理位置、气候条件和下垫面条件。

1. 流域地理位置

流域地理位置一般用流域中心或其边界的经纬度表示，如黄河流域位于北纬 32°～42°和东经 96°～119°。纬度相同地区的气候比较一致，所以东西方向较长的流域，流域上各处水文特征相似程度较大。另外，还需要说明所研究流域距离海洋的远近以及与其他流域和周围较大山脉的相对位置。流域距离海洋的远近和与较大山脉的相对位置，影响水汽的输送条件，直接导致降水量的大小和时空分布的不同。如我国西北内陆地区与华北地区相比，虽然纬度相同，但前者因距离海洋较远、降水量稀少而形成较干旱气候；由于秦岭山脉的阻隔，致使秦岭南北的降水量相差悬殊，河流的水文特征也有显著差异。

2. 流域气候条件

流域的气候要素包括降水、蒸发、气温、湿度、气压、风速等。河流的形成和发展主要受气候因素控制，即有“河流是气候的产物”之说。降水量的大小及分布，直接影响径流的多少；蒸发量则对年、月径流有重大影响。气温、湿度、风速、气压等主要通过影响降水和蒸发，从而对径流产生间接影响。

3. 流域下垫面条件

下垫面指流域的地形、地质构造、土壤和岩性、植被、湖泊、沼泽等情况，这些要素以及上述河流特征、流域特征都反映了每一水系形成过程的具体条件，并影响径流的变化规律。在天然情况下，水文循环中的水量、水质在时间上和地区上的分布与人类的需求是不相适应的。为了解决这一矛盾，长期以来人类采取了许多措施，如兴修水利、植树造林、水土保持、城市化等来改造自然以满足人类的需要。人类的这些活动，在一定程度上改变了流域的下垫面条件从而引起水文特征的变化。因此，研究河流及径流的动态特性时，需对流域的自然地理特征及其变化状况进行专门的研究。

3.2.2　水系特征

资源 3.4

常用河流长度、河网密度、河流弯曲系数和水系形状描述河流或水系特征。

1. 河流长度

河流长度指从河口到河源区河流最初具有地表水流形态的地点的河道水面中心线的距离，简称河长。一般可在一定比例尺的地形图上量得，或利用 ArcGIS 等软件确定。

2. 河网密度

河网密度指流域内干支流总长度与流域面积的比值，即

$$K_{\mathrm{D}}=\frac{\sum L}{F} \tag{3.5}$$

式中：K_{D} 为河网密度，km/km^2；$\sum L$ 为河流水系的总长度，km；F 为流域面积，km^2。

河网密度越大，流域切割程度越大，坡面水流汇集越快；河网密度越小，则在一定程度上反映流域排水不畅，坡面水流汇集越缓慢。

3. 河流弯曲系数

河流弯曲系数 K_{w} 是指河流长度与河流两端间的直线距离之比，即

$$K_{\mathrm{w}}=\frac{L}{l} \tag{3.6}$$

式中：L 为河流长度，km；l 为河流两端间的直线距离，km。

河流弯曲系数表示河流平面状态的弯曲程度。河流弯曲系数越大，河流越弯曲，河网汇流时间越长，河槽调蓄能力越强，洪水过程线越矮胖。一般平原河流的弯曲系数大于山区河流，下游大于上游。

4. 水系形状

自然形成的水系，其形状千变万化，归纳起来主要有3种：羽状水系、扇形水系和混合水系，如图3.6所示。羽状水系的支流自上游向下游在不同地点依次汇入干流，相应的流域形状多为狭长形。扇形水系的支流大体呈平行状与干流交汇，相应的流域形状多为扇形。混合水系的支流与干流的关系介于前两者之间，相应的流域形状也介于狭长形和扇形之间。

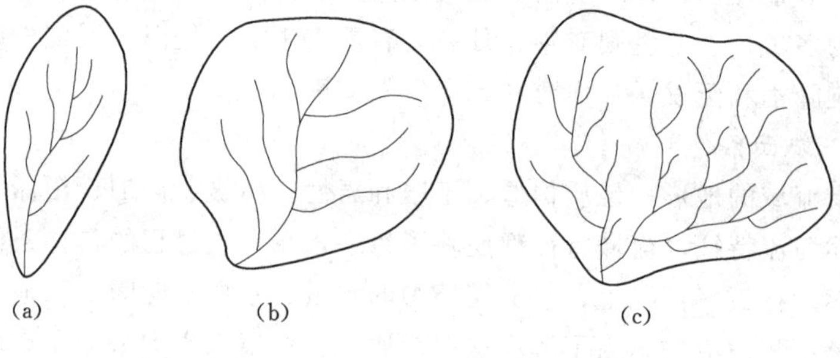

图3.6　水系形状示意图

(a) 羽状水系；(b) 扇形水系；(c) 混合水系

水系的形态决定了流域的形状，并对流域汇流有一定的影响。扇形水系汇流时间短，洪水往往表现为陡涨陡落，洪水历时短；羽毛状水系对应的暴雨洪水过程较平缓，洪水历时长；混合水系则介于两者之间。

3.3　河流纵横断面

3.3.1　河流横断面

垂直于水流方向的断面称为横断面，简称断面，其一般形状如图3.7所示。枯水期水流流经部分称为基本河床或主槽；洪水期才会被水流淹没部分称为洪水河床或滩

地。断面内有水流流经的部分称为过水断面，过水断面面积的大小随水位和断面形态变化而变化。任意一条河流，从上游至下游会有无数多个横断面，各个横断面的形状各异，且受冲淤变化影响。

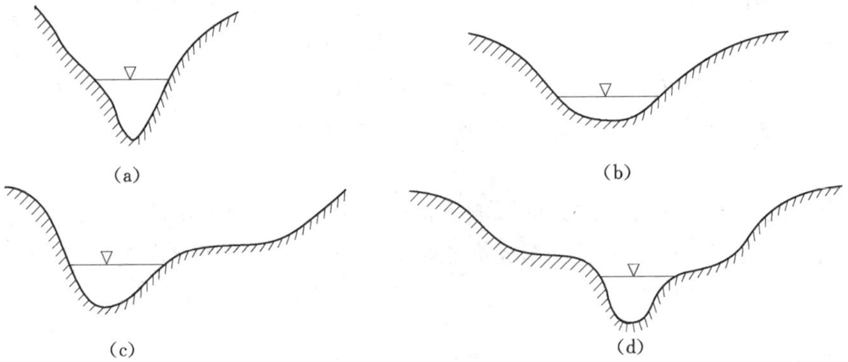

图 3.7 河流横断面示意图

(a) 窄深断面；(b) 抛物线形断面；(c) 主槽偏向一侧；(d) 主槽居中

3.3.1.1 横断面类型

河流的横断面是河流的平面形态与水流长期相互作用、相互影响的结果，在顺直河段、弯曲河段与河流上下游河段，都有其特定的横断面形态。按照水力特性常将河流横断面分为单式断面与复式断面两类。

1. 单式断面

只有主槽而无滩地的断面为单式断面，河流的水面宽度随水位的变化是连续的或渐变的，如图 3.7 所示。其中图 3.7 (a) 是窄深断面，一般山区河流的上游顺直段多属此类断面；图 3.7 (b) 为近似抛物线形的单式断面，河流中下游的顺直河段多属此类断面。单式断面的河床相对比较稳定，河槽为单一的冲淤变化，水位与断面各项要素（水面宽、过水断面面积、水力半径等）间为单一的连续变化的关系。

2. 复式断面

既有主槽又有滩地的断面称为复式断面，河槽水面宽随水位的变化有突变，如图 3.7 所示。其中，图 3.7 (c) 主槽偏向一侧，此类断面多出现在河流的弯曲段；图 3.7 (d) 为主槽居中，两边有近于对称的较宽滩地，滩地两边均有人工河堤，此类断面多为人工排水河道或人工运河。复式断面洪枯水位相差悬殊，河床处于不稳定状态。水位与各水力要素间的关系呈不连续变化。特别是主槽与滩地部分水力条件悬殊，在河道流量演算时，应考虑高低水位时演算参数的差异。

3.3.1.2 水面横比降与横向环流

1. 水面横比降

由于地球自转及河道弯曲离心力的作用，河道横断面的水面并非完全水平，河道水流除向下游流动外，还存在垂直主流方向的横向流动，一般用水面横比降表示。水面横比降指左右岸水面的高程差与相应断面的河宽之比。水面横比降产生的原因有两个：一是地球自转所产生的偏转力；二是河流弯道离心力。地球自转所产生的偏转力是主要原因。

地球自转所产生的偏转力垂直于物体运动的方向，物体的运动在其作用下发生偏转。在北半球向右偏转，在南半球向左偏转。地球上的河道水流也不例外。地转偏向力方向指向右岸，计算公式为

$$F_c = ma_c = m \times 2v_w \overline{v} \sin\theta_\varphi \tag{3.7}$$

式中：F_c 为地球偏转力，N；m 为运动水流的质量，kg；a_c 为水流的加速度，m/s²；$\overline{v}$ 为平均流速，m/s；v_w 为地球自转角速度，rad/s；θ_φ 为运动水流所在的纬度，(°)。

北半球的河流在地转偏向力的影响下，河道中的水流向右岸流动，造成过水断面上右岸的水面高于左岸的水面，形成横比降。在横比降的作用下形成超压力，其大小等于地球偏转力，方向指向左岸。超压力正比于横比降 J_c，即有

$$J_c = \frac{F_c}{G} = \frac{2v_w \overline{v} \sin\theta_\varphi}{g} \tag{3.8}$$

式中：J_c 为横比降，无量纲；G 为运动水流的重量，N；其余符号意义同前。

2. 横向环流

在地转偏向力和超压力的作用下，河流表层的水将向右岸流动，底层的水向左岸流动，它们构成一个横向环流。它与河轴垂直，表层横向水流与底层横向水流的方向恰好相反，在过水断面上它们的投影构成一个封闭的环流。实际上，横向环流与纵向水流结合起来，成为江河中常见的螺旋流。这种螺旋流使平原河道的凹岸受到淤积，形成浅滩，直接影响取水口位置的选取。

河流上述情况造成的横向环流，使水流不仅具有下切的能力，还有侧向侵蚀的能力，这对认识河流地貌的形成与河流治理具有重要意义[1]。

3.3.2 河流纵断面

1. 纵断面特征

纵断面表示河槽或水位纵向坡度变化特征。纵断面图可通过实地测绘或在地形图上量算后绘制，如图 3.8 所示。

资源 3.5

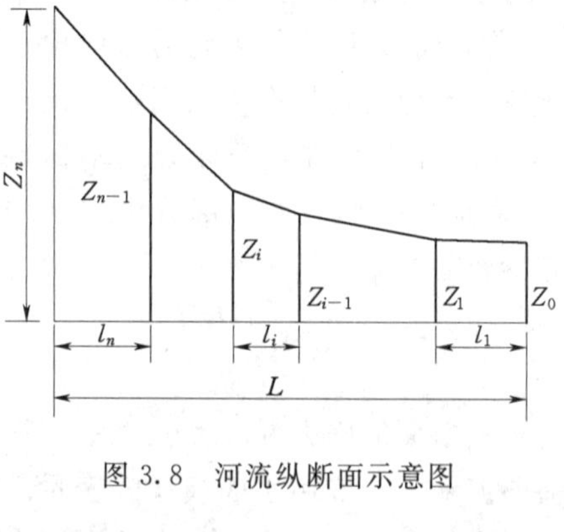

图 3.8　河流纵断面示意图

河流纵断面的特征可用落差、纵比降表示。任意河段两端的高差称为落差，单位河长的落差称为纵比降，简称比降。常用的河流比降有水面比降与河底比降。河流沿程各河段的比降不同，一般从上游向下游逐渐减小。水面比降一般随水位而变化，河底比降则较稳定。当河段纵断面近于直线时，其比降用式（3.9）计算：

$$J = \frac{Z_1 - Z_0}{L} = \frac{\Delta Z}{L} \tag{3.9}$$

式中：J 为河段比降；Z_1、Z_0 分别为河段上、下断面水面或河底高程，m；L 为河段长度，m。

当河底高程沿程变化时（图 3.8)，在纵断面图上从下断面最低点作一直线，该直线以下的面积与原河底线以下面积相等，直线的斜率即为河道的平均比降[2]，计算公式为

$$J=\frac{(Z_0+Z_1)l_1+(Z_1+Z_2)l_2+\cdots+(Z_{n-1}+Z_n)l_n-2Z_0L}{L^2} \tag{3.10}$$

2. 水面比降随水位的变化

河流中任一河段的水面比降在洪水期和枯水期截然不同，一般随河段的水流形势和水位的高低而发生变化。这种变化主要受研究河段及其上下游河段纵断面和平面形态的影响。

对于平面形势弯曲的河段，由于河底纵断面起伏较大，造成深浅相间存在，如图 3.9 所示。在枯水期，流量小，水位低，此时水面比降和河底坡度近于平行，如图 3.9 (b) 中的“b---b---b---b”线。如流量增加，水位升高，由于浅滩上水面比降小，而在深槽处比降增大，在某一水位时将发生直线的水面形态，如图中的 c --- c --- c --- c 线。如流量继续增加，水位继续升高，此时水面纵比降不再受河底起伏的影响，而受河床的平面形势所左右。在某一特定水位时，水位纵断面可形成和图中 b---b---b---b 线相反的形态，如 d ---- d ---- d ---- d 线。

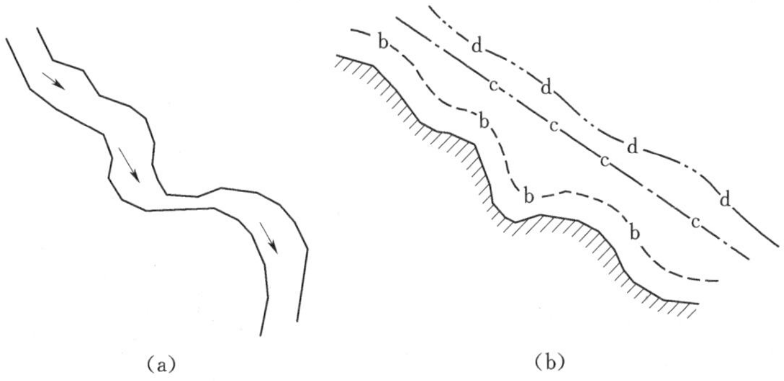

图 3.9　弯曲河段的水面比降变化示意图

(a) 平面图；(b) 水面变化图

对于平面比较顺直的河段，其水面比降随水位高低变化的情况，主要取决于上下游河段情况。如研究河段的下游坡度较陡，则研究河段的水面比降随水位的上升而加大；反之，如研究河段较陡，而下游坡度较缓，则研究河段的水面比降随水位的上升而变缓。如研究河段为一平面上的收缩段，则河段的水面比降随水位的上升而变陡。若研究河段下游有石梁或急滩，则低水时比降小、高水时比降大，当急滩淹没时，其比降趋于常数。

习题与思考题

3.1　流域有哪些主要特征？这些特征与径流的关系如何？

3.2　简述水系的特征及其与径流的关系。

3.3　水系的形态与流域形状之间的联系是什么？

3.4　河流的横断面如何分类？各有何特点？

3.5　在实际工作中，从哪些方面判断一个流域是否为闭合流域？

3.6　已知某河从河源至河口总长 L 为 5500m，其纵断面如图 3.8 所示，各点高程 Z_0、Z_1、Z_2、Z_3、Z_4 分别为 12m、15m、17m、24m、48m，各河段长度 l_1、l_2、l_3、l_4 分别为 2000m、1400m、1300m、800m。试推求该河流的平均纵比降。

参 考 文 献

[1]　李国英．黄河河势演变中的科氏力的作用［J］．水利学报，2007，38（12）：1409－1413.

[2]　詹道江，叶守泽．工程水文学［M］．3版．北京：中国水利水电出版社，2005.

第 4 章

降　水

4.1　降水及其要素的表示方法

降水是指液态或固态的水汽凝结物从空中降落到地面的现象，如雨、雪、霰、雹、露、霜等，其中以雨、雪为主。降水是水文循环中最活跃的因子，它是一种水文要素，也是一种气象要素。因此，降水是水文学和气象学共同研究的对象。

4.1.1　降水要素

资源 4.1

描述降水特征的概念有降水量、降水历时、降水强度、降水面积、暴雨中心等。其中降水量、降水历时和降水强度称为降水三要素。

1. 降水量

降水量是指一定时段内降落在某一点或某一面上、未经蒸发和渗漏损失所形成的水层深度，符号为 P，以 mm 计。降落在某一点上水量称为点降水量，如雨量站的观测值；降落在某一面上的水量称为面降水量，又称平均降水量，如区域或流域降水量。根据时段的长短不同，有时段降水量、日降水量、次降水量、月降水量、年降水量以及多年平均降水量之分。日降水量指一日内（北京时间早 8 时至次日早 8 时）的降水总量，次降水量指某次降水过程的降水总量。依据气象标准，降水量一般分为 7 级，见表 4.1。根据规范，降水量深度的精度计至 0.1mm，即保留一位小数。

表 4.1　　　　降水量分级表

等级	微雨	小雨	中雨	大雨	暴雨	大暴雨	特大暴雨
12h 降水量/mm	<0.2	0.2～5	5～15	15～30	30～70	70～140	>140
24h 降水量/mm	<0.1	0.1～10	10～25	25～50	50～100	100～200	>200

2. 降水历时

一次降水过程中从某一时刻到另一时刻经历的降水时间称为降水历时。其中，从降水开始时刻至降水结束时刻称为次降水历时，一般以 min、h 或 d 计。一次降水过程可以根据研究或分析需要，划分为若干时段。

3. 降水强度

单位时间内的降水量称为降水强度，简称雨强，以 mm/min、mm/h 或 mm/d 计。降水强度一般有时段平均降水强度与瞬时降水强度之分。时段平均降水强度定义为

$$\bar{i}=\frac{\Delta P}{\Delta t} \tag{4.1}$$

（2）雨深-面积关系曲线。在一定历时降水量的等雨量线图上，从暴雨中心开始，分别计算每一条等雨量线所包围的面积及该面积的平均降水量；以降水量为纵坐标，面积为横坐标，点绘而成的关系曲线，称为雨深-面积关系曲线。图 4.4 表示某一雨量站的两次降水过程的雨深-面积关系曲线，其一般规律为面积越大降水量越小。

（3）时-面-深关系曲线。如果分别对不同历时的等雨量线图点绘面降水量与降水面积关系曲线，则可以得到一组以历时为参数的雨深-面积关系曲线，如图 4.5 所示。该曲线簇称为雨深-面积-历时关系曲线，简称时-面-深关系曲线。其一般规律是：面积一定时，历时越长，面降水量越大；历时一定时，面积越大，面降水量越小。

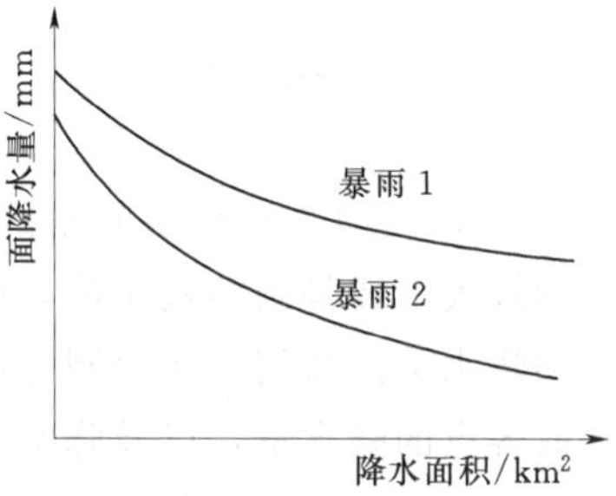

图 4.4 雨深-面积关系曲线示意图

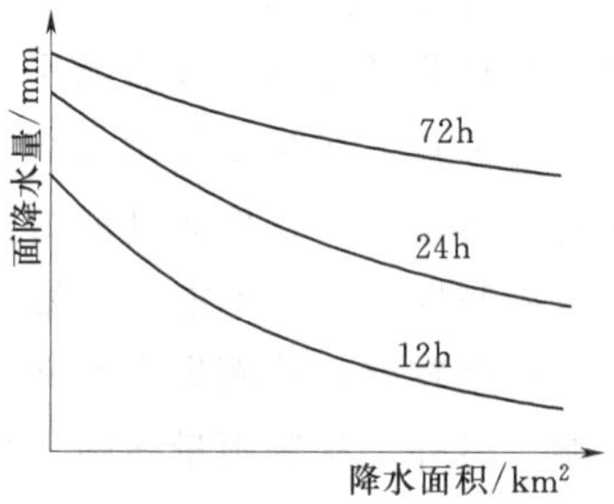

图 4.5 时-面-深关系曲线示意图

4.2 降水类型及影响因素

4.2.1 降水类型

4.2.1.1 按气流上升冷却的原因分类

由气象学关于降水形成的物理机制可知，气流上升产生动力冷却而凝结是形成降水的先决条件，而水汽含量的大小及动力冷却程度则决定着降水量和降水强度的大小。根据气流上升冷却的原因，可把降水划分为以下 4 种类型。

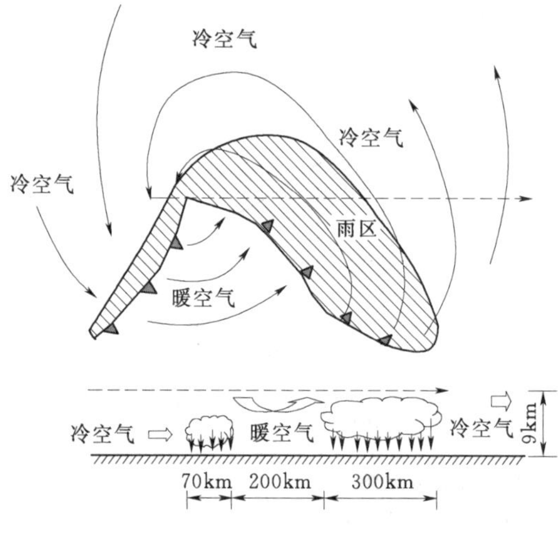

图 4.6 气旋示意图

1. 气旋雨

气旋（图 4.6）是中心气压低于四周的大气旋涡。在北半球，气旋内的空气做逆时针旋转，并向中心辐合，引起大规模的上升运动，水汽因动力冷却而导致的降水，称为气旋雨。按热力学性质分类，气旋可分为温带气旋和热带气旋两类，相应产生的降水称为温带气旋雨和热带气旋雨。

（1）温带气旋雨。温带地区的气旋多由锋面波动而产生，称为锋面气旋。自气旋中心向前伸展出一条暖锋，向后伸展出一条冷锋。冷暖锋之间是暖气团，其上是冷气团。气旋是气流辐合上升系统，锋面上气流上升更为强烈，往往产生云、雨，甚至形成暴雨、大风天气。一个发展成熟的锋面气旋天气为：气旋前方是暖锋云系和连续性降水天气，气旋后方是狭窄的冷锋云系和降水天气，气旋中部是暖气团天气，有云层或毛毛雨。

(2) 热带气旋雨。热带气旋指发生在低纬度海洋上的强大而深厚的气旋性旋涡。气象部门根据热带气旋地面中心附近风速的大小，将其分为 4 类：近中心最大风力 6～8 级为热带低压；8～9 级为热带风暴；10～11 级为强热带风暴；大于 12 级为台风。一个发展成熟的台风，其低空风场的水平结构可分为 3 个区域，如图 4.7 所示。自台风边缘向内到最大风速区边缘为外圈，风速向中心急增，风力在 6 级以上，半径为 200～300km；从最大风速区外缘向内到台风眼壁为中圈，是台风中对流和风雨最强烈的区域，半径约为 100km；内圈为台风眼区，风速迅速减小或静风，半径约为 5～30km。台风大多产生在对流性云团中，由于上升气流不断加强，云区常可发展为宽 10km、高 10km 的垂直云墙。云墙外有几条螺旋状积雨云带向中心汇合，螺旋状云带外面往往是由塔状对流云组成的外辐合云带。台风眼区由于有气流下沉，多晴空无云。台风区内水汽充沛，气流上升强烈，往往造成大量降雨，强度很大，分布不均匀。台风登陆后若受地形和冷空气的影响，往往使暴雨加剧，导致洪水泛滥。

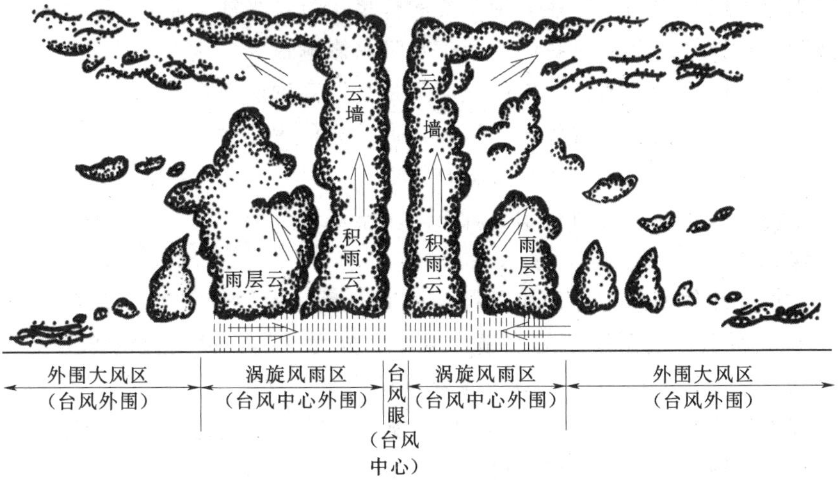

图 4.7　台风天气模式示意图[1]

2. 对流雨

因地表局部受热，气温向上递减速率过大，大气稳定性降低，下层空气膨胀上升与上层空气形成对流运动。上升的空气形成动力冷却而致雨称为对流雨。因对流上升速度快，形成的云多为垂直发展的积状云，降雨强度大，历时短，雨区较小。

3. 地形雨

空气在运移过程中，遇山脉的阻挡，气流被迫沿迎风坡上升，由于动力冷却而成云致雨称为地形雨。此外，山脉的形状对降雨也有影响，如喇叭口、马蹄形的地形，若它们的开口朝向气流来向，则易使气流辐合上升，产生较大的降雨，如图 4.8 所

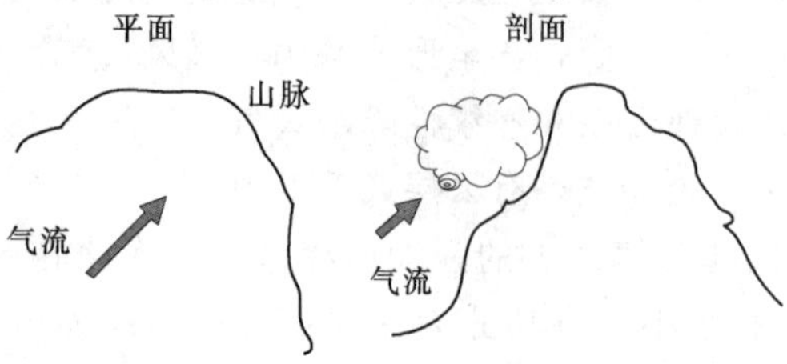

图4.8 地形对气流影响示意图

示。地形雨的降雨特性，因空气本身的温湿特性，运行速度以及地形特点而异，差别较大。

4. 锋面雨

两个温湿特性不同的气团相遇时，在其接触区由于性质不同来不及混合而形成一个不连续面，称为锋面。所谓不连续面实际上是一个过渡带，所以又称锋区。锋面与地面的交线称为锋线，习惯上把锋线简称为锋。锋面的长度从几百千米到几千千米不等；伸展高度，低的离地1～2km，高的可达10km以上。由于冷暖空气密度不同，暖空气总是位于冷空气上方。在地转偏向力的作用下，锋面向冷空气一侧倾斜，冷气团总是楔入暖气团下部，暖空气沿锋面上升。由于锋面两侧温度、湿度、气压等气象要素有明显差别，因此，锋面附近常伴有云、雨、大风等天气现象。锋面活动产生的降水统称为锋面雨。

由于在地球的不同地带会产生性质互异的气团，这些气团之间常存在锋面，称为行星锋带，其位置和强弱随时间而变。在4种主要气团（北冰洋气团、极地气团、热带气团和赤道气团）之间，存在3种主要的行星锋带：极锋、副热带锋和赤道锋。其中，极锋和副热带锋的活动对我国的天气及降水影响最大。它们南进北退，决定着各地雨季的起始和终止。赤道锋两侧的气团都是高温高湿的海洋气团，一般锋的温湿特征不明显，只有锋的辐合，故称为赤道辐合带，亦称为热带辐合带。影响我国东南沿海的热带风暴和台风，多发生在热带辐合带上。

锋面随冷暖气团的移动而移动。若按运动学观点分类，可分为冷锋、暖锋、静止锋和锢囚锋。

（1）冷锋。冷气团起主导作用，推动锋面向暖气团一侧移动，这种锋称为冷锋，如图4.9（a）所示。根据移动的快慢，冷锋又分为两类：移动慢的称为第一型冷锋或缓行冷锋；移动快的称为第二型冷锋或急行冷锋。这两种冷锋天气有明显的差异。缓行冷锋锋面坡度小，约为1/100，移动缓慢，锋后冷空气迫使暖空气沿锋面稳定滑升，雨区出现在锋后，多为稳定性降水，雨区稍窄，在300km以内。如果锋前暖空气不稳定，在地面锋线附近也常出现积雨云和雷阵雨天气。急行冷锋锋面坡度较大，约为1/40～1/80，锋后冷空气移动较快，迫使暖空气产生强烈的上升运动。因此，急行冷锋过境时，往往乌云翻滚，狂风大作，电闪雷鸣，大雨倾盆。降雨强度大，历时较短，雨区窄，一般仅数10km。

（2）暖锋。暖气团起主导作用，推动锋面向冷气团一侧移动，这种锋称为暖锋。暖锋锋面坡度约为1/50，暖空气沿锋面缓慢上升，在上升过程中发生绝热冷却，水汽凝结致雨，如图4.9（b）所示。暖锋的雨区出现在锋线前，宽300～400km，沿锋线分布较广。降雨强度不大，但历时较长。在夏季，当暖气团不稳定时，也可出现积雨云和雷阵雨天气。

（3）静止锋。冷暖气团势均力敌，在某一地区停滞少动或来回摆动的锋称为准静止锋，简称静止锋，如图4.9（c）所示。静止锋锋面坡度小，约为1/200，有时甚至小到1/300，沿锋面上滑的暖空气可以一直伸展到距离地面锋线很远的地方，所以云、雨区范围很广。降雨强度小，但持续时间长，可达10d或半月，甚至一个月。

（4）锢囚锋。当3种热力性质不同的气团相遇，如冷锋追上暖锋，或两条冷锋相遇，暖空气被抬离地面，锢囚在高空，称为锢囚锋，如图4.9（d）所示。由于锢囚锋是两条移动的锋相遇合并而成，所以它不仅保留了原来锋面的降水特性，而且锢囚后暖空气被抬升到锢囚点以上，上升运动进一步发展，使云层变厚，降水量增加，雨区扩大。

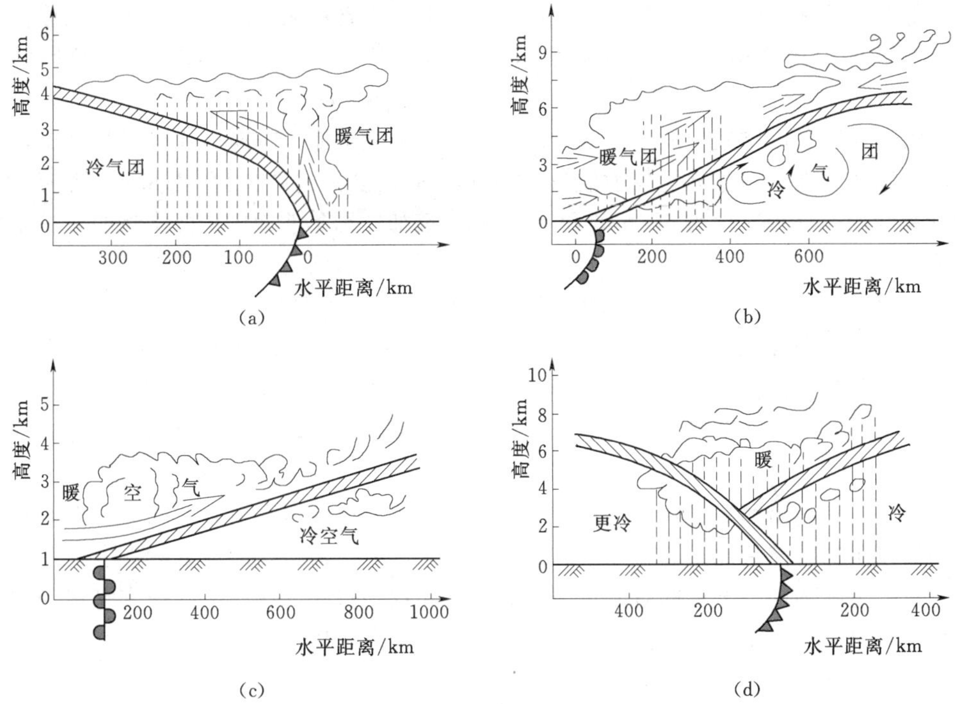

图4.9　锋面雨类型示意图

（a）冷锋；（b）暖锋；（c）静止锋；（d）锢囚锋

4.2.1.2　其他分类方法

除了上述按动力冷却条件对降水进行分类外，实用上还有按雨量大小、强度及过程特征进行分类的方法。这种分类一般将降水分为暴雨、暴雨型淫雨和淫雨3类。

1. 暴雨

1d降水量超过50mm，或12h降水超过30mm的降雨称为暴雨。暴雨主要由对流作用形成，具有强度大、历时短、笼罩面积不大的特点。

2. 暴雨型淫雨

暴雨型淫雨的特点是历时较长，往往长达数昼夜；降雨强度变化剧烈，平均强度不大，个别时段内的降雨强度可能很大。暴雨型淫雨一般由冷暖气团交锋所致，常常是造成大面积洪涝灾害的主要原因。

3. 淫雨

淫雨是指历时很长、强度较小、降雨时断时续且空气湿度较大的一种降雨，一般也是冷暖气团交锋所致。

4.2.2　影响因素

影响降水量及其时空分布的因素主要有地理位置，气旋、台风路径等气象因子，以及地形，森林，水体，人类活动等因素。对影响降水的因素进行研究，有利于掌握降水特性，判断降水资料的合理性和可靠性。

1. 地理位置

低纬度地区，气温高，蒸发剧烈，空气中的水汽含量大，故降水量大。地球上大约有 2/3 的雨量降落在南纬 30°到北纬 30°之间。以赤道附近为最多，逐渐向两极递减。

沿海地区，因空气中的水汽含量高，一般降水量丰沛。越向内地降水量越少，如我国沿海的青岛，多年平均降水量为 646mm，向西至济南减少为 621mm，再向西至西安和兰州，分别减少为 566mm 和 326mm；又如中国华北地区的降水量明显少于华南地区。

2. 气旋、台风路径等气象因子

中国的青藏高原使西风环流受阻而分为南北两支，在中国的西南部最易产生波动，从而导致气旋向东移动，并在春夏之间经江淮平原入海，形成梅雨。7 月、8 月间锋面北移，气旋在渭河上游一带形成，经华北平原入海，在气旋经过的地方，降水量较多。

中国的东南沿海还受台风的侵袭产生大暴雨。台风自东南沿海登陆后，有时可深入到江汉平原，然后北上，再经华北向东入海。台风经常路过的地方降水量较多。

夏季近地面的空气层的对流作用强烈，会导致热雷雨，这在中国南方气温高的地方发生较多。平坦地区的气温比山地高，因此也易发生热雷雨。

3. 地形的影响

地形具有强迫气流抬升的作用，从而使降水量增加，至于增加的程度，则要视空气中水汽含量的多少。研究发现，有些地区的多年平均降水量与地面高程有密切关系。

台湾、海南、广东、福建、浙江若干山地高雨区，就是山地抬升作用所造成的。西北地区，由于水汽含量少，即使有山地抬升，降水量随高程的增加也不显著。

山地抬升作用与坡度有关，坡度越陡，降水增率越大，但当高程达到某一高度后，降水量即达最大值，不再增加。在山顶，气流又变通畅，阻挡作用减弱，降水量有减小的趋势。

山脉的缺口和海峡是气流的通道，由于在这些地方有加速作用，水汽难以停留，降水机会少。如台湾海峡、琼州海峡两侧，降水量减少很多。阴山山脉和贺兰山脉之间的缺口，使鄂尔多斯和陕北黄土高原的降水量减少。

4. 森林对降水的影响

森林对降水的影响极为复杂，至今还存在不同的看法，主要有 3 种：一是森林有助于增加降水量；二是森林对降水的影响不大；三是森林减少降水量。此3种观点均有一定的根据，也各有局限性。而且即使是实测资料，也往往要受到地区的典型性、观测条件、观测精度等影响。总的来说，森林对降水的影响肯定存在，至于影响的程度，是增加还是减少，还有待于进一步研究。并且与森林面积、林冠厚度、密度、树种、树龄以及地区气象因子、降水强度、降水历时等有关。

5. 水体对降水的影响

陆地上的江河、湖泊、水库等水体对降水的影响，主要是由于水面上方的热力学、动力学条件与陆面上存在差异而引起的。一般来说，水体会减少降水量，减少的程度随季节不同而有差异。但在迎风的库岸地带，当气流自水面吹向陆地时，因地面阻力大，风速减小，加之热力条件不同，容易造成上升运动，促使降水量增加。

6. 人类活动对降水的影响

人类活动一般是通过改变下垫面条件而间接影响降水，例如，植树造林、砍伐森林、修建水库、灌溉农田、疏干沼泽、城市化等，其影响的后果可能会减少降水量，也可能会增加降水量。

在人工影响天气方面，例如，使用飞机、火箭直接行云降水，或反之驱散雷雨云，消除雷雹等，虽然这些方法早已得到了实际的运用，但由于耗资过多，只对局部地区的降水略有影响。

需要着重指出的是，城市化对降水的影响主要表现为城市的"雨岛"效应，即市区降水量大于郊区。但具体的影响程度、降水量的增幅，则视城市的规模、工厂的多少、当地气候湿润的程度等情况而定。

4.3　降水资料的检验与订正

降水资料是通过一定的观测手段收集到的，它是研究水文现象、进行水文预报和水文分析计算的基本资料，其质量的好坏对计算成果的精度高低影响较大。

4.3.1　降水资料的合理性分析

在分析时，应着重分析各次降水的成因、影响降水的因素，深入了解其地理特征，掌握该地区降水在时程分配上、地区分布上的一般特性。分析降水资料合理性主要从以下几方面展开。

（1）利用本地区绘制的等雨量线图审查个别站的降水资料是否合理。

（2）从降水类型、性质、地形等方面分析降水资料是否合理。

（3）利用相邻站同时期的降水量、降水强度和降水历时进行对比检查。

（4）利用双累积曲线对测站降水系列的不一致性进行判别和校正。

测站位置、仪器设备、观测方法等的改变，可能会导致降水观测资料的相应变化，破坏降水系列的一致性双累积曲线正是用来检查此种不一致性的工具。双累积曲线是指被检验雨量站的累积降水量与其周围邻近若干雨量站平均值的累积降水量的相关曲线。

双累积曲线绘制步骤为：①选定检验时段，可以是月、季、年等；②选定被检验测站邻近的雨量站，可以是一个或多个；③统计整理被检验测站以及邻近测站的降水系列，并计算出累积降水量；④绘制曲线；⑤最后判断被检验测站的降水系列是否具有一致性。

如绘制出的双累积曲线连续完整，没有明显的转折点，证明被检验测站的降水资料的一致性较好；反之，则一致性不好，需要进行修正。

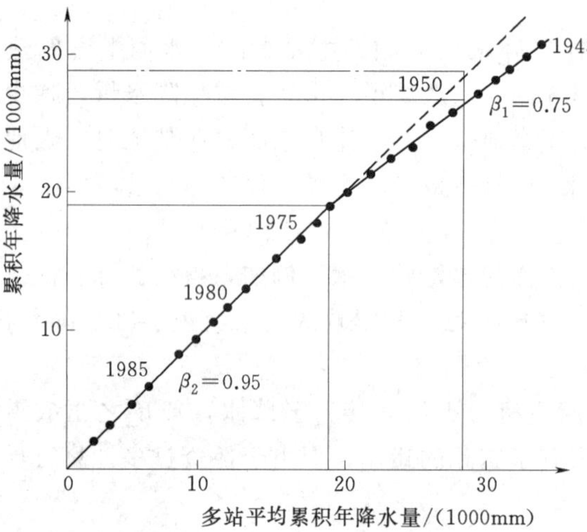

图 4.10　某流域 A 站年降水量的双累积曲线示意图

图 4.10 是某流域内 A 站年降水量资料与其邻近相对稳定的 12 个测站平均年降水量资料绘制而成的双累积曲线，实测年份为 1945—1988 年。由图可知，A 站年降水量与 12 个站平均年降水量的关系在 1975 年发生突变，曲线的斜率由 1975 年前的 0.75（β_1）变为 1975 年后的 0.95（β_2）。

为了使降水系列满足一致性要求，可以利用双累积曲线对其进行修正。如图 4.10 所示，如果将 1975 年以前的各年降水量乘以修正系数 δ_1（$=\beta_2/\beta_1$），就可以将其修正到与 1975 年以后相一致的降水系列。

同理，也可以利用修正系数 δ_2（$=\beta_1/\beta_2$），将 A 站降水量修正到与 1975 年以前相一致的降水系列。

第一种修正，称为还现；后一种修正，称为还原。在实际工作中，根据具体需要选择其中之一进行修正即可。

资源 4.3

4.3.2　降水资料的订正

一般用于水文预报、水文分析与计算的降水资料是通过观测得到的。降水量在雨量站进行定点观测，器口高度一般距地面 70cm。观测降水量与实际到达地面的降水量有一定的误差。根据国内外的实验分析，用雨量器测得的降水量 P' 比实际降水量 P 普遍偏小，订正公式为

$$P=P'+P'' \tag{4.4}$$

$$P''=P''_v+P''_w+P''_e \tag{4.5}$$

式中：P''为降水量的订正值；P''_v为风力订正；P''_w为器皿湿水订正；P''_e为蒸发订正。

器皿湿水订正 P''_w是指降水沾在器皿壁上而不能被测到的那部分降水，其数值与观测次数有关。根据试验，每次约 0.2mm。蒸发订正 P''_e是指降水停止到测量降水时的蒸发损失雨量。该值在干旱区较大，不可忽略；其余地区可以忽略。风力订正 P''_v是最重要的订正项，其数值取决于仪器周围的气流结构、风速大小及雨滴大小。

世界气象组织和国内外水文、气象机构，通常以地面雨量器的观测值作标准，对其他雨量观测值进行订正。

对于次降水量，订正公式为

$$P=\xi P' \tag{4.6}$$

式中：ξ 为订正系数；其余符号意义同前。

根据我国黄淮海平原地区的资料分析，ξ 的平均值约为 1.03～1.10；ξ 值还与风速有一定的关系。

对于月降水量，其订正值随季节而变。绝对订正值汛期最大，相对订正值以冬春最突出。对于年降水量，其订正值与纬度有关，一般是纬度越高，差值越大。近两极地区，订正系数最大，约为 1.25；赤道附近为 1.04；绝对最大值在温带，约为 150～200mm。我国南方的订正系数为 1.05，绝对订正值为 50mm 左右。北方订正系数约为 1.10，绝对订正值为 25mm。全球平均订正系数为 1.10，绝对订正值为 75mm 左右。

以上讨论的降水量观测值的误差，是一种系统误差。当仅研究降水与其他要素之间的关系时，并非一定要进行订正。但如研究一个区域的多年平均水量平衡要素时，为了准确获取各量之间的对比关系，则要考虑这种误差的影响，并作必要的订正。特别需要注意的是，基本的水文观测数据不允许随意更改。

4.4 流域面平均降水量计算

通过雨量站观测得到的降水量属于点降水量，在产流计算、水文预报、水文分析计算时所用的降水量必须是面降水量，因此需要将观测的点降水量转换为面降水量。具体方法主要有算术平均法、泰森（Thiessen）多边形法、等雨量线图法、客观运行法等。

4.4.1 算术平均法

算术平均法是以流域内各雨量站同时段的降水量相加，再除以雨量站数量后得到的算术平均值作为流域该时段的面平均降水量。计算公式如下：

$$\overline{P}=\frac{P_1+P_2+\cdots+P_n}{n}=\frac{1}{n}\sum_{i=1}^{n}P_i \tag{4.7}$$

式中：$\overline{P}$ 为流域某时段面平均降水量，mm；P_i 为流域内第 i 个雨量站同时段降水量，mm；n 为流域内雨量站的数量。

该方法简单易行，适合于流域（区域）面积不大、地形起伏变化较小、雨量站分布较均匀的情况。

4.4.2 泰森多边形法

资源 4.4

泰森多边形法又称垂直平分法。该方法的关键在于绘制多边形：将流域内及其附近的雨量站用直线连接，构成若干个三角形，而后对各连线作垂直平分线，连接垂线的交点，得若干个多边形，流域边界处的多边形以流域边界为界（图 4.11）。每个多边形内均只有一个雨量站，以每个多边形内雨量站的降水量代表该多边形的面降水量，最后按面积加权推求流域平均降水量。计算公式如下：

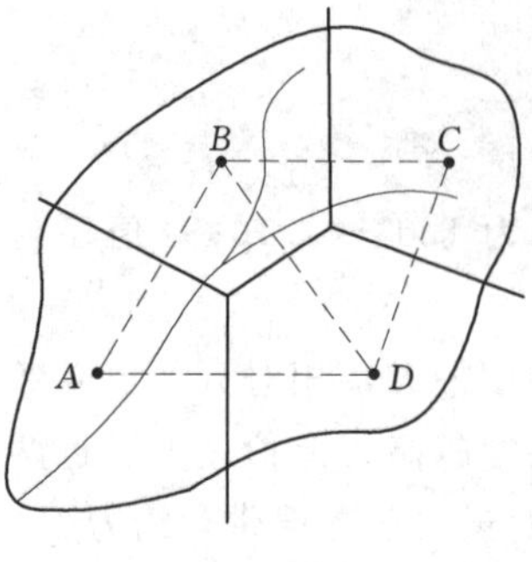

图 4.11 泰森多边形法示意图

$$\overline{P} = \frac{P_1 f_1 + \cdots}{\cdots}$$

式中：f_i 为第 i ……为流域面积，k……同前。

该方法应用……情况。当流域内……边形面积权重保……较好。其缺点是……过程中视作固定……性变化，与实际降水情况存在一定差异。

4.4.3 等雨量线图法

等雨量线图法的具体做法是根据各雨量站……4.2)，再确定出各相邻等雨量线之间的面积 f……均降水量：

$$\overline{P} = \frac{1}{F}\sum_{i=1}^{n} \cdots$$

式中：f_i 为相邻两等雨量线间的面积，km^2；……相邻两条等雨量线的平均值，mm；n 为被等……意义同前。

等雨量线图法适用于面积较大、地形变化……考虑了降水在空间上的分布情况，理论较充分……流、汇流过程。缺点是对雨量站数量和代表性要……绘制相应的等雨量线图，并计算相邻等雨量线的……用上受到一定限制。一般在分析大面积的特殊暴……

资源 4.5

4.4.4 客观运行法

客观运行法又称为距离平方倒数法，具……如下。

(1) 先将流域分成若干网格，得到无数个……4.12 所示，该流域被划分为 N 个格点。

(2) 计算格点降水量。雨量站到格点的距……重越大。若距离为 l，则权重为 $\lambda = 1/l^2$。若……点 j 的横坐标距离为 Δx，纵坐标距离为 Δ……$\Delta x^2 + \Delta y^2$，格点降水量的计算公式为

$$P_j = \frac{1}{\sum_{i=1}^{n_j}\lambda_i}\sum_{i=1}^{n_j}\lambda_i P_i$$

为参与格点
量站对格点 j
格点降水量的
$\frac{1}{N}\sum_{j=1}^{N} P_j$
量呈线性变化
的突出优点是
布式水文模型
比关系，还可
水的时空分
我国的降水具
风的影响，东
递减。全国多年
亚洲陆面多年
多年平均降水
里木盆地东南缘
全国大致划分为
降水量 1600mm
地、广西东部、
量 1600～800mm
云南、贵州、广
半湿润带。相
、山西、陕西的
藏东部地区。
量 400～200mm 的
部和西藏部分地区
降水量 200mm 以
地、新疆塔里木盆

4.5.1.2

500～1000mm，自西向东递减。可分为4个区：大西洋沿岸区，年降水量800mm左右；巴黎盆地和地中海沿岸地区，年降水量600～700mm；东部孚日山以东的莱茵河谷区，年降水量500mm左右；高山区，迎风坡（西坡）年降水量一般在1000mm以上，背风坡（东坡）在600mm左右。法国各地汛期连续最大4个月降水量占年降水量的比例大都在40%左右，发生月份一般为7—10月或9—12月。

此外，欧洲其他国家，如英国、德国、匈牙利等，境内降水量年内分配都比较均匀，最大月降水量一般占年降水总量的9.6%～14.9%，而我国高达24.2%～32.9%。也就是说，我国一些雨量站最大月降水量的集中程度是欧洲国家的2倍以上。欧洲各国连续最大4个月降水量一般占全年降水量的36.2%～54.5%，而我国高达72.2%～81.9%，也是2倍左右。

由于我国降水年内分配不均，尤其广大北方地区较南方地区更为严重，这是造成我国旱、涝灾害频繁的主要原因之一，它给农业生产带来很大威胁。因此，在我国如不发展灌溉，农业生产就没有保证。

4.5.2 我国大暴雨时空分布[2]

我国是暴雨发生较频繁的国家，暴雨分布受季风环流、地理纬度、距离海洋远近、地势与地形条件的影响十分显著。不同的地理条件和气候区，暴雨类型、极值、强度、持续时间以及发生季节都不同。

4—6月，东亚季风初登东亚大陆，大暴雨主要出现在长江以南地区，是华南前汛期和江南梅雨期暴雨出现的季节。在此期间出现的大暴雨，其量级有明显从南向北递减的趋势。华南沿海出现的特大暴雨，大多是锋面和低空急流作用的产物。华南沿海山地和南岭山脉对大暴雨的分布有明显的影响。江淮梅雨期暴雨，多为静止锋、涡切变型暴雨，降雨持续时间长，但强度相对较小。两湖盆地四周山地的迎风坡是梅雨期暴雨相对高值区，而南岭以北和武夷山以东的背风坡则为相对低值区。江南丘陵地区大暴雨的量级，明显较华南地区为小。

7—8月，西南和东南季风最为强盛，随西太平洋副高压北抬西伸，江南梅雨结束，大暴雨移到川西、华北一带。同时，受台风影响，东南沿海多台风暴雨。在此期间，大暴雨分布范围很广，苏北、华南、黄河流域的太行山前、伏牛山东麓，都出现过特大暴雨。个别年份台风深入内陆，或在转向北上的过程中，受高压阻挡停滞少动或打转，若再遇中纬度冷锋、低槽等天气系统的影响，以及地形强迫抬升作用，常造成特大暴雨。例如，1975年8月5—7日，7503号台风在福建登陆后深入河南，由于在台风北面有一条高压带，使台风停滞徘徊达20多小时之久，林庄站24h降雨量达1060.3mm，其中，6h降雨量830.1mm，是我国陆地强度最大的降雨记录。川西、川东北、华中、华北一带在此期间常受到西南涡的影响，也发生过多次特大暴雨。例如，1963年8月2—8日，华北海河流域受3次低涡的影响，在太行山东侧山区，连降七天七夜大暴雨，獐狉站降雨量达2051.0mm，其中最大24h降雨量950.0mm。在此期间，北方黄土高原及干旱地区，夏季受东移低涡、低槽等天气系统的影响，也曾多次出现历时短、强度特大，但范围较小的强雷暴雨。例如1977年8月1日，内蒙古自治区、陕西交界的乌审召发生强雷暴雨，据调查，有4处在8～10h内降雨量超过1000.0mm，最大处超过1400.0mm，强度之大世界罕有。

9—11月，北方冷空气增强，雨区南移，但东南沿海、海南、台湾一带受台风和南下冷空气的影响而出现大暴雨。例如台湾火烧寮1967年10月17—19日曾出现24h降雨量达1672.0mm、3d降雨量达2749.0mm的特大暴雨，是我国历史上最大的暴雨记录。

习题与思考题

4.1　简述降水量三要素及其概念。

4.2　等雨量线图的作用主要有哪些？

4.3　降水量的主要表示方法有哪些？

4.4　降水量累积曲线与瞬时雨强过程线之间有何联系？

4.5　根据气流上升冷却原因可以将降水划分为哪几种类型？各自的降水特点分别是什么？

4.6　影响降水的主要因素有哪些？

4.7　为什么要对降水量资料进行合理性分析，如何进行分析？

4.8　降水资料的一致性检查方法是什么？如何对非一致性降水资料进行修正（还原与还现）？

4.9　降水资料订正主要考虑的因素有哪些？

4.10　计算流域面平均雨量有哪些方法？各自有何优缺点及适用条件？

4.11　浙江余英溪姜湾流域1958年6月29日次暴雨的实测资料见表4.2，雨量站分布见图4.13，要求：

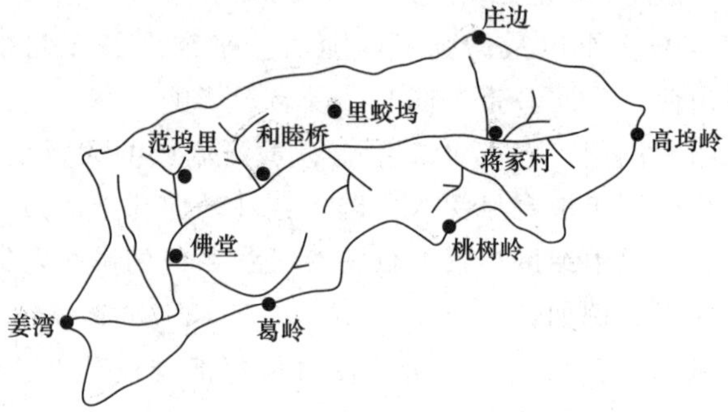

图4.13　姜湾流域雨量站位置示意图

（1）用算术平均法计算该次暴雨时段为0.5h的流域平均降雨过程。

（2）绘制该流域的泰森多边形，并利用泰森多边形法计算时段为0.5h的流域平均降雨过程。

（3）利用（2）的结果绘制该次暴雨的雨强-历时曲线。

表 4.2　　　　姜湾流域各雨量站时段雨量摘录表

月	日	时段	降水量/mm	月	日	时段	降水量/mm	月	日	时段	降水量/mm
高坞岭（1.20km^2）				姜湾（1.60km^2）				范坞里（2.34km^2）			
6	29	13：54	02	6	29	14：14	0	6	29	13：57	0
		14：00	3.4			14：30	8.0			14：00	0.1
		14：10	12.3			15：20	22.6			14：20	5.1
		14：20	20.2			17：00	2.0			15：00	31.7
		14：30	23.1			18：00	0.4			15：29	1.9
		14：40	13.2	庄边（0.94km^2）						16：00	5.9
		14：50	8.0	6	29	13：44	0			16：43	0
		15：00	4.3			14：00	11.5			17：00	0.5
		15：10	3.0			14：30	33.5			18：00	0.4
		15：30	6.1			15：34	27.9	佛堂（2.84km^2）			
		15：48	0.6			17：00	0.6	6	29	13：47	0
		16：40	0			17：40	1.2			14：00	0.1
		17：00	0.3	桃树岭（1.74km^2）						15：00	27.1
		17：30	0.1	6	29	13：44	0			16：00	12.7
		17：47	1.0			14：00	14.1			17：00	0
蒋家村（2.79km^2）						14：10	4.9			18：00	0.8
6	29	13：46	0			14：40	51.8	葛岭（1.23km^2）			
		14：00	5.0			15：20	19.0	6	29	13：32	0
		15：00	60.0			15：45	7.2			13：44	0.1
		15：58	11.1			17：00	0.6			13：50	1.2
		16：34	0			18：00	1.0			14：00	13.2
		17：00	0.2	里蛟坞（2.74km^2）						14：40	33.6
		17：48	0.4	6	29	13：44	0			15：00	7.3
和睦桥（2.58km^2）						14：00	8.5			16：00	9.4
6	29	13：46	0			14：20	7.8			16：40	0
		14：30	23.9			15：00	37.9			17：00	0.3
		15：30	28.4			15：30	2.7			18：00	0.4
		16：00	7.0			16：00	7.1				
		16：43	0			16：10	0				
		17：30	0.5								
		17：50	0.4								

注　表中降水量单位为 mm。

4.12　表 4.3 为雨量站 X 的年降水量及其周围 15 个雨量站平均的年降水量，试用双累积曲线法检查 X 站年降水量系列的一致性。倘若不一致，则确定发生变化的年份，并作一致性修正（还原），分别对不修正与修正的资料计算多年平均降水量，比较其异同。

表 4.3　　X 站、附近 15 个站平均年降水量资料

年份	X 站雨量 /mm	X 站累积雨量 /mm	15 站平均雨量 /mm	15 站累积雨量 /mm	X 站修正 /mm
1938	340.4		353.1		
1939	271.8		251.5		
1940	276.9		256.5		
1941	304.8		348.0		
1942	337.8		332.7		
1943	370.8		335.3		
1944	228.6		276.9		
1945	229.7		289.6		
1946	246.4		259.1		
1947	391.2		353.1		
1948	317.5		330.2		
1949	292.1		332.7		
1950	276.9		233.7		
1951	353.1		276.9		
1952	358.1		335.3		
1953	264.2		254.0		
1954	200.1		223.5		
1955	337.8		243.8		
1956	414.0		259.1		
1957	576.6		403.9		
1958	353.1		276.9		
1959	373.4		259.1		
1960	355.6		261.6		
1961	289.6		259.1		
1962	350.5		289.7		
1963	254.0		233.7		
1964	266.7		259.1		
1965	424.2		355.6		
1966	236.2		213.4		
1967	467.4		292.1		
1968	358.1		231.1		
1969	502.9		330.2		
1970	434.3		332.7		
1971	406.4		271.8		

4.13 某雨量站的汛期降水资料摘录见表 4.4。求：

(1) 最大 1d 降水量、最大 24h 降水量和连续最大 3d 降水量。

(2) 连续最大 1h、3h、6h、12h、24h 的平均雨强并绘制雨强-历时曲线。

表 4.4 **某雨量站汛期降水量摘录表**

时间 /(日.时)	雨量 /mm	时间 /(日.时)	雨量 /mm	时间 /(日.时)	雨量 /mm	时间 /(日.时)	雨量 /mm
9.2—5	4.7	9.19—20	45.9	10.6—7	6.0	11.11—14	6.6
9.5—8	2.7	9.20—21	17.1	10.7—8	28.0	11.14—17	7.0
9.10—11	1.7	9.21—23	0.5	10.8—9	9.5	11.17—20	1.1
9.11—14	1.7	9.23—2	1.7	10.9—10	4.5	11.20—21	0.2
9.17—18	0.2	10.2—5	5.7	10.10—11	3.6		
9.18—19	21.3	10.5—6	32.0	10.11—14	1.2		

4.14 已知某次暴雨的等雨量线图 4.14，图中等雨量线的数字以 mm 计，各等雨量线之间的面积 f_1、f_2、f_3、f_4 分别为 500km²、1500km²、3000km²、4000km²，试用等雨量线图法推求流域平均降雨量。

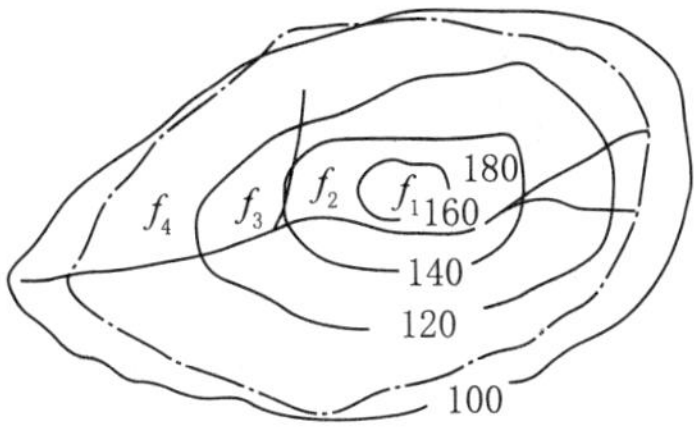

图 4.14 某流域次暴雨等雨量线图

参 考 文 献

[1] 詹道江，叶守泽. 工程水文学 [M]. 3 版. 北京：中国水利水电出版社，2005.

[2] 陶诗言，等. 中国之暴雨 [M]. 北京：科学出版社，1980.

5.2　土壤含水量与水分常数

5.2.1　土壤含水量

土壤中所含水分的数量不仅与土壤特性密切相关，同时也受到降雨、下渗、蒸发等水文循环过程的影响。为了描述土壤水分的时空变化状态，通常引入土壤含水量概念。所谓土壤含水量就是表示某一单位土体中所含水分的数量，有时又称为土壤含水率或土壤湿度。土壤含水量有多种表示方法，介绍常见的 3 种。

1. 重量含水量

单位重量干土中所含有的水分数量，通常用 θ_m 表示，计算公式为

$$\theta_m=\frac{m_w-m_d}{m_d}\times 100\% \tag{5.1}$$

式中：m_w 为湿土的重量，g 或 kg；m_d 为干土的重量，一般指在 105℃条件下，在烘箱中烘干的土壤重量，g 或 kg。

由于重量含水量与土壤容重有关，对于不同的土壤来说，即使重量含水量相同，但由于容重不同，其体积含水量也不会相同。如两种土壤的重量含水量均为 15%，其容重分别为 1300kg/m^3 和 1000kg/m^3。前者的含水量为后者含水量的 1.3 倍。因此，采用重量含水量时，很难在不同的土壤之间以及同一土壤不同空间进行含水量的比较，在定量计算中很不方便。

2. 体积含水量

单位体积土壤中含有的水分数量，通常用 θ_v 表示，计算公式为

$$\theta_v=\frac{V_w}{V}\times 100\% \tag{5.2}$$

式中：V_w 为土壤水分所占的体积，m^3；V 为土壤的体积，m^3。

重量含水量与体积含水量之间的关系为

$$\theta_v=\theta_m\times\gamma \tag{5.3}$$

式中：γ 为土壤的干容重，即单位体积土壤中干土的重量，kg/m^3；其余符号意义同前。

体积含水量可以直接算出土壤中所含水量的体积，因此常用于水文计算中。

3. 土壤蓄水量

在实际工作中，为了便于同降水、蒸发、径流进行比较，参与水量平衡计算，一般以一定厚度土层中所含的水层深度来表示土壤所含水量，称为土壤蓄水量，也可称为土壤持水量。具体表达式为

$$W=H\times\theta_v \tag{5.4}$$

式中：W 为以水层深度表示的土壤蓄水量，mm；H 为土层厚度，mm；其余符号意义同前。

5.2.2　土壤水分常数

土壤水分常数是反映土壤水分形态和性质的特征值。对于一定质地和结构的土

壤，其特征值基本保持……常用的土壤水分常数有以下 6 种。

（1）最大吸湿量。在水……土壤能够吸附的最大吸湿水量称为最大吸湿量，或称为吸湿系数。它表……态水的能力。

（2）最大分子持水量。薄膜水达……土壤含水量称为最大分子持水量，记为 θ_n。此时，薄膜水的水膜厚度达到最……分子持水量是吸湿水和薄膜水的极限值。

（3）凋萎含水量。植物从土壤中吸收水分需……当植物根系吸收土壤水分的作用力小于水分与土壤颗粒之间的作用力时，植物……壤中吸收水分，导致植物缺水并发生凋萎和死亡，此时的土壤含水量称为凋萎……称凋萎含水量。通常，凋萎系数介于最大吸湿量和最大分子持水量之间，记为 θ_w。

（4）田间持水量。在下渗过程中，毛管悬着水达到最大时的土……水量称为田间持水量，记为 θ_f（%）或 W_m（mm）。它是吸湿水、薄膜水和毛管悬着……极限值。当下渗水进入土壤后，土壤含水量超过田间持水量时，超出部分将会以自由重力水的形式横向流动汇入河网，对水文学有重要意义。

（5）毛管断裂含水量。在蒸散发过程中，毛管悬着水的连续状态处于将断未断的临界状态时的土壤含水量称为毛管断裂含水量，记为 θ_r。在蒸散发作用下，当土壤含水量大于毛管断裂含水量时，下层土壤中的毛管水能向土壤水分的消失点或消失面运行；当土壤含水量小于毛管断裂含水量时，土层中由下向上的水分运行将以薄膜水和水汽的形式进行，此时的土壤水分包括薄膜水和吸湿水。

（6）饱和含水量。土壤中所有孔隙被水全部充满时的含水量称为饱和含水量，记为 θ_s。此时的体积饱和含水量也代表着土壤孔隙率。介于饱和含水量与田间持水量之间的水量就是能在重力作用下流动的自由重力水。

以上水分常数和水文现象的变化关系密切，大于田间持水量的土壤水分属于运动性较强的水分，可以形成壤中流和地下径流；田间持水量与毛管断裂含水量之间的土壤水分具有中度运动性，是土壤水与外界以蒸散发形式进行交换的主体。

华北平原典型土壤的水分常数见表 5.1。

表 5.1　华北平原典型土壤的水分常数

土壤类型	最大吸湿量/%	凋萎系数/%	田间持水量/%	饱和含水量/%
紫砂土	—	—	26～32	—
砂壤土	2～3	5～9	32～42	45～52
轻壤土	2～3	6～12	30～36	40～52
中壤土	3～5	8～15	30～35	44～54
重壤土	3～4	9～18	32～42	40～50
轻黏土	—	20	40～45	45～54
中黏土	—	17～24	35～45	48～53
重黏土	—	—	40～50	48～55

注　表中各数据表示土壤的体积含水量。

5.3 土壤 基本方程

5.3.1 土壤水的势能

在自然界，一切物质都 势能高处向势能低处运动的趋势，并最终达到一种与周围环境能量平衡的 壤水同样也遵循这一普遍规律。因此，引入势的概念来描述土壤水的水流 用土壤水的形态概念更为简便。土壤水具有的势能简称土水势，表示在土 平衡系统中，将单位重量的水移动到标准参考状态的纯自由水面所做的功 参考状态是指一定高度处、某一特定温度（常温或与土壤水相同温度）下， 1个标准大气压或当地大气压的状态。在此，规定纯自由水面的水势为0。标 参考状态的纯自由水面简称为参考面。根据其影响因素，土水势可分为以下几种分势。

1. 基质势（ψ_m）

在其他条件不变的情况下，为克服分子力和毛管力作用将土壤水移动到参考面而必须对土壤水所做的功称为基质势。基质势一般为负值。实际使用时，为了方便，将其绝对值定义为土壤水吸力，常用 s 表示。基质势的大小与土壤的含水量密切相关，随含水量的增加，基质势逐渐增大（吸力逐渐减小）；当土壤含水量达到饱和含水量时，基质势为0。

2. 重力势（ψ_g）

为克服重力作用而将单位重量的土壤水分从某一点移动到参考面处，对土壤水所做的功称为重力势。重力势的大小与土壤水分相对于参考面的位置有关。通常，参考面的位置可根据实际情况选在地表或地下水面处，其正方向可根据实际需要选向上或向下。以单位重量的水为研究对象，某一点土壤水的重力势可表示为

$$\psi_g = \pm Z \tag{5.5}$$

式中：Z 为相对于参考面的高度，cm，$\pm$ 为正负号，选择正或负与参考面有关，负号表示土壤水在参考面下方，正号表示土壤水在参考面的上方。

3. 压力势（ψ_p）

当土壤水未达到饱和时，通常土壤孔隙与大气相通，土壤水分所受的压力为大气压，其压力势为0。当土壤水处于饱和状态或地面出现积水时，土壤水处于高于大气压的静水压力条件下，由此压力对土壤水分所做的功称为压力势。对于饱和土壤，水面以下深度 h 处的附加压强为 $\rho_w gh$，因此该点单位重量土壤水的压力势可表示为

$$\psi_p = h \tag{5.6}$$

式中：h 为水面以下深度，cm。

对于处于自由水面以下或土面有积水的土壤水，通常压力势为正。

4. 溶质势（ψ_s）

土壤水分一般为水溶液，其中的溶质离子和水分子之间存在作用力，从而降低了水的自由能，使其小于参考状态下的纯水自由能。将单位数量的水分由土壤中某一点移动到参考面时，由于水溶液中溶质的作用而对土壤水所做的功称为溶质势。溶质势

一般为负值。

5. 温度势（ψ_T）

土壤中温度的变化会使土壤颗粒与水分之间的作用力发生改变。因温度变化引起土水势的变化称为温度势。

根据以上分势，土水势的总势为

$$\psi=\psi_g+\psi_m+\psi_p+\psi_s+\psi_T \tag{5.7}$$

溶质势和温度势一般可以忽略不计，因此，土水势可简化为

$$\psi=\psi_g+\psi_m+\psi_p \tag{5.8}$$

如果将饱和土壤和非饱和土壤分开考虑，则非饱和土壤的总水势为

$$\psi=\psi_g+\psi_m \tag{5.9}$$

饱和土壤的总水势为

$$\psi=\psi_g+\psi_p \tag{5.10}$$

5.3.2 土壤水分运动基本规律

根据土壤含水量的不同，土壤可分为饱和与非饱和两种状态。同样，水分运动也可分为饱和与非饱和土壤水分运动。当土壤中所有孔隙都被水分填充，水分会在重力势和压力势作用下运动，这就是土壤水的饱和水流运动。如果只有毛管等小孔隙充满水分，土壤水分主要在基质势和重力势作用下运动，即为土壤水分的非饱和水流运动。

1. 饱和土壤中的水分运动规律

饱和土壤水分运动方程是由法国工程师达西（Darcy）在1856年提出的，因而也称为达西定律或达西公式，其表达式为

$$v=-K_s\frac{\partial\psi}{\partial L} \tag{5.11}$$

式中：v 为饱和土壤中沿 L 方向的渗流流速，cm/d；K_s 为渗透系数，也称为饱和水力传导度，cm/d；ψ 为饱和土壤的总水势，cm；L 为渗流方向上的距离，cm；$\partial\psi/\partial L$ 为水势梯度。由于水势梯度随水流距离增加而减小，故为负值。

均质三维饱和土壤水流的达西定律可写成如下形式：

$$v=-K_s\left(\frac{\partial\psi}{\partial x}+\frac{\partial\psi}{\partial y}+\frac{\partial\psi}{\partial z}\right) \tag{5.12}$$

对于饱和土壤来说，饱和水力传导度 K_s 为常数，即土壤水流的流速与水势梯度呈正比。因此，达西定律也称为土壤水运动的线性定律。

2. 非饱和土壤中水分运动规律

理查兹（Richards）于1931年通过实验证明，达西定律适用于非饱和土壤的水流运动，其表达式为

$$v=-K(\theta)\frac{\partial\psi}{\partial L} \tag{5.13}$$

式中：v 为非饱和土壤中沿 L 方向的渗流速度，cm/d；$K(\theta)$ 为非饱和水力传导度（或渗透系数），cm/d；其余符号意义同前。

均质三维非饱和土壤水流的达西定律可写成如下形式：

$$v=-K(\theta)\left(\frac{\partial\psi}{\partial x}+\frac{\partial\psi}{\partial y}+\frac{\partial\psi}{\partial z}\right) \tag{5.14}$$

垂直一维非饱和土壤水流的达西定律为

$$v=-K(\theta)\left(\frac{\partial\psi_m}{\partial z}\pm 1\right) \tag{5.15}$$

水平一维非饱和土壤水流的达西定律为

$$v=-K(\theta)\frac{\partial\psi_m}{\partial x} \tag{5.16}$$

以上公式中，非饱和水力传导度 $K(\theta)$ 随土壤含水量 θ 的增加而增加。当土壤含水量 θ 达到饱和时，$K(\theta)=K_s$。

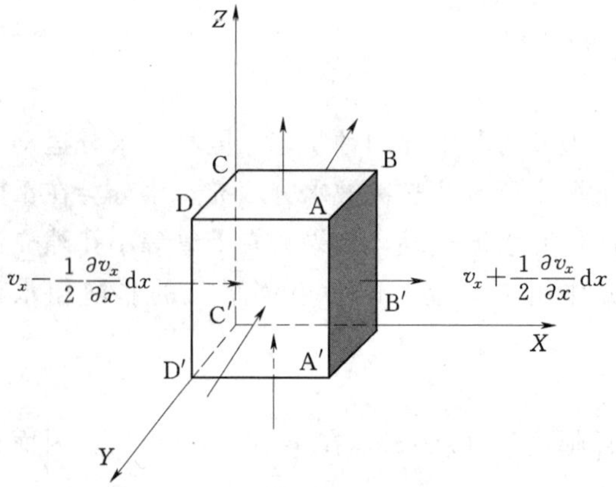

图 5.5　直角坐标系中的土壤基本单元体示意图

5.3.3　土壤水分运动基本方程

达西定律是描述多孔介质中流体流动应满足的运动规律，但单独的达西定律只能说明稳定的水流过程，对于非稳定的水流过程，其水流通量和水势梯度的大小随时间而变化。1931 年，理查兹（Richards）将质量守恒原理和达西定律相结合推导出土壤水分运动的基本方程。

1. 非饱和土壤水流的基本方程

根据质量守恒原理，在时段 dt 内，流入和流出单元体的水量差值等于该单元体的水分质量变化量，如图 5.5 所示。即有

$$-\left[\frac{\partial(\rho_w v_x)}{\partial x}+\frac{\partial(\rho_w v_y)}{\partial y}+\frac{\partial(\rho_w v_z)}{\partial z}\right]dx\,dy\,dz\,dt=\frac{\partial(\rho_w\theta)}{\partial t}dx\,dy\,dz\,dt \tag{5.17}$$

式中：ρ_w 为土壤水的密度，g/cm^3；θ 为土壤体积含水量，%；其余符号意义同前。

若土壤的固相骨架不变形，水的密度保持不变，式（5.17）可简化为

$$\frac{\partial\theta}{\partial t}=-\left(\frac{\partial v_x}{\partial x}+\frac{\partial v_y}{\partial y}+\frac{\partial v_z}{\partial z}\right) \tag{5.18}$$

根据达西定律，有

$$\begin{cases} v_x=-K_x(\theta)\dfrac{\partial\psi_m}{\partial x} \\ v_y=-K_y(\theta)\dfrac{\partial\psi_m}{\partial y} \\ v_z=-K_z(\theta)\left(\dfrac{\partial\psi_m}{\partial z}\pm 1\right) \end{cases} \tag{5.19}$$

将式（5.19）代入式（5.18），得

$$\frac{\partial\theta}{\partial t}=\frac{\partial}{\partial x}\left[K_x(\theta)\frac{\partial\psi_m}{\partial x}\right]+\frac{\partial}{\partial y}\left[K_y(\theta)\frac{\partial\psi_m}{\partial y}\right]+\frac{\partial}{\partial z}\left[K_z(\theta)\frac{\partial\psi_m}{\partial z}\right]\pm\frac{\partial K_z(\theta)}{\partial z} \tag{5.20}$$

式（5.20）即为描述非均质非饱和土壤水流运动的基本方程，即理查兹方程。

若土壤为均质，且各向同性 $[K_x(\theta)=K_y(\theta)=K_z(\theta)=K(\theta)]$，式（5.20）变为

$$\frac{\partial\theta}{\partial t}=\frac{\partial}{\partial x}\left[K(\theta)\frac{\partial\psi_m}{\partial x}\right]+\frac{\partial}{\partial y}\left[K(\theta)\frac{\partial\psi_m}{\partial y}\right]+\frac{\partial}{\partial z}\left[K(\theta)\frac{\partial\psi_m}{\partial z}\right]\pm\frac{\partial K(\theta)}{\partial z} \tag{5.21}$$

若令

$$D(\theta)=K(\theta)\left(\frac{\partial\psi}{\partial\theta}\right)$$

则有

$$\frac{\partial\theta}{\partial t}=\frac{\partial}{\partial x}\left[D(\theta)\frac{\partial\theta}{\partial x}\right]+\frac{\partial}{\partial y}\left[D(\theta)\frac{\partial\theta}{\partial y}\right]+\frac{\partial}{\partial z}\left[D(\theta)\frac{\partial\theta}{\partial z}\right]\pm\frac{\partial K(\theta)}{\partial z} \tag{5.22}$$

式中：$D(\theta)$ 为非饱和土壤水分的扩散率，是土壤含水量 θ 的函数。

式（5.22）即为描述均质非饱和土壤水分运动的基本方程。

2. 饱和土壤水流的基本方程

对于饱和土壤来说，因土壤含水量不随时间而发生变化，即 $\partial\theta/\partial t=0$，且 $K(\theta)$ 为常数。因此，式（5.20）变为

$$\frac{\partial^2\psi}{\partial x^2}+\frac{\partial^2\psi}{\partial y^2}+\frac{\partial^2\psi}{\partial z^2}=0 \quad \text{或} \quad \nabla^2\psi=0 \tag{5.23}$$

式（5.23）为饱和土壤水流运动的拉普拉斯（Laplace）方程，∇^2 为拉普拉斯算子。可以看出，饱和土壤水分运动方程比非饱和土壤简单得多。

5.4 下渗的物理过程

降雨到达地面后，一部分沿地面流走，称为地面径流；另一部分则渗入土壤中，称为下渗水。水分从地面渗入土壤的过程称为下渗。下渗水量的多少直接影响地面径流量的大小和土壤蓄水变化量，同时也决定着地面径流量和地下径流量的比例。下渗是将地表水与地下水、土壤水联系起来的纽带，是径流形成过程、水文循环过程的重要环节。

5.4.1 基本概念

为了研究和认识下渗的物理过程，首先了解下列相关概念。

(1) 供水强度。供水强度主要是指降水或灌溉发生时，单位时间、单位面积地表土壤所截获的水量。当只有降雨补给土壤水时，供水强度即为降雨强度，简称为雨强，记为 i，单位为 mm/min 或 mm/h。

(2) 下渗率。下渗率又称为下渗强度，指单位时间内从地表渗入单位面积土壤的水量，记为 f，单位为 mm/min 或 mm/h。

(3) 下渗能力。充分供水条件下的下渗率称为下渗能力，又称下渗容量，记为 f_p，单位为 mm/min 或 mm/h。下渗能力与土壤特性、土壤含水量有关，与供水强度无关。

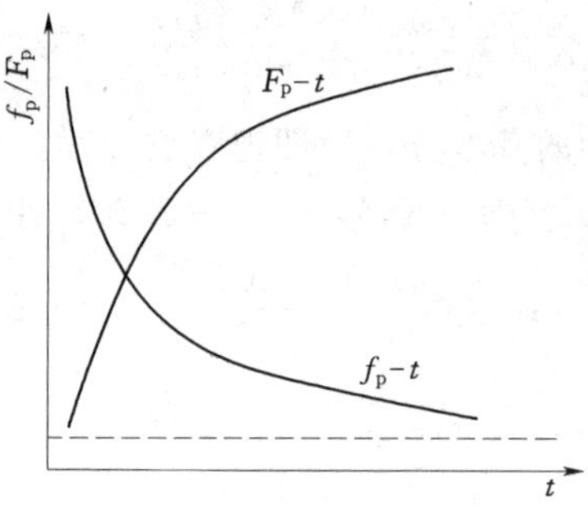

图 5.6　下渗曲线（f_p-t）和累积下渗曲线（F_p-t）示意图

（4）下渗曲线。下渗能力 f_p 随时间 t 的变化过程线称为下渗能力曲线，简称下渗曲线，如图 5.6 所示。下渗初期，土壤干燥，土壤吸持水分的能力较大，下渗能力较大、随下渗时间增加而急速减小；随下渗过程进行，土壤含水量逐渐增大，下渗能力随之递减，并趋于一个稳定值。

（5）累积下渗量。按下渗能力下渗情况下，下渗开始后一定时段内，通过单位面积渗入到土壤中的总水量，称为累积下渗量，简称下渗量，记为 F_p，单位为 mm。累积下渗量 F_p 与下渗能力 f_p 的关系可表示为

$$F_p=\int_0^t f_p(t)\mathrm{d}t \text{ 或 } f_p=\frac{\mathrm{d}F_p}{\mathrm{d}t} \tag{5.24}$$

（6）累积下渗量曲线。累积下渗量 F_p 随时间 t 的变化过程线称为累积下渗量曲线，如图 5.6 中的累积下渗量曲线 F_p-t 是累积下渗量 F_p 随时间 t 的增长过程。累积下渗量曲线上任一点的切线的斜率，表示该时刻的下渗能力。

（7）稳定下渗率。土壤达到饱和后充分供水条件下的下渗能力趋于一个稳定值，该稳定值即为稳定下渗率，是下渗能力的最小值，记为 f_c，单位为 mm/min 或 mm/h。

资源 5.3

5.4.2　下渗的物理过程

1. 下渗阶段划分

地表水在分子力、毛管力和重力作用下沿着土壤或岩石的孔隙下渗，下渗的过程就是各种作用力逐渐达到综合平衡的过程。在土壤由干燥到湿润、饱和的下渗过程中，按照土壤水所受作用力的变化及其运动特征，下渗的物理过程可划分如下 3 个阶段。

（1）渗润阶段。降水初期，土壤极其干燥，下渗水主要受分子力作用，被土壤颗粒吸收形成吸湿水，进而形成薄膜水，通常将此阶段称为渗润阶段。当土壤含水量达到最大分子持水量 θ_n 时，此阶段结束。

（2）渗漏阶段。当土壤含水量大于最大分子持水量 θ_n 时，下渗进入土壤中的水分在毛管力的作用下充填土壤中细小孔隙；随着下渗的继续，土壤含水量不断增大，重力也逐渐开始起作用。此时水分在毛管力和重力作用下沿土壤孔隙作不稳定流动，将此阶段称为渗漏阶段。当土壤水达到饱和含水量 θ_s 时，此阶段结束。

（3）渗透阶段。当土壤所有孔隙均被水充填时，土壤达到了饱和状态，水分主要受重力作用呈稳定流动。此阶段称为渗透阶段。渗透阶段属于饱和水流运动。而渗润与渗漏阶段均属于非饱和水流运动，有时为了应用方便，也将渗润与渗漏阶段统称为渗漏。

上述 3 个阶段并无明显的分界，尤其当土层较厚时，3 个阶段可能同时交错进行。

2. 下渗过程中土壤水分动态及分布规律

在下渗初期，如果土壤比较干燥，或者供水强度小于下渗能力，所有的水分都渗入土壤中，地表不会产生积水。此时表层土壤的含水量不断增加，被湿润的土层不断变厚，渗入土壤中的水量将越来越多；土层内任意一点的土壤含水量都在时刻发生变化，显著特点是自供水所及之区域向四周递减，如图 5.7 (a) 所示。

随着下渗的进行，表层土壤含水量的增幅越来越小，并最终保持某一数值不变，但此时土壤表面并未积水；被湿润土层的厚度仍然继续增加，但增加的幅度有所减小；土层内任一点土壤的含水量增加的幅度也逐渐减小，且越靠近土表，增幅越小，如图 5.7 (b) 所示。此种情况是土壤表面开始积水的临界时刻。此后，部分水分开始在土壤表层集聚，土壤的含水量剖面也基本趋于稳定。一般来说，在积水条件下，下渗水在土体中的垂向分布，大致可划分为 4 个区，即饱和区、过渡区、传导区与湿润区。

图 5.7 (c) 反映了下渗水的垂向运动特征。在随后的下渗过程中，饱和区与过渡区基本保持不变；传导区的厚度不断增加，其下边界不断下移；湿润区的位置不断下移，厚度基本保持不变。

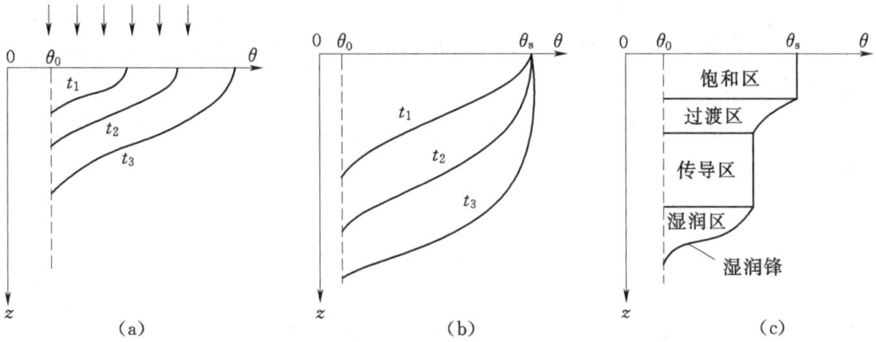

图 5.7 下渗过程中土壤水分变化过程及分布规律

(a) 短历时、无积水下渗过程；(b) 长历时、无积水下渗过程；(c) 长历时、有积水下渗过程

t_1、t_2、t_3——时刻

5.5 下渗理论与公式

下渗理论就是研究土壤水的下渗规律及其影响因素。下渗曲线不仅是下渗物理过程的定量描述，而且是下渗物理规律的体现。因此，了解下渗理论的关键就是推求下渗曲线的数学表达式。目前，确定下渗曲线数学表达式主要有以下 3 种途径。

5.5.1 非饱和土壤水下渗理论

资源 5.4

由非饱和土壤水下渗理论途径推求下渗方程时，以地面为参考面，坐标原点设在地面，取向下为正。根据非饱和土壤水分运动的连续方程式 (5.22)，只考虑垂向一

维情况下，非饱和土壤水流运动的下渗方程为

$$\frac{\partial\theta}{\partial t}=\frac{\partial}{\partial z}\left[D(\theta)\frac{\partial\theta}{\partial z}\right]\pm\frac{\partial K(\theta)}{\partial z} \tag{5.25}$$

式（5.25）是一个二阶非线性偏微分方程，只有在某些特殊情况下才能求得其解析解。下面以忽略重力作用为例分析其下渗方程的解。

对于较干燥土壤来说，下渗初期，土表以下土壤仍为初始含水量 θ_0，即$\partial\theta/\partial t\rightarrow\infty$，也就是说，基质势梯度很大，而重力势梯度相对较小。因此，可将重力势梯度忽略不计，则式（5.25）变为

$$\frac{\partial\theta}{\partial t}=\frac{\partial}{\partial z}\left[D(\theta)\frac{\partial\theta}{\partial z}\right] \tag{5.26}$$

对于式（5.26）的求解，首先要结合某一具体下渗过程给出初始条件和边界条件。假定下渗过程所构成的定解问题如下：

$$\begin{cases}\dfrac{\partial\theta}{\partial t}=\dfrac{\partial}{\partial z}\left[D(\theta)\dfrac{\partial\theta}{\partial z}\right]\\ \theta=\theta_0 \quad (t=0,0\leqslant z\leqslant\infty)\\ \theta=\theta_s \quad (t\geqslant 0,z=0)\\ \theta=\theta_0 \quad (t>0,z=\infty)\end{cases} \tag{5.27}$$

对于此式的求解，可以分为扩散率为常数和不为常数两种情况进行。

1. 扩散率为常数

为了简化，可假定扩散率 $D(\theta)$ 为常数，即令 $D(\theta)=D$，通过拉普拉斯变换及其逆变换可求其解析解为

$$\theta=(\theta_s-\theta_0)\operatorname{erfc}\left(\frac{z}{2\sqrt{Dt}}\right)+\theta_0 \tag{5.28}$$

其中

$$\operatorname{erfc}(y)=\frac{2}{\sqrt{\pi}}\int_y^\infty e^{-y^2}\,dy$$

式中：erfc(*) 为余误差函数；y 为变量，相当于式（5.28）中的$\dfrac{z}{2\sqrt{Dt}}$。

根据式（5.28）可以求出任一时刻 t、任一位置 z 处的土壤含水量 $\theta(z, t)$，即可进一步推求下渗曲线的数学表达式。现举例说明如下。

根据图5.8，在忽略重力作用时，图中阴影部分的面积即为 Δt 时段内土壤的累积下渗量 ΔF_p，即有

$$\Delta F_p(t)=\int_{\theta_0}^{\theta_s}z(\theta,t)d\theta=\int_0^\infty[\theta(z,t)-\theta_0]dz \tag{5.29}$$

将式（5.28）代入式（5.29），整理后得

$$\Delta F_p(t)=2(\theta_s-\theta_0)\sqrt{\frac{D}{\pi}t} \tag{5.30}$$

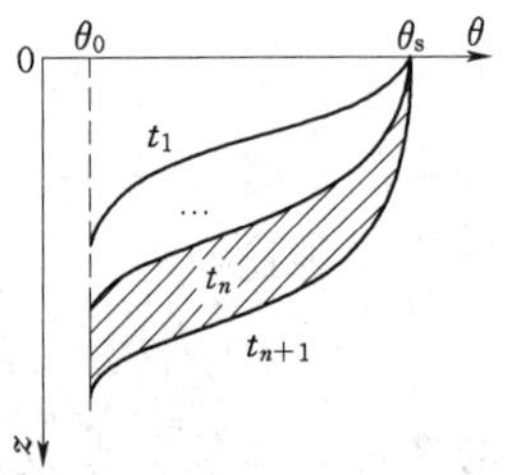

图5.8　半无限长土柱的下渗过程

对式（5.30）求导，得

$$f_p=\frac{d\Delta F_p(t)}{dt}=(\theta_s-\theta_0)\sqrt{\frac{D}{\pi}}t^{-\frac{1}{2}} \tag{5.31}$$

式（5.31）就是忽略重力作用、扩散率为常数时下渗曲线的表达式。

2. 扩散率不为常数

当扩散率不为常数时，式（5.27）的求解过程比较复杂，必须借助计算机。因此，不再做具体介绍，直接给出下渗曲线数学表达式为

$$f_p=\frac{d\Delta F_p(t)}{dt}=\frac{1}{2}St^{-\frac{1}{2}} \tag{5.32}$$

式（5.32）就是忽略重力作用、扩散率不为常数时下渗曲线的基本表达式。

对比式（5.31）与式（5.32）可以看出，在忽略重力作用下，无论扩散率是常数还是土壤含水量的函数，下渗能力 f_p 均为 $t^{-1/2}$ 的函数，且当 $t\to\infty$ 时，$f_p\to 0$；而在实际下渗过程中，当 $t\to\infty$ 时，$f_p\to f_c$，因此，忽略重力的下渗公式只适用于下渗时间较短且下渗过程处于渗润、渗漏阶段的情况。

5.5.2 饱和土壤水下渗理论

资源 5.5

饱和土壤水下渗理论是由格林（Green）和安普特（Ampt）提出的。他们对下渗过程做了如下简化。

（1）土壤均质、各向同性、初始含水量极低且在剖面上分布均匀。

（2）下渗一开始就有积水，且积水深不随时间而变化。

（3）湿润锋是饱和与非饱和土壤的分界面，即湿润锋上部区域的土壤含水量为饱和含水量，下部区域仍为初始土壤含水量。

在以上简化条件下，下渗过程中土壤水分剖面随时间的变化将形如一个汽缸中的活塞不断地沿深度方向推进，如图 5.9 所示。若以地表为参考平面，取向下为正。在上述简化条件下，可根据水流的达西定律及水量平衡原理建立饱和下渗基本方程。

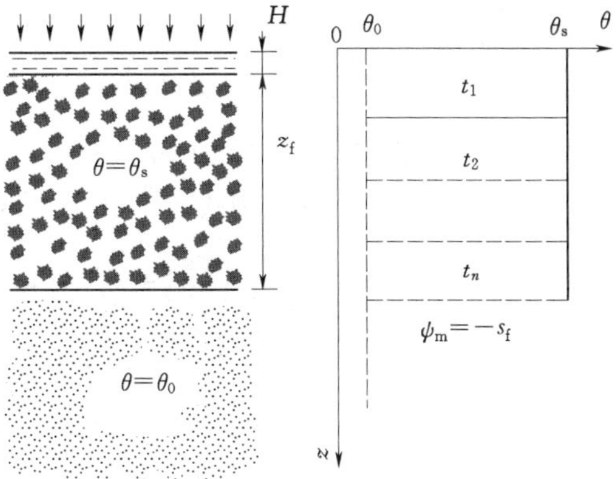

图 5.9 概化的湿润锋移动

下渗水所受的作用力如下。

（1）积水压力 H。根据简化条件，地表的积水深度为 H，方向向下。

（2）基质势（或吸力）s_f。湿润锋上某一点受到下方土壤水的基质势为 ψ_m，若以吸力来表示则为 s_f，方向向下。

（3）重力 z_f。用下渗湿润锋的深度 z_f 表示，方向向下。

（4）空气剩余压力（$P-P_a$）。下渗水压缩土壤孔隙中的空气产生压力 P，大气压力为 P_a，剩余的空气压力（$P-P_a$）作用于下渗水，方向向上。

综上可知，下渗水受到的作用力合力表示为：$s_f+z_f+H-(P-P_a)$，方向向下。

若土壤厚度无穷大，则空气剩余压力可忽略，下渗水受到的作用力简化为 s_f+

z_f+H，方向向下。

土壤表面与湿润锋面之间的水势梯度可表示为（s_f+z_f+H）/z_f。

上式的水势梯度即为下渗水流运动的动力。根据饱和土壤水流运动的达西定律，下渗能力可表示为

$$f_p=K_s\frac{s_f+z_f+H}{z_f}=K_s\left(\frac{s_f+H}{z_f}+1\right) \tag{5.33}$$

式（5.33）表示饱和下渗过程中，下渗能力 f_p 与湿润锋 z_f 的关系。下面针对不同情况分别求下渗能力 f_p 及累积下渗量 F_p 随时间的变化关系式。

1. 积水深度较小或下渗时间较长

当积水深 H 较小，或下渗时间较长时，积水压力 H 相对于湿润锋下移距离 z_f 很小，H 可忽略。因此，式（5.33）可近似为

$$f_p=K_s\left(\frac{s_f}{z_f}+1\right) \tag{5.34}$$

此外，根据简化和水量平衡原理，下渗过程中累积下渗量 F_p 可表示为

$$F_p=(\theta_s-\theta_0)z_f \tag{5.35}$$

由式（5.35）可得

$$z_f=\frac{F_p}{\theta_s-\theta_0}$$

代入式（5.34），可得

$$f_p=K_s\left[1+(\theta_s-\theta_0)\frac{s_f}{F_p}\right] \tag{5.36}$$

式（5.36）反映了下渗能力和累积下渗量之间的关系，是饱和下渗理论基本模式之一。由于 $f_p=\mathrm{d}F_p/\mathrm{d}t$，则式（5.36）变为

$$\frac{\mathrm{d}F_p}{\mathrm{d}t}=K_s\left[1+(\theta_s-\theta_0)\frac{s_f}{F_p}\right] \tag{5.37}$$

取下渗开始时刻为零，自 $0\to t$，$0\to F_p$ 对式（5.37）取积分，得

$$\int_0^t K_s\mathrm{d}t=\int_0^{F_p}\frac{F_p}{F_p+(\theta_s-\theta_0)s_f}\mathrm{d}F_p$$

由此可推出

$$K_s t=F_p-s_f(\theta_s-\theta_0)\ln\left[1+\frac{F_p}{(\theta_s-\theta_0)s_f}\right] \tag{5.38}$$

式（5.38）即为积水深度较小或下渗时间相对较长时的饱和下渗过程中累积下渗曲线的表达式。

2. 下渗时间较短

当下渗的时间较短时，z_f 相对于 s_f+H 来说较小，此时式（5.34）可近似为

$$f_p=K_s\frac{s_f+H}{z_f} \tag{5.39}$$

根据下渗能力与累积下渗量的关系，对式（5.35）求导，并联立式（5.39）可得

$$f_p=\frac{dF_p}{dt}=(\theta_s-\theta_0)\frac{dz_f}{dt}=K_s\frac{s_f+H}{z_f}$$

令 $D=K_s\frac{s_f+H}{\theta_s-\theta_0}$，则有

$$\frac{dz_f}{dt}=D\frac{1}{z_f}$$

对上式积分得

$$z_f=\sqrt{2Dt} \tag{5.40}$$

将式（5.40）代入式（5.35），得

$$F_p=(\theta_s-\theta_0)\sqrt{2Dt} \tag{5.41}$$

对式（5.41）求导，得

$$f_p=(\theta_s-\theta_0)\sqrt{\frac{D}{2t}} \tag{5.42}$$

式（5.41）和式（5.42）显示，饱和下渗过程中，当下渗时间较短时，累积下渗量 F_p 与$\sqrt{t}$成正比，而下渗能力 f_p 则与$\sqrt{t}$成反比。这是 Green - Ampt 下渗公式的另一种表达形式。

饱和下渗过程是一种比较理想的下渗模式，与实际情况下砂性土壤的下渗过程较为相似，但与黏性土壤的下渗过程差异较大。

5.5.3 经验下渗公式

以上下渗曲线的确定均是基于理查兹（Richards）基本方程的理论推导获得，通过推导过程，有助于认识下渗的物理机制和规律。但这些推导过程均是对问题做了一定简化，因此对于实际复杂情况，应用起来误差较大。下面介绍一些有代表性的经验下渗公式。

1. 考斯加科夫公式

1931 年，苏联学者考斯加科夫（Kostiakov）提出了如下的经验公式：

$$f_p=At^{-b} \tag{5.43}$$

式中：f_p 为下渗能力；t 为下渗时间；A、b 为经验常数，与土壤质地有关，可通过实验确定。

从式（5.43）可以看出，下渗过程中，随下渗时间的延长，下渗能力逐渐减小，且呈幂函数曲线关系，这与实际情况一致；但当 $t\to\infty$时，$f_p\to 0$，则与实际情况不相符。

2. 霍顿公式

1940 年，霍顿（Horton）提出了反映降雨产流过程中，下渗能力与初始下渗能力、稳定下渗率以及时间 t 之间关系的经验公式，称为霍顿下渗公式，其表达式为

资源 5.6

$$f_p=f_c+(f_{p0}-f_c)e^{-\beta t} \tag{5.44}$$

式中：f_c 为稳定下渗率；f_{p0} 为初始下渗能力；β 为经验参数，反映了下渗能力由 f_{p0} 减小到 f_c 过程中的快慢程度；其余符号意义同前。

根据式（5.44），当 $t\to 0$，$f_p\to f_{p0}$，因此 f_{p0} 称为初始下渗能力；当 $t\to\infty$，

$f_p \to f_c$，故 f_c 为稳定下渗率。霍顿公式的这一特点使其适用范围较为广泛，既适用于点的下渗，也适用于面的下渗。

3. 霍尔坦公式

1961 年，霍尔坦（Holtan）提出的经验公式如下：

$$f_p = f_c + \alpha (W - F)^{\beta} \tag{5.45}$$

其中

$$W = (\theta_s - \theta_0) d$$

式中：W 为厚度为 d 的土壤在下渗开始后所能容纳的下渗水量；F 为累积下渗量；α、β 为经验参数；d 为下渗土壤的厚度；其余符号意义同前。

霍尔坦公式与其他公式的不同在于，它适用于流域范围内的下渗，而不适用于点的下渗。在应用时主要的困难在于土层厚度 d 的确定。

4. 史密斯公式

史密斯（Smith）根据土壤水分运动的基本方程，对不同质地的各类土壤，进行了大量降雨下渗模拟实验，于 1972 年提出了如下的下渗公式：

$$\begin{cases} f = i & (t \leqslant t_p) \\ f_p = f_c + B(t - t_0)^{-\beta} & (t > t_p) \end{cases} \tag{5.46}$$

式中：i 为降雨强度；t_p 为积水开始时刻；t_0 为下渗的开始时刻；B、β 为经验参数；其余符号意义同前。

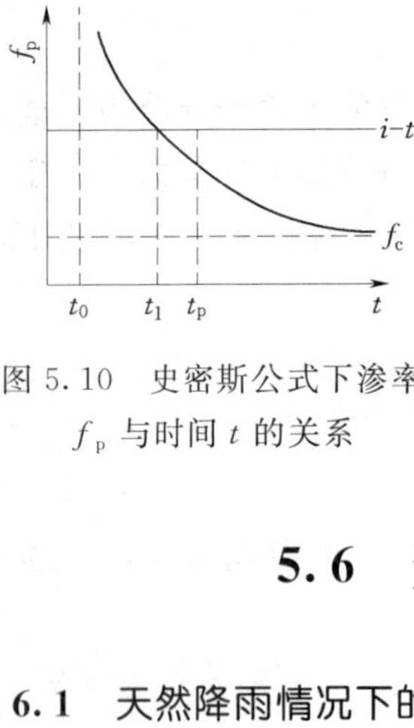

图 5.10　史密斯公式下渗率 f_p 与时间 t 的关系

式（5.46）表示，在下渗初期，雨强小于下渗能力，下渗主要由雨强控制，实际下渗率 f 等于雨强 i；在 t_p 时刻，下渗能力减小到刚好等于雨强；在 t_p 时刻以后，雨强大于下渗能力，按下渗能力下渗，由土壤特性决定。下渗率随时间的变化关系见图 5.10。图中显示，当 $t \to \infty$ 时，$f_p = f_c$，因此，f_c 理论上也等于饱和水力传导度 K_s；当 $t \to t_0$ 时，$f_p \to \infty$，故 t_0 为下渗曲线的渐近线所对应的时间坐标。

5.6　天然降雨下渗和土壤水的再分布

5.6.1　天然降雨情况下的下渗

以上所介绍的下渗过程主要是针对一些特殊情况，如供水充分、土壤均质、土壤表面保持水平或非均质土壤的单点下渗等情况。在天然条件下，实际的下渗过程因多种因素的共同影响变得非常复杂，往往不稳定和不连续性。如降雨强度是随时间变化的，而且会出现不连续或间断的情况；土壤不可能是均质的，从而导致土壤的透水性能和初始含水量等参数的时空变化很大；同时在许多地区，土壤的表面有一定坡度等。在这些因素影响下，实际下渗量的空间分布会变得极为不均，尤其是流域的下渗率空间变异性会很大等。因此，需要讨论这些因素变化情况下的下渗过程。

1. 降雨强度对下渗过程的影响

天然情况下的降雨强度随时间的变化过程是随机的，会出现小于、大于或等于同时刻的地面下渗能力等不同情况。因此，下渗过程有时按降雨强度下渗，有时按下渗能力下渗，如图 5.11 所示。

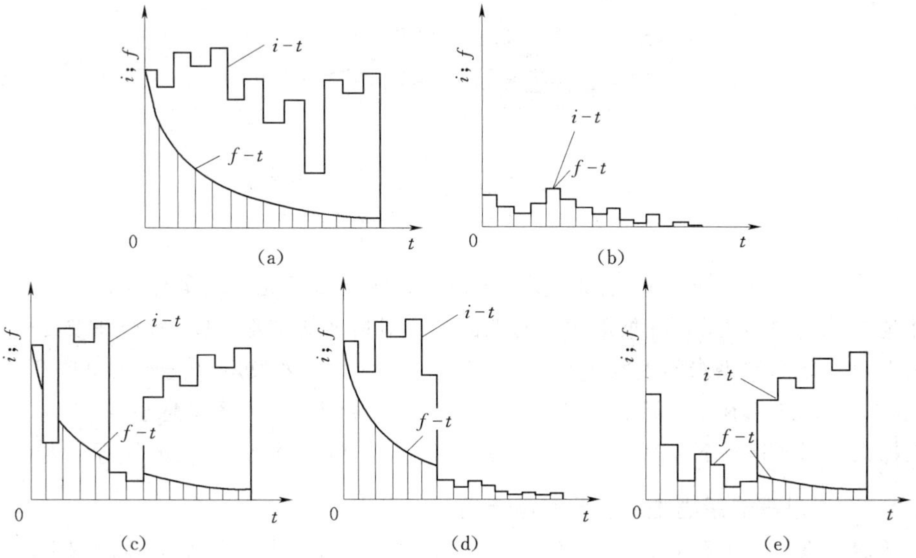

图 5.11 降雨强度随时间变化的下渗类型

(a) $i>f_p$；(b) $i\leqslant f_p$；(c)、(d)、(e) i、f 关系不定

对于图 5.11 (a)，由于任一时刻的降雨强度都大于同时刻的地面下渗能力，因此整个下渗过程中按下渗能力进行。

对于图 5.11 (b)，任一时刻的降雨强度均小于或等于下渗能力，整个下渗过程中按降雨强度进行。

对于图 5.11 (c)、图 5.11 (d)、图 5.11 (e)，降雨强度有时大于同时刻地面下渗能力、有时小于地面下渗能力，因此下渗率有时与降雨强度相等，有时与下渗能力相等。

2. 土壤特性对下渗过程的影响

土壤特性对下渗的影响，主要决定于土壤的透水性与土壤含水量。一般来说土壤质地越粗或团粒结构发育较好时，孔隙直径越大，其透水性越好，相应的下渗能力越大。土壤的含水量决定着一定条件下土壤吸水的能力及透水量的大小及变化。下渗开始时刻的土壤含水量越小，其吸水能力越强，下渗能力越大；反之，土壤越湿润，下渗能力越小，当土壤饱和后，达到稳定下渗率。如图 5.12 所示。

此外，土壤的分层结构也会影响水分的下渗，由于不同土壤的渗透系数和持水性不同，使得水分在两层土壤的界面处会发生滞留现象。

3. 土壤表面坡度（地形条件）对下渗过程的影响

地面起伏程度不同，则坡面漫流时的流速和汇流时间不同。一般来说，在相同的条件下，地面坡度越大，坡面漫流速度越快，降雨历时越短，越不易在坡面形成积水，坡面下渗量就越小。

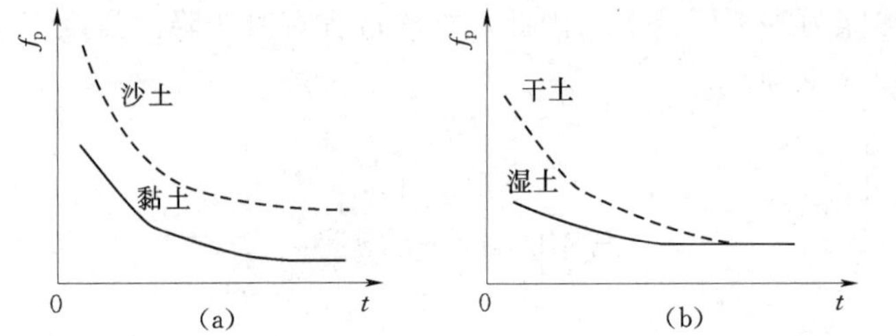

图 5.12　土壤质地和含水量对下渗的影响

(a) 土壤类型；(b) 土壤含水量

如从机理上来分析，则地形坡度对下渗的影响通常是通过改变对地面的供水强度来体现的。当雨强为 i，在坡度为 0 的地面上，对地面的供水强度为 i；在坡度为 β 的坡面上，对坡面的供水强度为 $i\cos\beta$，如图 5.13 所示。因坡度 β 一般为 $0°\sim90°$，故 $i\cos\beta<i$，即坡度越大，降雨对坡面的有效供水强度越小，下渗量越小。

除以上因素外，下渗过程还受地面覆盖物、耕作措施以及下渗的水质等因素影响。

5.6.2　下渗过程结束后土壤水分的再分布

随着下渗历时的延长，湿润锋向土层深处延伸，直至与毛管水上升带相衔接。在此过程中，如降雨停止或中途停止供水，地表积水逐渐消失，地表下渗结束，但由于土壤剖面仍存在水势梯度，在这一水势梯度作用下，土壤水仍将继续向下运动，直至水势梯度消失。在这种情况下，土层内的水将发生再分布的运动过程，如图 5.14 所示。图中显示，再分布过程中，上层土壤的水分逐渐递减，而下层土壤的水分逐渐增加，且随着时间的延长，水分变化的速度越来越慢。同时，再分布过程中水分的供应停止，因此，水的总量不会发生变化。

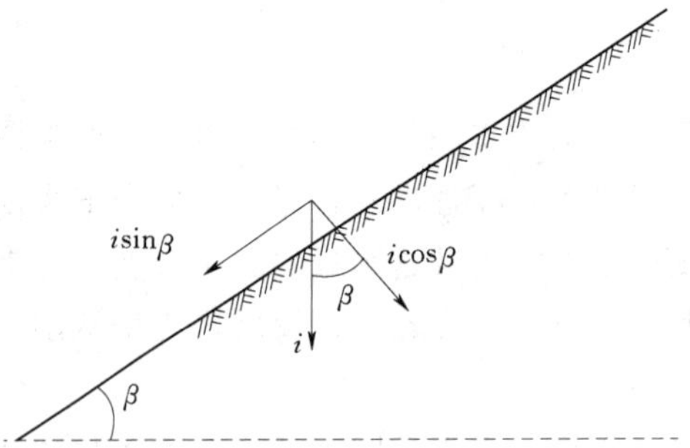

图 5.13　坡度对下渗的影响

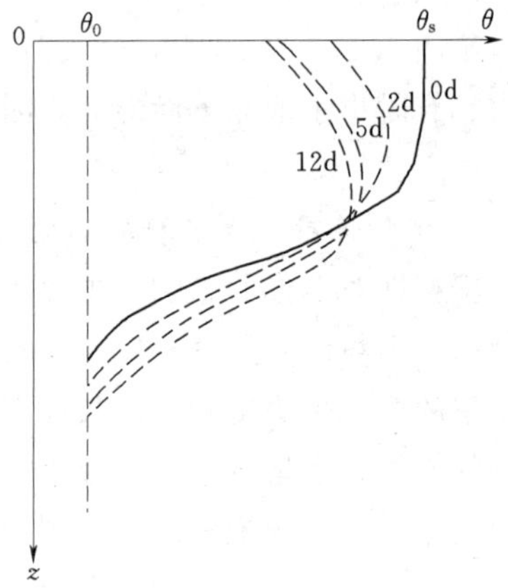

图 5.14　土壤水分的再分布示意图

（0d、2d、5d、12d 表示降雨结束后的第 0、第 2、第 5、第 12 天）

土壤水分的再分布过程是水文循环的重要组成部分，其具体分布情况与土壤的质地、孔隙度、孔径大小以及潜水埋深等密切相关。

研究水的下渗规律，明确其影响因素，就可以通过积极的人类活动（如坡地改梯田、植树造林、建造蓄水工程、开挖排水沟渠、地下水回灌等）有计划、有目的地调控下渗过程，使之朝着人们所期望的方向发展。

习题与思考题

5.1 下渗曲线与累积下渗量曲线之间有何联系？

5.2 简述下渗的物理过程。

5.3 格林-安普特饱和下渗理论的简化有哪些？

5.4 推导饱和下渗理论条件下的下渗曲线公式（5.42）。

5.5 简述定雨强条件下的下渗过程。

5.6 简述图 5.11（c）、图 5.11（d）、图 5.11（e）的下渗过程。

5.7 影响下渗的主要因素有哪些？如何影响下渗？

5.8 一次降雨过程中，下渗是否总按下渗能力进行？为什么？

5.9 已知某小流域充分供水时的累积下渗过程 $F_p(t)=36t^{1/2}+0.4t$。式中，F_p 为累积下渗量，mm；t 为时间，min。若以均匀雨强 6.4mm/min 供水，求：

（1）下渗能力 $f_p(t)$ 的表达式。

（2）在流域初始蓄水量 $W_0=0$ 情况下的产流开始时刻 t_p。

（3）当 $W_0=0$、下渗时间 $t=50$min 时的累积下渗水量。

5.10 根据非饱和下渗理论可推导出下渗公式：$f_p=0.5St^{-1/2}$。式中：f_p 为下渗能力，mm/min；t 为时间，min；S 为土壤吸收度。

（1）在导出该式时主要考虑了哪些驱动下渗的作用力？S 的因次是什么？

（2）某小流域适用该形式的下渗曲线，一场空间分布均匀、强度始终大于下渗能力的降雨经历 15min 后，测得流域土壤含水量为 30mm（假设这场降雨开始时刻流域蓄水量为 0），求下渗曲线的 S 值。

参考文献

[1] 詹道江，叶守泽．工程水文学［M］．3 版．北京：中国水利水电出版社，2005.
[2] 芮孝芳．水文学原理［M］．北京：中国水利水电出版社，2004.
[3] 胡方荣，侯宇光．水文学原理（一）［M］．北京：水利电力出版社，1988.
[4] 雷志栋，杨诗秀，谢森传．土壤水动力学［M］．北京：清华大学出版社，1988.
[5] 姚贤良，程云生．土壤物理学［M］．北京：农业出版社，1986.

第 6 章

蒸散发

水分通过降水到达陆面，其中一部分雨水汇入河流、湖泊等水体成为地表水，一部分则通过下渗成为土壤水或地下水，还有一部分水在太阳辐射作用下，又以水汽的形式散失到大气中，此现象即为蒸散发。换句话说，蒸散发是指水文循环中自降水到达地面后由液态或固态转化为水汽返回大气的过程，它与下渗是两个相反的过程。据统计，陆地上一年内的降水约有 60% 消耗于蒸发与散发，显然，蒸散发是水文循环的又一重要环节。从径流形成角度来看，蒸散发是一种损失，蒸散发的研究对于水利工程的规划设计以及水量平衡计算均有重要意义。

6.1 基 本 概 念

蒸散发是发生在具有水分子的物体表面上的一种水分运动现象。具有水分的物体表面称为蒸发面。根据蒸发面性质的不同，蒸散发一般分为水面蒸发、土壤蒸发和植物散发 3 类，如图 6.1 所示。水面蒸发是发生在水体（如江河、湖海等地表水）表面的蒸发。土壤蒸发则是发生在土壤表面的蒸发。一般来说，土壤蒸发量小于水面蒸发量，但在研究某流域面上的总蒸发量时，因土面面积一般都大于水面面积，土壤蒸发总量比水面蒸发总量要大，所以在水文学中对土壤蒸发的分析占有重要的地位。植物散发则是发生在植物茎叶表面的水分逸出现象。由于植物散发和土壤蒸发很难分开，通常将植物散发与土壤蒸发统称为蒸散发。

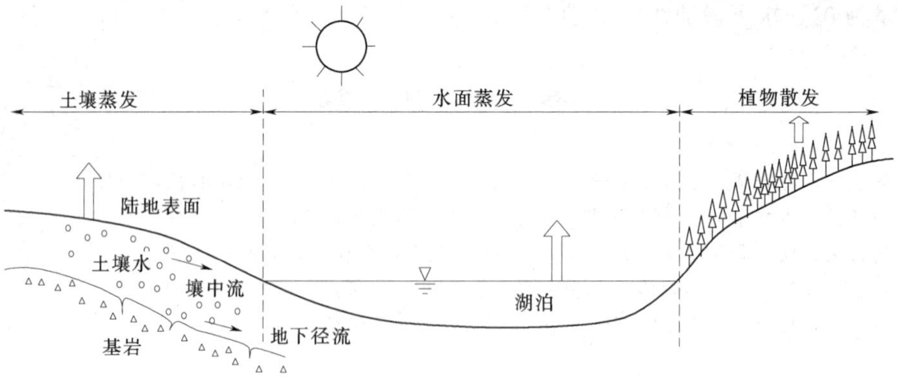

图 6.1 水面蒸发、土壤蒸发及植物散发示意图

蒸散发消耗的水量，常用蒸发强度 e、蒸发量 E 以及蒸发能力 E_m 来表示。蒸发强度是指单位时间从单位面积蒸发面上所蒸发的水量，又叫蒸发率，单位为 mm/d，mm/月或 mm/a。蒸发量是指某时段内从蒸发面上所蒸发的水层深度，以 mm 计。根

据蒸发面的水分供应是否充分，蒸发通常分为充分供水和非充分供水两种情况。充分供水时，某一蒸发面的蒸发量就是在同一气候条件下可能达到的最大蒸发量，称为可能最大蒸发量或蒸发能力，以 mm 计。通常情况下，蒸发面上的蒸发量小于或等于蒸发能力，称为实际蒸发量。

对于一个流域来说，以上 3 种形式的蒸散发都有可能发生，因此流域的总蒸散发就是指流域内各类蒸发和散发的总和。此外，还有一些其他形式的水分蒸发，如植物截留蒸发、冰雪蒸发、潜水蒸发等。植物截留是指在降水过程中植物的茎叶上截留的雨水，最终消耗于蒸发。潜水蒸发则是指在地下水埋藏较浅的平原地区，蒸散（腾发）会导致潜水对上部土壤水的补给，发生潜水的消耗。对潜水而言，尽管这种消耗不是直接意义上的水分蒸发，但习惯上称之为潜水蒸发。

以上 3 种不同蒸发面的蒸发量在各年度内是相对稳定的，因此在水量平衡中的蒸发量实际上是包括这 3 种蒸发在内的消耗水量。

6.2　水　面　蒸　发

6.2.1　水面蒸发机制

资源 6.1

自然条件下的蒸发是水分和能量的综合反映。一般来说，蒸发的发生取决于两个条件，一是将水由液态变为气态的热能，二是蒸发面的水分供应状况。水面蒸发是最简单的蒸发形式，属于充分供水蒸发，其蒸发量主要受制于水面所接受的太阳辐射能量。对于一个自由水面，太阳辐射热量进入水体使得水体表层水温升高，水分子动能增加，运动加剧，且水面温度越高，水分子的运动越活跃。由于水分子之间本身存在着一定的相互作用力，即内聚力，使得水分子聚集于水体。但当水分子运动的动能大于水分子之间的内聚能时，水分子就能从水体逸出而散失到大气当中，此即为水面蒸发机制。由于水体获得的能量是不均匀的，只有表层那些动能足够大的水分子才能突破水面进入大气，所以蒸发主要在水的表层发生。

根据理想气体状态方程和混合气体压强公式，当温度和体积一定时，气体的压力与气体的分子数成正比。在蒸发的初期，由于空气中水汽分子的数量相对较少，因而水汽压也较小。水面与空气中的水汽压差则较大，由水面逸出的水分子数量较多；同时，从空气中返回水面的水分子数量较小。通常认为水面逸出的水分子数量与返回水面的水分子数量之差，就是实际观测到的蒸发量。

随着蒸发的不断进行，从水面跃入空气中的水汽分子越来越多，以致水面以上大气中的水汽含量越来越大，水汽压也就越大，水面与空气中的水汽压差减小，水汽分子由水面进入大气的速率明显减小，而空气中的水汽分子返回水面的速率则明显增大。对于一个封闭的系统来说，当二者进行到一定程度时，必然会出现跃出水面的水汽分子数等于返回水面的水汽分子数，此时空气与水面的水汽压差为 0，蒸发因此停止。水汽压差为 0 时，空气中的水汽分子达到饱和，此时的水汽压称为饱和水汽压。如果水面温度继续增加，空气中的蒸发又开始进行，直到空气中的水汽分子再次达到饱和为止。因此，对于封闭的自由水面来说，蒸发速率主要取决于水面和水面以上大气之间的水汽压差。

在自然条件下，由于空气的体积是无限的，水面以上空气中的水汽分子存在一定的浓度梯度，由水面进入大气的水汽分子会通过空气对流、紊动以及水汽的扩散等作用不断沿梯度方向向上输送，从而减少了水面以上空气中的水分子数，降低了水汽压，使其很难达到饱和，因此实际上不可能出现空气与水面的水汽压差为 0 的情况。所以自然条件下的蒸发量不仅与饱和水汽压差有关，还与空气的对流和紊动以及水汽的扩散等作用有关，而影响这些作用的因素主要有风速、气压、湿度等气象因子。

资源 6.2

6.2.2　水面蒸发的影响因素

根据蒸发的发生机制，可将水面蒸发的影响因素分为两大类：一类是气象条件，如太阳辐射、温度、湿度、风速、水汽压差等；另一类是蒸发面自身因素，对于水面蒸发，包括水体的水面面积和形状、水深、水质等。

（1）太阳辐射。太阳辐射直接供给蒸发所需的能量，尤其对水面蒸发，太阳辐射几乎都用于蒸发，因此，太阳辐射是影响蒸发的主要因素。太阳辐射有日、季和年的周期变化，水面蒸发也会随之而具有相应的周期变化。

（2）温度。随着水温的增加，水分子的运动速度会加快，从而更易于逸出水面，所以水面蒸发量会随着水面温度的增加而增加。而直接影响水温的主要因素是气温，所以气温的变化会影响水面蒸发的变化。但由于水面蒸发的影响因素较为复杂，气温的变化有时与水面蒸发规律并不十分一致。

（3）湿度。水面上方大气的湿度增加，其中的水汽分子数量增加，饱和水汽压差减小，水面与大气的水汽压差越小，水分子由水面逸出的速度越慢。因此，在相同条件下，空气湿度越小，水面蒸发量越大。同时，湿度的变化与气温也有着十分密切的关系。

（4）水汽压差。水汽压差是指水面的水汽压与水面上空一定高度的大气水汽压之差。一般来说，空气密度越大，单位体积的水汽分子数量越多，水汽压就越大；反之，则水汽压越小。大气的水汽压越大，水面与大气的水汽压差越小，水面蒸发量也越小，与湿度变化对蒸发的影响基本一致。

（5）风速。风能够加强空气之间的对流和交换，使水面上空的水汽分子不断被带走，从而保证蒸发面与其上空始终保持一定的水汽压差，使得蒸发持续进行。在一定范围内，风速越大，空气流动越快，越有利于水汽在空气中的对流和交换，从而增加水气界面的水汽压差，越有利于水面的蒸发。但当风速达到一定程度时，水面的蒸发趋于稳定，此时影响相对较小。同时当冷空气到来时，风速增加不仅不会促进水面蒸发，相反还会减少蒸发，甚至导致凝结。

（6）水面面积。水体蒸发表面是水分子汽化时必经的通道。一般来说，水面面积越大，则蒸发量越大，蒸发作用进行得越快。对于局部区域来说，水面面积越大，其上空的水汽越不易被带离水面区域，水面上空的水汽含量越大，越不利于水面蒸发的进行。

（7）水深。水体的深浅对水面蒸发也有一定的影响。总的来说，春夏两季浅水比深水水面蒸发量大，秋冬两季则相反。这是因为浅水水体的上、下层交换相对比较容易，混合充分，水体内温差小，并与气温变化步调基本一致，对水面蒸发的影响较为显著。春夏两季气温较高，水温也较高，水面蒸发量大，秋冬两季水面蒸发量则较小。对于深水水体，水温为 0～4℃时，存在“热缩冷胀”效应，从而使水体上、下层之间产生对流作用；当水温超过 4℃时，对流作用停止。此外，水深大，水体储蓄的热量也大，对水温起到一定调节作用，使水面蒸发随时间的变化比较稳定。

（8）水质。水面蒸发不仅会受水体的数量影响，而且还会受到水质的影响，即水中溶解溶质多少的影响。一般来说，水中溶质的浓度越大，水体蒸发量越小，比如海水比淡水的蒸发量小 2%～3%。这是由于溶质的存在，减小了单位水面面积内水分子的数量，即在本质上减小了纯水面蒸发面积，从而减小了水体的蒸发量。

6.2.3 水面蒸发量确定方法

6.2.3.1 器测法

资源 6.3

水面蒸发是在充分供水条件下的蒸发，其蒸发量可以用蒸发皿或蒸发池直接测定，称为器测法。目前国内水文气象站网主要使用的水面蒸发器有 3 种，即 Φ20 型、Φ80 型和 E601 型。其中 E601 型蒸发器由蒸发筒、水圈、溢流筒和测针组成。每日 8 时观测一次，可获得日水面蒸发量。一月中每日蒸发量之和为月蒸发量；一年中每日蒸发量之和为年蒸发量。

器测法简单实用，是一种常用的方法，但由于水面蒸发器的口径、深度、材料、安装方式、颜色等，对蒸发量的观测结果有很大影响。因此，所测出的水面蒸发量需通过折算，才能得到天然水体水面蒸发量。如 E601 型蒸发器与大型水体水面蒸发值之间的折算系数为 0.9～0.99，Φ80 型蒸发器的折算系数小一些，Φ20 型蒸发器的折算系数最小。在缺乏足够大水体水面蒸发资料的情况下，可用这些蒸发器的蒸发量代用。

6.2.3.2 理论计算方法

1. 能量平衡法

水面蒸发不仅是水分交换过程，也是能量交换过程。能量平衡法正是基于能量交换基础，根据能量守恒原理建立起来的。

根据能量守恒原理，对于某一水体来说，在某一时段内，有

$$Q_n - Q_h - Q_e + Q_v = Q_w \tag{6.1}$$

式中：Q_n 为水体所接收的太阳净辐射能量；Q_h 为水体的热传导损失热量；Q_e 为蒸发所消耗的热量；Q_v 为水体出入流所引起的热量变化量；Q_w 为水体自身的热量变化量。

因 Q_h 不易观测和计算，由波文比（Bowen Ratio）$\beta = Q_h / Q_e$ 间接计算。根据气象学，β 可由下面的公式确定：

$$\beta = \gamma \frac{t_0 - t_a}{e_{0s} - e_a} \frac{P_a}{1000} \tag{6.2}$$

式中：γ 为温度计常数，当温度计为摄氏温度，水汽压以毫巴（mbar）为单位时，$\gamma = 0.66$；P_a 为大气压，mbar；t_0 为水面温度，℃；t_a 为气温，℃；e_{0s} 为水面温度为 t_0 时的饱和水汽压，mbar；e_a 为空气水汽压，mbar。

将 $\beta=Q_h/Q_e$ 代入式（6.1），可得

$$Q_n-(1+\beta)Q_e+Q_v=Q_w \tag{6.3}$$

将 $Q_e=LE_w$ 代入式（6.3），得

$$E_w=\frac{Q_e}{L}=\frac{Q_n+Q_v-Q_w}{L(1+\beta)} \tag{6.4}$$

式中：E_w 为由水面温度求得的水面蒸发量；L 为蒸发潜热；其余符号意义同前。

式（6.4）即为基于能量平衡的水面蒸发计算公式，但当 $\beta=-1$ 或（$e_{0s}-e_a$）→0 时不能使用。从以上推导过程可以看出，能量平衡法主要考虑了日照和气温对水面蒸发的影响。

2. 空气动力学法

若不考虑与水体表面平行方向，只研究与水面垂直方向上的水汽扩散现象。根据气体扩散理论，水体表面的水汽输送量（单位时间流过单位面积的水汽量）与大气中垂直向方向水汽含量的梯度密切相关，其关系式为

$$E_w=-\rho K_w\frac{\mathrm{d}q}{\mathrm{d}z} \tag{6.5}$$

式中：E_w 为水汽输送量即水面蒸发率；ρ 为湿空气密度；z 为距离水体表面的垂直高度；K_w 为大气紊动扩散系数，与 z 有关；q 为大气比湿，即大气中水汽的相对含量。

大气比湿 q 与大气压 P_a、距水面高度 z 处的水汽压 e 的关系为

$$q\approx0.622\frac{e}{P_a}$$

代入式（6.5）可得

$$E_w=-0.622K_w\frac{\rho}{P_a}\frac{\mathrm{d}e}{\mathrm{d}z} \tag{6.6}$$

由于大气紊动扩散系数 K_w 较难确定，需要利用空气紊动力学中的一些关系式对式（6.6）做进一步的处理。

与水汽垂直通量相类似，空气的动量垂直通量可写为

$$\tau=\rho K_m\frac{\mathrm{d}\overline{u}}{\mathrm{d}z} \tag{6.7}$$

式中：τ 为单位面积的动量垂直通量，也即水平面上的剪切应力；$\overline{u}$ 为水面上 z 高度处的平均风速；K_m 为大气紊动黏滞系数；其余符号意义同前。

当 τ 与垂直高度无关时有

$$\tau=\rho u^2$$

将其代入式（6.7），可得

$$K_m=\frac{u^2}{\mathrm{d}\overline{u}/\mathrm{d}z} \tag{6.8}$$

用式（6.6）除以式（6.8），整理可得

$$E_w=-0.622\frac{K_w\rho u^2}{K_mP_a}\frac{\mathrm{d}e/\mathrm{d}z}{\mathrm{d}\overline{u}/\mathrm{d}z}$$

若将$\frac{\mathrm{d}e/\mathrm{d}z}{\mathrm{d}\bar{u}/\mathrm{d}z}$用两个垂直高度处的水汽压 e_1、e_2 和风速 u_1、u_2 的差商来代替，则有

$$E_{\mathrm{w}}=0.622\frac{K_{\mathrm{w}}\rho u^2}{K_{\mathrm{m}}P_{\mathrm{a}}}\frac{e_1-e_2}{u_2-u_1} \tag{6.9}$$

式（6.9）即表示以空气动力学理论为基础的水面蒸发计算公式，式中 $K_{\mathrm{w}}/K_{\mathrm{m}}$ 称为 Schmidt 数，约等于 0.7。

由于式（6.9）涉及任意两个高度处的水汽压，较难应用于实际。根据 Karman - Prandtl 提出的均质流体完全粗糙流的流速分布公式进行计算，该公式为

$$\frac{\bar{u}}{u}=C_1\ln\frac{z}{k_{\mathrm{s}}}+C_2 \tag{6.10}$$

式中：k_{s} 为空气表面糙度的线性量度；C_1、C_2 为常数。

将其代入式（6.9）可得

$$E_{\mathrm{w}}=0.622\frac{K_{\mathrm{w}}\rho}{K_{\mathrm{m}}P_{\mathrm{a}}C_1^2}\cdot\frac{(\bar{u}_2-\bar{u}_1)(e_1-e_2)}{\ln^2(z_2/z_1)} \tag{6.11}$$

若将 z_1 取为风速为 0 的高度，则有

$$\bar{u}=\bar{u}_1=0$$

代入式（6.10），可得

$$z_1=k_{\mathrm{s}}\mathrm{e}^{-C_2/C_1}$$

若进一步假定 $e_1=e_{0\mathrm{s}}$，其中 $e_{0\mathrm{s}}$ 为水面温度下的饱和水汽压，则式（6.11）变为

$$E_{\mathrm{w}}=\left(\frac{K_{\mathrm{w}}\rho\bar{u}_2}{K_{\mathrm{m}}P_{\mathrm{a}}}\right)f\left(\ln\frac{z_2}{k_{\mathrm{s}}}\right)(e_{0\mathrm{s}}-e_2) \tag{6.12}$$

或

$$E_{\mathrm{w}}=A(e_{0\mathrm{s}}-e_2) \tag{6.13}$$

式中：A 为风速函数和表面粗糙度函数的函数，其表达式为

$$A=\left(\frac{K_{\mathrm{w}}\rho\bar{u}_2}{K_{\mathrm{m}}P_{\mathrm{a}}}\right)f\left(\ln\frac{z_2}{k_{\mathrm{s}}}\right)$$

对于某一具体水体而言，A 可看作只与风速函数有关。

由式（6.13）可以看出，水面蒸发与饱和水汽压差（$e_{0\mathrm{s}}-e_2$）成正比，这与道尔顿定律一致。道尔顿定律是道尔顿（Dulton）在 19 世纪提出的，其水面蒸发公式表示为以下两式：

$$E_{\mathrm{w}}=f(u)(e_{0\mathrm{s}}-e_{\mathrm{a}}) \tag{6.14}$$

$$E_{\mathrm{aw}}=f'(u)(e_{\mathrm{as}}-e_{\mathrm{a}}) \tag{6.15}$$

式中：E_{w} 为由水面温度求得的水面蒸发率；E_{aw} 为由气温求得的水面蒸发率；$f(u)$、$f'(u)$ 为风速函数；$e_{0\mathrm{s}}$ 为水面温度对应的饱和水汽压；e_{as} 为气温对应的饱和水汽压；e_{a} 为空气水汽压。

空气动力学法确定水面蒸发，其优点是考虑了两个影响水面蒸发的主要动力条件饱和水汽压差与风速，有助于了解蒸发的物理机制。

3. 综合法

空气动力学法在估算水面蒸发量时仅考虑了风速和水汽扩散，而未考虑太阳辐射这一能量条件；能量平衡法虽然考虑了能量条件，但只考虑了水汽扩散这一动力条件对水面蒸发的影响，并未考虑风速；因此，如果能将这两种方法结合起来，取长补短，就能得到较好的计算方法。综合法就是同时应用能量平衡原理和空气紊流扩散理论推导而得的计算水面蒸发的方法，最早是由英国科学家彭曼（Penman）于1948年提出的，故又称为彭曼公式法。

对于式（6.4），若假定 $Q_w \approx Q_v$，则水面蒸发的计算公式可简化为

$$E_w = \frac{Q_n}{L(1+\beta)} \tag{6.16}$$

将式（6.2）代入式（6.16），得

$$E_w = \frac{Q_n}{L\left(1+\gamma\dfrac{t_0-t_a}{e_{0s}-e_a}\dfrac{P_a}{1000}\right)}$$

如取 $P_a = 1000\text{mbar}$，则上式变为

$$E_w = \frac{Q_n}{L\left(1+\gamma\dfrac{t_0-t_a}{e_{0s}-e_a}\right)} \tag{6.17}$$

令 $\Delta = \dfrac{e_{0s}-e_{as}}{t_0-t_a}$，将其代入式（6.17）得

$$E_w = \frac{Q_n}{L\left(1+\dfrac{\gamma}{\Delta}\dfrac{e_{0s}-e_{as}}{e_{0s}-e_a}\right)} \tag{6.18}$$

式中：Δ 为 $t=t_a$ 时的饱和水汽压曲线坡度；e_{as} 为 $t=t_a$ 时的饱和水汽压，mbar；其余符号意义同前。

在空气动力学法中道尔顿定律式（6.14）和式（6.15）中，若假定 $f(u)=f'(u)$，则有

$$\frac{E_{aw}}{E_w} = \frac{e_{as}-e_a}{e_{0s}-e_a} \tag{6.19}$$

将式（6.19）代入式（6.18），得

$$E_w = \frac{Q_n}{L\left[1+\dfrac{\gamma}{\Delta}\dfrac{(e_{0s}-e_a)-(e_{as}-e_a)}{e_{0s}-e_a}\right]} = \frac{Q_n}{L\left[1+\dfrac{\gamma}{\Delta}\left(1-\dfrac{E_{aw}}{E_w}\right)\right]}$$

对上式作进一步整理可得

$$E_w = \frac{\Delta}{\Delta+\gamma}Q_n + \frac{\gamma}{\Delta+\gamma}E_{aw} \tag{6.20}$$

式（6.20）即为综合法的基本公式。可以看出，此式由两部分构成，第一部分为水体吸收净辐射产生的蒸发，第二部分为风速和饱和差产生的蒸发，而水面蒸发量则是这两部分加权后求得。

在应用彭曼公式时，所需的气象资料较多，如气温、相对湿度、风速等。然而，许多地区的气象站还难以提供如此完整的数据，在很大程度上限制了该公式的应用。在未来气候变化预测情景中大多都只提供了月平均最高温度、最低温度和降雨资料，难以使用彭曼公式计算未来气候变化对蒸发的影响。

4. 水量平衡法

自然界中的任何物质都满足质量守恒定律，对于水体来说也是如此。如任取一定数量的水体，其必满足如下的水量平衡方程：

$$\Delta S = I - Q + P - E_w \tag{6.21}$$

式中：ΔS 为 Δt 时段内水体蓄水量的变化量；I 为 Δt 时段内水体的入流量；Q 为 Δt 时段内水体的出流量；P 为 Δt 时段内水面的降水量；E_w 为 Δt 时段内水面的蒸发量。

由式（6.21）可进一步得出

$$E_w = I - Q + P - \Delta S \tag{6.22}$$

式（6.22）即为水量平衡法计算水面蒸发量的公式。与其他方法相比，水量平衡法简单明了，但当计算时段较短时，蒸发量可能相对于其他各项较小，计算的误差较大。因此，水量平衡法通常应用于计算较长时段内水体的水面蒸发。

6.2.3.3 经验公式法

水面蒸发的影响因素较多，实际生产中情况较为复杂，理论计算方法往往不能全面考虑各种因素，同时参数的确定对观测项目和仪器要求也较高，应用中困难较多。因此，在实测资料精度要求不高的情况下，人们在实际应用中常常根据环境情况采用经验公式对水面蒸发量进行估算。目前，多数经验公式都是以道尔顿定律为基础而建立的。下面介绍两种常用的经验公式。

1942 年，Mayer 提出的经验公式为

$$E_w = C(e_{0s} - e_a)\left(1 + \frac{u}{10}\right) \tag{6.23}$$

式中：E_w 为水面蒸发率，mm/d；e_{0s} 为水面温度下的饱和水汽压，in[❶]（英寸）；e_a 为空气水汽压，in（英寸）；u 为风速，mile[❷]/h；C 为经验系数，一般取 $C=0.36$。

1966 年，华东水利学院（现河海大学）对国内大型蒸发池观测资料进行综合分析后，提出了如下的经验公式：

$$E_w = 0.22\sqrt{1 + 0.3u_{200}^2}(e_{0s} - e_{200}) \tag{6.24}$$

式中：E_w 为水面蒸发率，mm/d；e_{0s} 为水面温度下的饱和水汽压，mbar；e_{200} 为水面以上 2m 高度处的水汽压，mbar；u_{200} 为水面以上 2m 处的风速，m/s。

以上公式的基本特征是以风速、水汽压等主要气象因子作为参数，其他因子统一作为相关系数来考虑。经验公式一般是在缺乏实测资料的情况下应用的。同时每个经验公式都有其适用条件，在具体应用时应特别注意。

---

❶ 1in=2.54cm。

❷ 1mile=1609.344m。

6.3 土壤蒸发

6.3.1 土壤蒸发机制

土壤蒸发就是土壤孔隙中的水分在水势梯度的作用下上升，并在土壤表层发生汽化后进入大气的过程。土壤水在汽化过程中，除了要克服水分子之间的内聚力外，还要克服土壤颗粒对水分子的吸附力。因此可以说，土壤蒸发就是土壤失去水分的干化过程。土壤是一种多孔介质，既有吸收和保持水分的能力，也有输送水分的能力。其输送水分的能力则与土壤的含水量、土壤的结构与质地等因素有关。因此，土壤蒸发不同于水面蒸发，其蒸发过程既与气象因素有关，也与土壤的输水能力有关。当这些因素发生变化时，土壤的蒸发量也随之发生变化。若土壤处于非饱和状态时，土壤蒸发的大小取决于以上两个因素中较小的一个。若土壤处于饱和状态时，土壤的输水能力不受限制，此时的蒸发只与气象因素有关，其蒸发过程与水面蒸发相似。

资源 6.4

当降雨或灌水后，土壤的含水量非常大，接近饱和状态，此时根据土壤蒸发的特点和规律，可将其分为 3 个阶段，即稳定蒸发阶段、蒸发随含水量降低阶段以及水汽扩散阶段，合称为土壤蒸发的物理过程。在大气蒸发强度不变的情况下，蒸发量随时间和含水量的变化过程如图 6.2 所示。下面分别就这 3 个阶段进行分析。

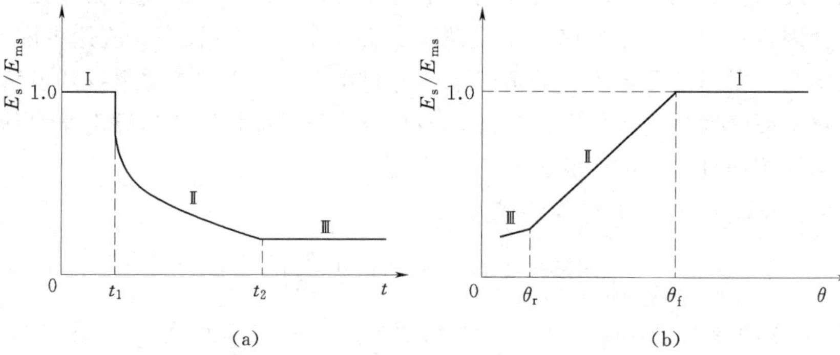

图 6.2　土壤蒸发随时间和土壤含水量的变化曲线
(a) 蒸发随时间的变化曲线；(b) 蒸发随土壤含水量的变化曲线

1. 稳定蒸发阶段

当土壤的含水量大于其田间持水量时，土壤处于充分供水的蒸发状态。在此阶段，当上层土壤的含水量因蒸发而稍有减小时，下层土壤的水分即可通过毛管作用及时补充，因此土壤蒸发量主要取决于气象条件。通常将土壤供水充分时，由气象条件决定的最大可能蒸发量称为潜在蒸发量或蒸发能力。对于某一土体来说，当气象条件相对稳定时，其土壤蒸发保持稳定状态，故将其称为稳定蒸发阶段（见图 6.2 中的Ⅰ段）。在这个阶段内的蒸发速度接近于自由水面的蒸发速度，蒸发量很大，但由于重力水很快就会渗漏排出，土壤含水量迅速下降，因此稳定蒸发阶段一般持续时间较短；当土壤含水量等于其田间持水量时，该阶段结束，转而进入下一个蒸发阶段。

2. 蒸发随含水量降低阶段

在持续蒸发耗水条件下，土壤中储存的水量不断减小，当其含水量小于田间持水量后，毛管水开始变得不连续，上层土壤的含水量随之减小，蒸发的供水能力受到限制，因此土壤蒸发量将随土壤含水量的减小而减小（见图 6.2 中的Ⅱ段）。在此阶段，水分的蒸发主要决定于土壤水分；当土壤含水量等于其毛管断裂含水量时，该阶段结束，转而进入下一个阶段。

3. 水汽扩散阶段

当土壤的含水量小于土壤的毛管断裂含水量时，土壤蒸发进入第 3 个阶段。此时，土壤的输水能力明显减弱，已难以满足表土蒸发需水，因此在土壤表面形成一个干土层；此后，毛管传导作用停止，土壤水向土表的导水率降至接近 0，水分只能在干土层以下的表面汽化后，以气态水经干土层中的孔隙散失到大气中。蒸发主要受制于土层内水汽的扩散能力。土壤水分扩散经过的干土层孔隙度越小，扩散越缓慢，水分散失越少。因此，蒸发很小且基本保持稳定（见图 6.2 中的Ⅲ段）。在此阶段，蒸发的大小既不受气象条件的控制，也不随土壤的含水量而变化，且水分的蒸发不是在土壤的表面进行的。

6.3.2 土壤蒸发确定方法

土壤蒸发确定方法有空气动力学法、能量平衡法、综合法、水量平衡法、经验公式法以及器测法等。前 3 种方法与水面蒸发的计算方法相同，因此，下面主要介绍水量平衡法、经验公式法和器测法。

1. 水量平衡法

对于某一流域的土壤蒸发来说，根据水量平衡原理，其某一时段 Δt 内土壤水分的变化满足以下关系式：

$$\Delta S = F_{ir} + F_{pr} + G_w - S_{se} - E_s \tag{6.25}$$

式中：ΔS 为时段内土体的蓄水变化量，mm；F_{ir} 为时段内土体因灌溉增加的水量，mm；F_{pr} 为时段内土体因降水增加的水量，mm；G_w 为时段内地下水对土体的补给量，mm；S_{se} 为时段内土体发生的深层渗漏量，mm；E_s 为时段内土壤的蒸发量，mm。

根据式（6.25），在确定了其他水平衡要素后，即可计算出某一时段的土壤蒸发量，即

$$E_s = F_{ir} + F_{pr} + G_w - S_{se} - \Delta S \tag{6.26}$$

可以看出，式（6.26）与确定水面蒸发量的水量平衡公式相似，只是研究对象有所不同。

2. 经验公式法

土壤蒸发量经验公式的建立原理与水面蒸发相同，因此公式的结构也相似，即

$$E_s = A_s(e_s' - e_a) \tag{6.27}$$

式中：E_s 为土壤蒸发量；A_s 为质量交换系数，取决于气温、湿度、风速等气象条件；e_s'为土壤表面水汽压，当表土饱和时，e_s'等于饱和水汽压 e_s；e_a 为大气水汽压。

3. 器测法

用以测定土壤蒸发量的仪器很多。常用的有苏联 ГГИ－500 型土壤蒸发器和大型蒸渗仪。ГГИ－500 型土壤蒸发器由内、外两个铁筒组成，筒的内、外径分别为 25.2cm 和 26.7cm，筒深分别为 50cm 和 60cm。内筒用于土样切割和装填，外筒用于保护内筒在长期的称重使用过程中不变形。大型蒸渗仪由蒸渗测箱系统、称重系统等构成，面积由几平方米到十几平方米不等，一般埋设于土表以下，可通过定期对蒸渗仪以上土壤进行称重来计算某一时段的蒸发量。

器测法一般适用于单点土壤蒸发量的测定。对于大面积土壤蒸发量的测定，由于植被、土壤特性等下垫面条件的复杂性，器测法的应用受到很大限制。

6.3.3　土壤蒸发的影响因素

根据前述，土壤蒸发主要受制于两大因素：其一为气象因素；其二为土壤的供水能力。决定大气蒸发能力的主要气象因子有温度、湿度、风速、气压等。而决定土壤供水能力的因素主要有土壤含水量、孔隙性、温度梯度以及地下水埋深等。由于气象因素对土壤蒸发的影响与水面蒸发相似。因此，在此主要分析影响土壤供水能力的因素。

1. 土壤含水量

土壤含水量是影响土壤水分蒸发的主要因素。土壤含水量接近饱和含水量时，土壤蒸发实质上接近自由水面蒸发，且比较稳定。随着土壤含水量减少，土壤的供水能力受到限制，非饱和水力传导度降低，蒸发相应减弱。当土壤含水量减少至非饱和水力传导度接近 0 时，土壤蒸发主要以水汽扩散方式进行，蒸发量极小且较稳定。

2. 土壤孔隙性

土壤孔隙性一般指孔隙的形状、大小和数量。土壤孔隙的形状、大小和数量不同，则土壤水分的存在形态和连续性也就不同，土壤蒸发也会有所不同。以孔隙的大小为例，直径为 0.1～0.001mm 的孔隙，毛管作用最明显；直径大于 0.1mm 时则为非毛管孔隙；而直径小于 0.001mm 的孔隙，由于只存在吸湿水和薄膜水，因而也不存在毛管作用。因此，孔隙直径集中在 0.1～0.001mm 范围内的土壤，其蒸发量大于其他孔径的土壤。

此外，土壤的孔隙性与土壤的质地、结构和层次关系密切。例如，黄土型黏壤土的毛管孔隙发育最好，所以蒸发量最大；砂土、重壤土和团聚性弱的黏土次之；轻质砂土、团聚性强的黏土的毛管孔隙发育最差，蒸发量也最小。对于分层的土壤来说，其土层交界面处的孔隙状况与均质土壤明显不同，当土壤质地为上粗下细时，交界面附近的孔隙上大下小；反之，则上小下大。由于相同含水量条件下，粗质土壤的水分吸持力小于细质土壤，因此，相同条件下前者的蒸发量大于后者。

3. 土壤温度梯度

土壤温度梯度对水分的影响较为复杂。首先，温度梯度影响土壤水分的运行方向，温度高的地方水汽压大，表面张力小；反之，温度低的地方水汽压小，表面张力大。气态水总是从水汽压大的地方向水汽压小的地方运行，液态水总是从表面张力小的地方向表面张力大的地方运行。因此，土壤水分由温度高的地方向温度低的地方运行，且参与运行的水分数量取决于土壤的初始含水量。土壤含水量过大或过小时，参与运行的水分都较少，只有在毛管断裂含水量附近的中等含水量才会使参与运行的水分较多。此外，由于温度梯度的存在，使得水汽在蒸发层下面发生浓集过程，当土壤中存在冻土层时，土壤水分向冻土层运行，从而在冻土层底部区域的含水量较高。

4. 地下水埋深

地下水埋深对蒸发的影响是通过影响地下水面以上土壤含水量的分布起作用的。地下水埋深越浅，毛管水活动层距土壤表面越近，则越有利于向土壤表面输送水分，土壤蒸发也越大。如果地下水面接近地面，其蒸发量甚至大于光滑水面的蒸发量。因为与水面蒸发相比，土壤蒸发的蒸发面积增大，反射率减少。地下水埋深越大，毛管上升水的上界面距离地下水面越远，向土壤表面输送水分越困难，土壤蒸发越小。总之，随着地下水埋深的增加，土壤蒸发呈递减趋势。地下水埋深对蒸发量的影响通常存在临界范围。一般来说，当地下水埋深大于 4m 时，地下水埋深的变化对土壤蒸发的影响趋于 0，称此时的深度为地下水临界深度。土壤蒸发与地下水埋深的关系如图 6.3 所示。

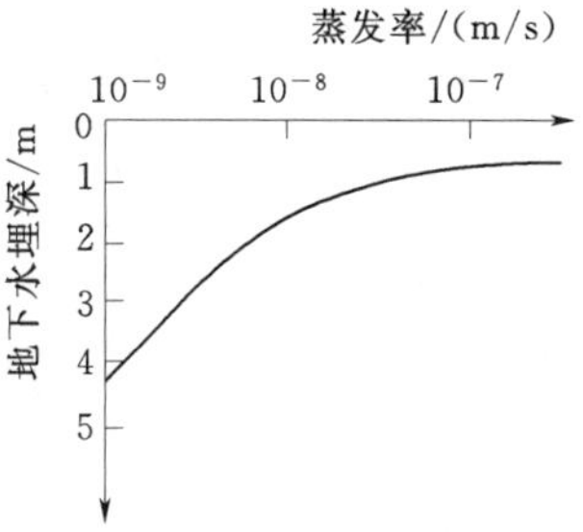

图 6.3 土壤蒸发与地下水埋深的关系

除以上影响因素以外，土壤的色泽也影响土壤的蒸发量。色泽深的土壤吸收太阳辐射的能力强，土面温度升高快，蒸发量大。一般来说，黄色土壤的蒸发量比白色土壤大 7%，棕色土壤的蒸发量比黄色土壤大 12%，黑色土壤的蒸发量比棕色土壤大 13%。此外，地形特征也对土壤的蒸发量有一定影响。地势高的土壤蒸发量较地势低的土壤蒸发量大；粗糙地面的蒸发量较光滑地面的蒸发量大；南向斜坡的土壤蒸发量比北向斜坡的土壤蒸发量大。

6.4 植物散发

植物散发又称植物蒸腾，是指土壤水分通过植物进入大气的过程。植物散发的同时，土壤也在蒸发，通常将植物散发与土壤蒸发统称为蒸散发。土壤蒸发和植物散发的水量目前还很难分别测定，但为了探讨散发的物理机制，需要单独进行研究。

6.4.1 植物散发机制

植物在进行散发时，首先是植物根系吸取土壤水分，水分通过植物茎内导管输送至叶部，然后在叶部气孔下腔的叶肉细胞内汽化并逸入空中，如图 6.4 所示。

根压和散发拉力是植物散发的驱动力。在根和土组成的系统中，由于根系中溶液浓度通常大于根系周围土壤中水的溶液浓度，因而存在的渗透压（也称为溶质势梯度）即为根压。这种根压有时可高达十余个大气压，使得根系像水泵一样，不断地吸取土壤中的水分。散发拉力是指植物叶面因散发失水后，叶面气孔下腔的叶肉细胞水势降低，细胞的溶液浓度增大，渗透压增大，叶面的吸力增强，从而使得下部的细胞向其输水；同理，依次传递下去，使得根部细胞的水势降低，与周围的土壤溶液之间

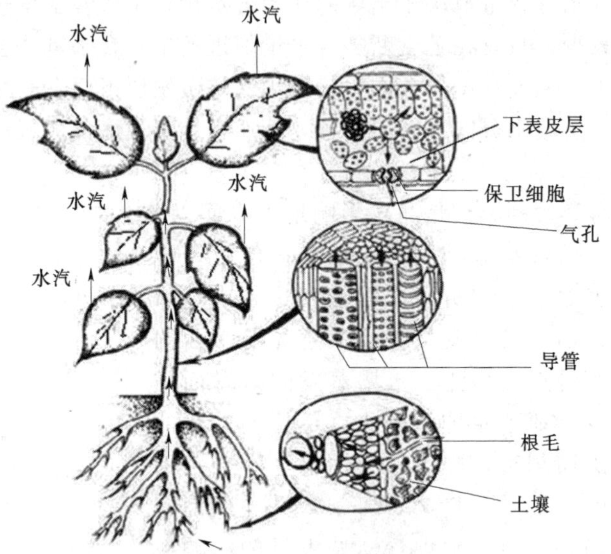

图 6.4　植物散发示意图（箭头表示水汽方向）

的水势差增大，进而影响根系的吸力。这种由于植物散发作用而使得土壤水分源源不断地进入植物根部并向上传导的吸力，称为散发拉力。一般情况下，散发拉力是植物吸收水分的主要驱动力，只有当散发作用较小时，根压对水分上升才起较大的作用。

通常，植物吸收的水分仅有 1%～5%被吸收利用，其余水分则通过叶面的气孔散失到大气当中。植物散发的数量，不仅取决于植物的生理特征，同时也受外界环境（如气象、土壤水分等）影响。因此植物散发过程是一种物理-生理过程，与水面蒸发和土壤蒸发相比，要复杂得多。

6.4.2　植物散发确定方法

与土面蒸发和水面蒸发相比，植物散发量的确定方法也比较复杂，一般归纳为直接测定法和间接计算法。

6.4.2.1　直接测定法

直接测定法有器测法、坑测法、气量计法和称重法等。

（1）器测法。将植物种植在不漏水的容器内，视植物生长需要灌水并记录灌水量，同时不定期进行称重。根据水量平衡原理，即可求出某一时段植物的散发量。

（2）坑测法。通过两个试坑的对比，测定植物的散发量，其中一个栽种植物，另一个为纯土壤表面。坑的底部不透水，装有一个出水口。定期取土测定其含水量，两测坑土壤含水量之差即为散发量；有时为了确定水稻的蒸腾量，也可将直径 30～60cm、深 60～80cm 的两个铁筒埋入田中，上口高出田面 3cm，筒内土面与田面齐平。一个种水稻，一个不种水稻，两个筒内的水面维持在同样的深度，以所加水量之差，求得某一时段内水稻散失的水量。

（3）气量计法。将研究植物置于装有吸水物质的玻璃罩下或冷却室中，根据吸水物质质量的增加，可计算植物析出的水量，即散发量。

（4）称重法。将整棵植物从土中拔出来，根系上涂蜡，以防止水分损失，然后每隔一定时间称重，从而求出其散失量。或将植物剪下部分枝叶，立即封蜡，称出一定时间间隔内的失水量，求出剪下枝叶的散发量并进而求出整株植物的散失量。有的将特制收集器裹在植株的周围，直接收集植株分泌出的水分来确定其散发量。

目前，随着新技术发展，同位素示踪法、植物光合测定仪等新方法在测定植株散发量方面也逐步得到应用。

以上这些方法虽然简单方便，但只能用于测定单棵植株或一定范围内某一种植物的散发量，而且测量过程中均改变了植物生态环境，所以测定的精度会受到一定程度的影响。自然条件下某一区域内所有植物散发量的估算，一般需采用间接计算法。

6.4.2.2 间接计算法

间接计算法有水量平衡法、能量平衡法以及各种散发模型等。其中水量平衡法、能量平衡法与土壤蒸发的相应方法类似，在此主要介绍下面两种散发模型。

1. 气孔控制模型

植物叶面的气孔是水分散失的主要通道。在一定的水汽压差条件下，水汽通过叶面气孔散失的水分主要受到气孔的大小、形状和数量的控制，同时还在一定程度上受到叶面以上空气阻力的制约。以这些因素为影响因子来分析计算植物散发量的模型称为气孔控制模型。

若散发速率以能量单位来表示时，则其表达式为

$$E_p = -0.013\frac{1}{T}\frac{e_{ls}-e_a}{r_p+r_a} \tag{6.28}$$

式中：E_p 为散发速率，cm/s；T 热力学温度，K；e_{ls} 为叶面温度下的饱和水汽压，Pa；e_a 为空气水汽压，Pa；r_p 为气孔阻力，s/cm；r_a 为叶面以上空气的阻力，s/cm。

对于式（6.28），r_p 和 r_a 的确定是关键，通常 r_p 是主要的，一般 $1.0<r_p<10$，而 $0.1<r_a<1.0$，即 r_p 要比 r_a 大一个数量级，对于木本植物来说更是如此。

若假定气孔是圆形的，直径为 d，叶面表皮层厚度为 l，则单位叶面面积的气孔阻力 r_p 可表示为

$$r_p = \frac{4l+\pi d}{4\pi n D d^2}$$

式中：D 为扩散系数，通常 $D\approx 0.25$；n 为气孔密度，即单位叶面积上的气孔数量；l 为叶面表皮层厚度，$l\approx 10^{-3}$cm；d 为气孔直径，μm。

上式可进一步简化为

$$r_p = \frac{12.7+d}{nd^2}\times 10^{-4} \tag{6.29}$$

对于 r_a 来说，不同植物类型的计算公式不同。如对于扁平落叶类，有

$$r_a = 2.7\sqrt{\frac{w}{u}} \tag{6.30}$$

式中：w 为树叶的宽度或直径，cm；u 为风速，cm/s。

2. 林冠模型

林冠模型的基本原理是任意森林面积上的散发量等于森林总叶面上各部分水汽通量之和，亦即该森林覆盖面积乘以林冠的综合散发速率。如果全部树叶的平均散发速率为 $\overline{E}_f$，森林覆盖的水平面积为 A，森林的总叶面面积为 A'，则林冠散发模型的基本表达式为

$$E_f A = \overline{E}_f A' \tag{6.31}$$

式中：E_f 为林冠的综合散发速率，mm/d。

由式（6.31）变形得

$$E_f = \overline{E}_f \frac{A'}{A} \tag{6.32}$$

式中：A'/A 为树叶面积指数。

6.4.3　植物散发的影响因素

由于植物需要从土壤中吸收水分以满足散发的需求，因此影响植物散发的因素除了与植物自身的特性、气象条件有关外，还与土壤、供水条件等有关，下面分别从这几方面加以分析。

1. 气象条件

影响植物散发的主要气象因素有光照、温度、湿度、风速、水汽压等。

光照和温度是植物散发能否进行的先决条件。光照或温度过低，水分进出植物叶片的通道关闭，散发则不能进行。光照可以提高大气温度，使饱和水汽压增大，从而增加了叶面和大气之间的水汽压差，因而光照越强，植物散发的速度越快。一般来说，白天的水分散发是夜晚的10倍。但当光照过强时，植物因吸收的水分不能满足散发的需求，因而散发速率也会下降。随着温度的增加，植物的散发速率会随之增加。此外，温度变化还可通过影响植物的生理过程而间接影响散发。如当大气温度小于1.5℃时，植物的生长发育非常缓慢，散发也变得很小。土温增加时，土壤的黏滞系数变小，土壤中水分子的活跃度增加，更有利于根系从土壤中吸收水分，散发增强；反之，则散发减弱。

大气的湿度也是影响蒸发的重要因素。相对湿度越大，空气中水汽分子越多，水汽压越大，植物叶面与大气的水汽压差越小，散发量也越小。如当大气温度保持在17～18℃时，平均相对湿度从91%降到75%，日蒸发量则从2.5mm增至6.3mm。在大气中水汽接近饱和的时候，植物散发速度较小。

风速对植物蒸散的影响比较复杂。一方面，由于风能将叶片上气孔周围的水汽带走，同时补充一些相对湿度较低的空气，从而增加了植物叶片与大气之间的水汽压差，因此风可以加快植物散发的速度；另一方面，若风速过强，则可以使水汽进出叶面的通道即气孔关闭，从而降低植物散发的速度。因此，微风可以增加植物的散发量，而强风可能会降低植物的散发量。

空气温度保持不变时，水汽压越小，空气中水汽分子数量越小，越有利于散发的进行。

2. 土壤含水量

土壤中能被植物吸收利用的水分主要有重力水、毛管水和部分薄膜水，称为有效水分。土壤含水量的大小直接影响着有效水分的大小。当土壤含水量大于某一值时，土壤水分足以满足植物散发的需求，此时蒸散发率达到最大且在一定的时段内保持不变。当土壤含水量逐渐减小且大于有效水分的下限（一般为凋萎系数）时，土壤的供水能力不断减小，散发率随之减小。当土壤水分因过度消耗而低于有效水分的下限时，植物不能从土壤中吸收水分而逐渐枯死，其散发率则趋于0。

3. 植物自身条件

植物自身条件包括植物类别、生长期和生长阶段等。不同种类的植物，由于其生理特点不同，即使在同一气象条件和同一土壤含水量情况下，散发率也会不同。例如同一条件下，阔叶树的散发量要明显大于仙人掌、针叶树的散发量。同一种植物不同品系之间，由于遗传因素、种植密度、生长状况的不同，其散发量也可能不同。即使同一植物、同一品系之间由于其生长发育阶段不同，散发量也有所不同。植物生长发育初期，叶面积小，植物散发量较小；随着植物生长，叶面积增大，其散发量会随之增大。但是，通常来说老龄树的散发速率要小于幼龄树的散发速率。

此外，叶片的大小、形状、排列位置以及叶色的深浅也对植物散发有一定影响。

6.5 流域蒸散发

在研究水文循环各个环节以及进行水量平衡计算时，人们经常关心的是一定面积上的总蒸发量。流域蒸散发主要指流域内水面蒸发、土壤蒸发与植物散发的总和。在流域内，河流、湖泊属纯水面蒸发，冰雪蒸发仅在高纬度地区存在，一般耕地、草原、森林的蒸散发占主导地位，约为流域总蒸散发的95%以上。因此，土壤蒸发与植物散发是流域蒸散发的决定性部分。

6.5.1 流域蒸散发规律

资源 6.5

一般情况下，流域蒸散发规律主要取决于土壤蒸发规律和植物散发规律两方面，而土壤蒸发规律又与植物散发规律相似。因此，可以通过土壤与植物相互作用对流域蒸散发的影响，认识流域的蒸散发规律。

当流域内土壤的含水量很大时，土壤水分供应充足，流域的蒸散发以蒸（散）发能力进行。在此阶段，由于植物根系吸水作用较强，其土壤含水量的下限将是小于田间持水量的某一数值。此后，随着流域内土壤水分的进一步消耗，土壤的供水能力逐渐减小，此时流域蒸散发将随土壤含水量的减小而减小。根据土壤水分的蒸发规律可知，此阶段将持续到毛管断裂含水量时为止。但对于流域来说，同样由于植物的作用，当流域土壤含水量减至小于毛管断裂含水量而大于凋萎系数时，植物散发大于土壤蒸发，流域蒸散发将随土壤含水量的减小而继续减小。当流域内土壤含水量小于凋萎系数时，植物因缺水发生枯萎和死亡，植物散发趋于0；流域蒸散发就只有土壤蒸发了，才趋于稳定。

因此，可以说，流域的蒸散发规律与土壤的蒸发规律相似，也可分为3个阶段，但是流域蒸散发各阶段相应的临界含水量小于土壤蒸发各阶段的临界含水量。

6.5.2　流域蒸散发计算方法

流域蒸散发计算方法主要有两种：一是面积加权法。根据流域内水体、耕地、荒地及森林等所占面积及其蒸散发量，然后加以综合而得。由于实际工作中影响流域各部分蒸散发量的气象条件与下垫面条件时空变化复杂，各部分蒸散发量的确定较为困难，因此一般对于小流域才采用这种方法。二是间接计算法。将流域作为一个整体，定量分析其蒸发、降雨和径流等各要素，再通过水量平衡法、水热平衡法、模式计算法、空气动力学法以及经验公式法等方法确定流域的蒸散发。下面主要介绍前 3 种。

6.5.2.1　水量平衡法

对于任意非闭合流域，根据式（2.11）可得其多年平均蒸散发量的计算公式为

$$\overline{E}=\overline{P}-\overline{R} \tag{6.33}$$

式中：$\overline{P}$ 为流域多年平均年降水量，mm；$\overline{R}$ 为流域多年平均径流量，mm；$\overline{E}$ 为流域多年平均蒸发量，mm。

利用水量平衡法计算流域蒸散发需要有较长期的降雨和径流观测资料，而对于较短时段内的区域蓄水变化量往往难以估算，从而影响到适用性。此外，由于计算过程中，将各项观测误差、计算误差均归入蒸发项内，因而影响最终的计算精度。

6.5.2.2　能量平衡法

蒸发既是水量交换过程也是能量交换过程，所以水量平衡与能量平衡之间有着紧密联系。在计算流域蒸散发量的方法中，能量平衡法受到普遍重视。其一般表达式如下：

$$\frac{E}{P}=\phi\left(\frac{R_a}{LP}\right) \tag{6.34}$$

式中：E/P 为年蒸发系数，反映了多年平均的水量平衡关系；L 为蒸发潜热；$R_a/(LP)$ 为辐射干燥指数；R_a 为辐射平衡值，体现了热量平衡的关系。

Schlabe 根据许多地区的长期观测资料，于 1913 年建立了蒸发量与降水量、太阳辐射之间的关系：

$$E=P(1-e^{-\frac{R_a}{LP}}) \tag{6.35}$$

Olijnykop 于 1938 年提出用降水量和蒸发能力来计算区域蒸发量的计算公式：

$$E=E_{max}\,\mathrm{th}\left(\frac{LP}{R_a}\right) \tag{6.36}$$

式中：E_{max} 为大气蒸发能力，mm/d；且 $E_{max}=R_a/L$；其余符号意义同前。

Budyko 认为陆地表面平均总蒸发量与气象因素等密切相关。在一定条件下，主要取决于降水量和辐射平衡值的大小。根据此情况，Budyko 分析了两种极端情况下的水热平衡关系，当土壤处于极其干燥状态时，土壤会吸持全部降水并将其消耗于后期蒸发，因而地表几乎无径流产生，也即 $E/P\rightarrow 1$；当降水总量很大，而土壤表面接收的辐射量很小时，土壤将保持非常湿润的状态，其含水量足以满足蒸发的需求，而辐射平衡余热全部用于蒸发，因此，用于水分汽化的潜热较大，即 $LE\rightarrow R$。由于一般地区的实际情况处于这两种极端情况之间，因此认为对式（6.35）、式（6.36）取

几何平均更符合实际。

根据以上分析以及全世界不同气候类型的实测资料，Budyko 对式（6.35）、式（6.36）进行了验证，并提出了如下计算流域蒸散发的公式：

$$E=\sqrt{\frac{R_a P}{L}\text{th}\frac{LP}{R_a}\left(1-\text{ch}\frac{R_a}{LP}+\text{sh}\frac{R_a}{LP}\right)} \tag{6.37}$$

式中：th、sh、ch 分别为双曲正切、双曲正弦、双曲余弦函数；其余符号意义同前。

6.5.2.3 模式计算法

资源 6.6

由于流域的蒸发量与土壤的含水量密切相关，因此，在不考虑蒸散发在流域面上不均匀的情况下，根据蒸发层中土壤的含水量分布就可以计算流域的蒸发量，这就是所谓的模式计算法。根据蒸散发层分层情况可将此方法分为一层模式、二层模式和三层模式。

1. *一层模式*

此模式是把流域蒸散发层视作一个整体考虑，假定蒸散发量同该层土壤含水量及流域蒸散发能力呈正比，则流域蒸散发量计算公式为

$$E=E_m\frac{W}{W_m} \tag{6.38}$$

式中：E 为流域蒸散发量；E_m 为流域蒸散发能力；W 为土壤蒸发层蓄水量；W_m 为流域蓄水容量。

一层模式的优点是简单明了，缺点是并不是对于任何情况均适用。如在久旱无雨后，土壤的含水量很低，土壤蒸发可能会出现水汽扩散过程，这时根据式（6.38）计算的结果就会产生较大的误差。同样，久旱之后如有一场小雨，下渗水实际上只分布在表土层，很容易蒸发，此时按该模型计算的结果一般偏小。

2. *二层模式*

将流域的蒸散发层分为上、下两层，并认为土壤水分的降雨下渗补给和蒸散发消耗均是自上而下进行的。降雨下渗水先补给上层，当上层土壤蓄满后再补充下层；蒸发时，上层水分消耗完之后，下层水分才开始蒸发。此外，上、下两层土壤在蒸发过程中遵循各自的规律，上层土壤以蒸发能力进行蒸发，下层土壤的蒸发与一层模式相似，即与蒸发能力和土壤含水量呈正比，但此时的蒸散发能力为流域蒸散发能力与上层蒸散发量之差。其计算公式为

$$\begin{cases} P+W_u \geqslant E_m \text{ 时} \quad E_u=E_m \\ P+W_u < E_m \text{ 时} \quad E_u=P+W_u, E_l=(E_m-E_u)\dfrac{W_l}{W_{lm}} \end{cases} \tag{6.39}$$

式中：P 为时段 Δt 内降水量，mm；W_u、W_l 分别为时段初上层、下层蓄水量，mm；$P+W_u$ 为时段 Δt 内上层可供蒸散发的水量，mm；E_u、E_l 分别为时段 Δt 内上层、下层的蒸散发量，mm；E_m 为时段 Δt 内流域蒸散发能力，mm；W_{lm} 为下层蓄水容量，mm。

二层模式克服了一层模式的部分缺陷，使得计算结果更为准确。但此模式没有考虑当下层土壤水分蒸发完后，深层土壤水分对上层土壤的补给，使得计算出的下层蒸

散发 E_l 可能偏小，不符合实际情况。在此情况下宜采用三层模式计算。

3. 三层模式

此模式将土壤蒸散发层分为上、下、深三层考虑，是对二层模式的进一步完善。土壤水分的蒸发消耗是逐层进行的，即先上、后下、最后为深层。在计算蒸散发量时，上、下两层按二层模式进行，深层蒸散发计算公式为

$$E_d = C(E_m - E_u) - E_l \tag{6.40}$$

式中：E_d 为深层蒸散发量，mm；C 为经验系数，其值小于 1，通常在 0.05～0.15 之间变化；其余符号意义同前。

由于深层土壤水分因土层深厚，蒸发量较小，且基本保持稳定。因此，为了计算方便，通常将深层蒸散发量取一稳定的数值，如 0.1～0.3mm/d 或采用蒸散发能力的 0.1～0.2。

在实际工作中，采用三层模式得到的各层蒸发量之和与实际蒸散发量较为接近，基本可满足精度要求。

6.5.3　流域蒸散发能力

在利用分层模式法计算流域蒸散发量时，无论采用哪种模式，均需要知道流域的蒸散发能力，而流域的蒸散发能力难以直接测定，因此，通常采用间接计算法确定。

流域蒸散发能力与水面蒸发密切相关，而水面蒸发的确定较为简单。因此，通常由水面蒸发实测资料来确定流域的蒸散发能力。二者的关系式为

$$E_m = \lambda E_w \tag{6.41}$$

式中：E_w 为水面蒸发量，mm；λ 为蒸散发系数，与蒸发器的类型有关。

流域蒸散发能力除了与水面蒸发有关外，还与植物散发和地热传导等因素相关。因此，也有通过这 3 种因素来确定流域蒸散发能力的经验公式：

$$E_m = \beta M E_w \tag{6.42}$$

式中：β 为植物散发系数；M 为地热传导系数；E_w 为水面蒸发量，mm。

对于式（6.42），由于植物散发在理论和实测上都不太成熟，因此 β 只能作经验处理；而 M 的计算方法相对成熟，即

$$M = 1 - \varphi[(T_0 - T_d)/L]$$

式中：L 为水的蒸发潜热，kJ/kg；T_0 为地表温度，℃；T_d 为地温相对稳定层的温度，℃；φ 为经验系数。

此外，当缺乏水面实测资料时，也可用其他经验公式来估算流域的蒸散发能力。其中，比较典型的有 Thornthwaite 公式，即以气温为主要影响因子，间接计算流域内一年中任一月份的蒸散发能力，其计算公式如下：

$$E_m = 16b\left(\frac{10T}{I}\right)^a \tag{6.43}$$

其中

$$a = 6.7\times10^{-7}I^3,\ I = \sum_{j=1}^{12}\left(\frac{T_j}{5}\right)^{1.514}$$

式中：E_m 为流域蒸散发能力，mm/月；T 为月平均气温，℃；I 为年热能指数；b 为修正系数，为最大可能日照小时数与 12h 的比值。

习题与思考题

6.1 水面蒸发器折算系数 K 的大小与哪些因素有关?

6.2 充分湿润的土壤，其蒸发过程可分为哪几个阶段?各阶段有何特点?

6.3 简述流域蒸散发规律。

6.4 流域蒸散发规律与土壤蒸发规律在发生转折变化时的土壤含水量有什么不同?为什么?

6.5 一层模式法、二层模式法、三层模式法分别有哪些假定?

6.6 什么叫流域蒸散发能力?在相同气象条件下，水面蒸发能力、土壤蒸发能力、植物散发能力与流域蒸散发能力的大小顺序是什么?为什么?

6.7 已知某小流域，蒸发面为土壤，田间持水量为120.0mm，毛管断裂含水量为23.0mm。7月5日初该流域的蓄水量为80.0mm，蒸发能力为5.6mm/d，试计算7月5日的流域蒸发量、7月5日末的流域蓄水量。

6.8 某小流域的蓄水容量为120.0mm、毛管断裂含水量为23.0mm。7月8日初的流域蓄水量为60.0mm，蒸发能力为5.0mm/d，流域降雨量为20.0mm，产流量为5.0mm，试求7月9日初流域的蓄水量。

6.9 某小流域1984年9月1—10日的逐日降雨量和蒸散发能力见表6.1。已知上层蓄水容量 $W_{um}=20$mm，下层蓄水容量 $W_{lm}=60$mm。9月1日初流域蓄水量 $W_0=37.0$mm，其中上层初始蓄水量 $W_{u0}=7.0$mm，下层初始蓄水量 $W_{l0}=30.0$mm。要求：计算9月1—10日的流域蒸散发量与时段末流域蓄水量。

表6.1　　某小流域1984年9月1—10日逐日降雨量和蒸散发能力

日期	1日	2日	3日	4日	5日	6日	7日	8日	9日	10日
P/mm	0	0	0	0	0	0.7	0.9	0	0.1	1.6
E_m/mm	4.2	4	4.2	3.8	2.2	2.5	2.4	3.4	3.7	2.2

参考文献

[1] 詹道江，叶守泽. 工程水文学 [M]. 3版. 北京：中国水利水电出版社，2005.
[2] 芮孝芳. 水文学原理 [M]. 北京：中国水利水电出版社，2004.
[3] 胡方荣，侯宇光. 水文学原理（一）[M]. 北京：水利电力出版社，1988.
[4] 雷志栋，杨诗秀，谢森传. 土壤水动力学 [M]. 北京：清华大学出版社，1988.
[5] 姚贤良，程云生. 土壤物理学 [M]. 北京：农业出版社，1986.
[6] 同延安，尉庆丰，王全九. 土壤植物大气连续体系中水运移理论与方法 [M]. 陕西：陕西科学技术出版社，1998.
[7] Meyer A F. Evaporation from lakes and reservoirs [M]. St. Paul：Minnesota Resources Commission，1942.

第7章

径　流

7.1　径流形成过程概述

径流是指由降水所形成的，在重力的作用下沿着一定的方向和路径流动的水流。其中，沿着地面流动的水流称为地面径流；在包气带土壤中流动的水流称为壤中流；在饱和土层及岩石孔隙中流动的水流称为地下径流；汇集到河流后，在重力作用下沿河床流动的水流称为河川径流。径流因降水形式和补给水源的不同，可分为降雨径流和融雪径流，中国大部分河流以降雨径流为主。

流域内，自降雨开始到水流汇集到流域出口断面的整个过程，称为径流形成过程。径流形成过程是一个复杂而连续的物理过程，它开始于降雨过程，结束于流域出口断面的流量过程。1942 年，W. G. Hoyt 将其称为径流循环，并划分为 5 个阶段。

（1）无雨期，指开始降雨之前的干旱期。流域上无径流产生，河槽处于退水期，主要靠地下水补给。

（2）初雨期，指降水开始的最初阶段。除河网降雨产生少量直接径流外，流域中其余地方的降雨主要消耗于植物截留、蒸散发、填洼、下渗等。

（3）变强度降雨持续期。当植物截留和填洼得到满足后持续降雨，流域上降雨强度比较大的地方由于雨强大于下渗能力而产生超渗地面径流；或者流域上比较湿润地方因包气带蓄水量达到田间持水量而产生地下径流。

（4）持续降雨直到全部天然蓄量满足期。持续降雨，流域上各点包气带蓄水量在下渗作用下逐渐增加，直到达到相应的田间持水量，此时流域蓄水量达到最大，地下径流所占比重增加。

（5）雨止期，指降雨停止。流域上降雨期间形成的径流逐渐汇集到流域出口断面，河流水位逐渐下降，流量逐渐减小，蒸散发活跃，当河流中水位和流量恢复到降雨开始状态即告结束，一般需要持续很长时间。

Hoyt 对径流形成过程的描述过于简单，不能确切表达流域降雨径流形成过程的连续性。一般用图 7.1 来表示河川径流的形成过程。根据图 7.1 可把径流形成过程简化为产流过程和汇流过程两个阶段。

7.1.1　产流过程

资源 7.1

降落到流域内的雨水，一部分损失掉，另一部分形成径流。降雨扣除损失后的雨量称为净雨。显然，净雨和它形成的径流在数量上是相等的，但二者的过程却完全不同。净雨是径流的来源，而径流则是净雨汇流的结果；净雨在降雨结束时就停止了，而径流还要持续很长一段时间。把降雨扣除损失成为净雨的过程称为产流过程，净雨量也称为产流量，对应的计算称为产流计算。降雨量中不能产生径流的那部分称为损失量。

流域下垫面可分为 3 类：①与河网连通的水面；②不透水地面，如屋顶、水泥路面等；③透水地面，如草地、森林等。

降雨开始后，降落在与河网连通水面上的雨水，除少量消耗于水面蒸发外，其余形成直接径流 R_d。

降落在不透水地面上的雨水，一部分消耗于蒸发，还有少部分用于湿润地面，被地面吸收而损失，剩余雨水形成地面径流 R_s。

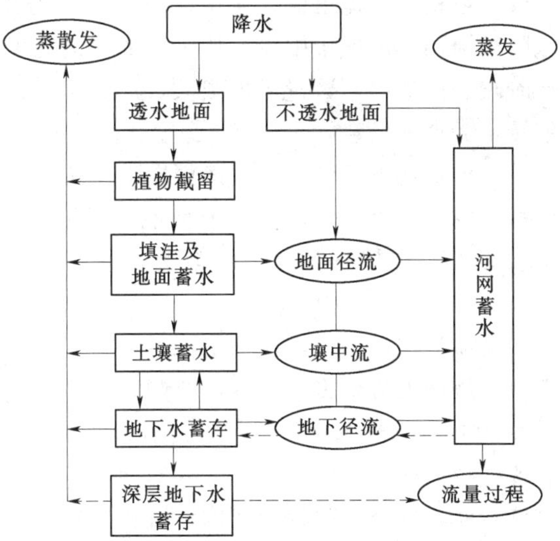

图 7.1　河川径流形成过程示意图

降落在透水地面上的雨水，一部分滞留在植物枝叶上，称为植物截留；截留水量最终消耗于蒸发，称为截留蒸发。另一部分雨水，降落到地面，在下渗的作用下分为地面水和下渗水。地面水中的一小部分填充在地面上大大小小的洼地中，称为填洼，填洼水量最终消耗于蒸发和下渗；地面水中的绝大部分因降雨强度大于下渗能力而形成超渗地面净雨，以地面径流形式经坡面漫流汇入附近河网。下渗到包气带土壤中的下渗水，一部分被土壤吸收变成土壤中的分子水和毛管水；剩余部分则以重力水形式，可能在土壤孔隙中横向流动，注入河槽，称为表层流或壤中流；也可能向下运动，到达地下水面后，再横向流动，汇入河槽，称为地下径流。形成壤中流的净雨称为壤中流净雨，形成地下径流的净雨称为地下净雨。

流域产流过程将降雨过程分为损失过程和净雨过程。损失过程包括植物截留、填洼、下渗和蒸散发过程 4 种；净雨过程包括地面净雨、壤中流净雨和地下净雨过程 3 种，如图 7.1 所示。

7.1.2　汇流过程

资源 7.2

汇流过程指净雨转变为径流后从地面和地下汇入河网，然后再由河网汇集到流域出口断面的整个过程。前者称为坡面汇流过程，后者称为河网汇流过程。两部分过程合称为流域汇流过程。

1. 坡面汇流过程

坡面上可能有 3 种净雨产生，坡面汇流分为 3 种情况。

（1）坡面漫流。超渗雨满足了填洼后产生的地面净雨转变为地面径流沿坡面汇流到附近河网的过程，称为坡面漫流。坡面漫流由无数时分时合的细小水流组成，通常没有明显的沟槽，雨强很大时可形成片流。坡面漫流的流程较短，一般不超过数百米，历时也较短。地面径流经坡面漫流注入河网，形成地面径流。大雨时地面径流是构成河川径流的主要来源。

（2）坡地壤中流汇流。壤中流净雨转变为径流后在包气带土壤孔隙内横向流动，汇入附近河网，形成壤中流。壤中流的汇流速度比地面径流慢，到达河槽也较迟，但对历时较长的暴雨，数量可能很大，成为河川径流的主要部分。壤中流在汇流过程中可能转化为地面径流。

（3）坡地地下汇流。地下净雨向下渗透到地下潜水面或浅层地下水体后，沿水力坡度最大的方向流入河网，称为坡地地下汇流。深层地下水汇流很慢，所以降雨后，地下水流可以维持很长时间，较大河流可以终年不断，是河川的基本径流，简称基流。

在径流形成过程中，坡面汇流过程是对净雨在时程上进行的第一次再分配。降雨结束后，坡面汇流仍将持续一段时间。

2. 河网汇流过程

各种径流成分经坡面汇流注入河网，从支流到干流，从上游到下游，最后流出流域出口断面，这个过程称为河网汇流或河槽集流过程。坡面水流进入河网后，使河槽水量增加，水位升高，这就是河流洪水的涨水阶段。在涨水段，由于河槽储蓄一部分水量，所以对任一河段，下断面流量总是小于上断面流量。随降雨和坡面漫流量的逐渐减少直至完全停止，河槽水量减少，水位降低，这就是退水阶段。这种现象称为河槽调蓄作用。河槽调蓄是对净雨在时程上进行的第二次再分配，是径流过程持续时间较净雨过程长的主因。

经历了流域产流、汇流在时间上的两次再分配作用后，流域出口断面的流量过程与降雨过程大不相同。图7.2绘出了一次降雨径流形成过程，由于地面径流漫流、壤中流和地下径流汇集到出口断面所需时间不同，因而流量过程线的退水段上，各类径流终止时间不同；直接降落在河槽水面上的雨水所形成的直接径流 R_d 最先终止，然后依次是地面径流 R_s、壤中流 R_{int}、最后是地下径流 R_g。

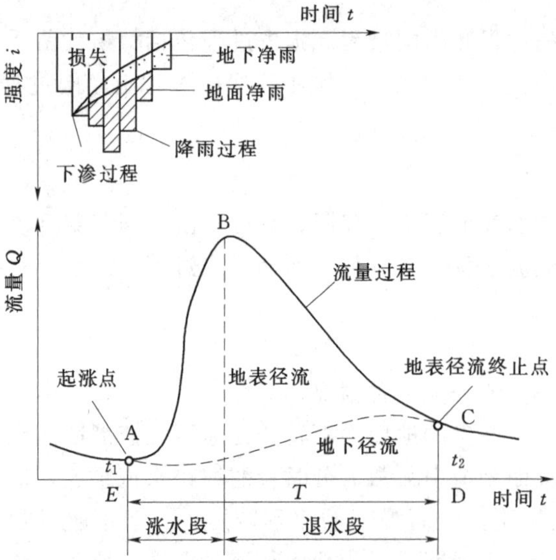

图7.2　一次降雨径流过程示意图

根据图7.2还可以看出，流域的降雨过程与经过流域调蓄作用后形成的流量过程之间具有明显的差异，具体表现如下。

（1）次降雨量大于相应的次洪径流深（$P>R$）。降落在流域上的雨水必然有部分消耗于植物截留、填洼、下渗以及蒸散发等损失，使得最后流出流域出口的水量小于流域的降雨量。

（2）两条过程线的形状不同。降雨过程变化剧烈而不规则，流量过程则相对较平缓光滑。

（3）流量过程的起涨点、洪峰、重心等出现的时间均滞后于降雨过程的开始、雨峰和重心等出现的时间。

(4) 流量过程的总历时要比降雨历时与净雨历时长很多。

以上 4 方面的差异，所有流域均存在。只是随着流域面积的大小、流域下垫面条件、气候条件和降水特征等的不同，这种差异的程度不同，要依据流域的具体情况进行分析。

必须注意的是，在整个降雨径流形成过程中，降雨、产流和汇流在时间上并无明显界限，而是交替进行的。

7.2 河 流 水 情

河流水情即河流的水文情势，主要指河川径流的分布与变化、洪水与枯水的特征等。

7.2.1 径流的表示方法

资源 7.3

水文学中，径流常用的表示方法有：流量 Q、径流量 W、径流深 R、径流模数 M 和径流系数 α。

1. 流量

流量是指单位时间内流过河流某一断面的水量，记为 Q，单位 m^3/s。流量有瞬时流量与平均流量之分。瞬时流量指某时刻通过河流某断面的水量，一般用流量过程线表示（图 7.2），流量过程线上的最高点为洪峰流量 Q_m。平均流量指某时段内通过河流某断面的水量与时段的比值，常用时段有日、月、年、多年，对应的平均流量为日、月、年、多年平均流量，也有某特定时段的平均流量。多年平均流量是历年平均流量的平均值，如果统计的实测流量年数无限大时，多年平均流量将趋于一个稳定的数值，称为正常流量。

2. 径流量

径流量是指一定时段内流过河流某断面的总水量，记为 W，单位 m^3、万 m^3 或亿 m^3。径流量与瞬时流量、平均流量的关系为

$$W=\int_{t_1}^{t_2} Q(t)\mathrm{d}t=\overline{Q}(t_2-t_1) \tag{7.1}$$

式中：$Q(t)$ 为 t 时刻的流量，又称瞬时流量，m^3/s；t_1、t_2 分别为时段初、末时刻，s；$\overline{Q}$ 为时段平均流量，m^3/s。

3. 径流深

径流深是指将某一时段的径流量 W 平铺在整个流域面积上形成的水层深度，记为 R，单位 mm。根据定义有

$$R=\frac{W}{1000F}=\frac{\overline{Q}T}{1000F} \tag{7.2}$$

式中：R 为径流深，mm；F 为流域面积，km^2；T 为时段长度，s；其余符号意义同前。

4. 径流模数

流域出口断面的流量 Q 与流域面积 F 的比值称为径流模数，记为 M，单位 $m^3/(s \cdot km^2)$ 或 $L/(s \cdot km^2)$。根据定义有

$$M=\frac{Q}{F} \tag{7.3}$$

径流模数 M 与流量 Q 具有对应关系，即 Q 为洪峰流量 Q_m，则 M 为洪峰流量模数；如 Q 为多年平均流量，则 M 为多年平均径流模数等。

5. 径流系数

某一时段内的径流深 R 与相应时段内的面降雨量 P 的比值称为径流系数，记为 α，无因次。根据定义有

$$\alpha=\frac{R}{P} \tag{7.4}$$

常用时段为年、多年平均、次降雨等，对应的径流系数为年径流系数、多年平均径流数、次降雨径流系数等。对于闭合流域，因 $R<P$，因此径流系数 $\alpha<1$。以上各概念之间的换算关系见表7.1。

表7.1　　径流表示方法之间的关系

	Q	W	M	R
Q	—	W/F	M/F	$10^3RF/T$
W	QT	—	$MFT/10^3$	10^3RF
M	Q/F	$(W/T)/F$	—	$10^6R/T$
R	$QT/(10^3F)$	$W/(10^3F)$	$MT/10^6$	—

【例7.1】 某水文站控制的集水面积 F 为 $2263km^2$，已知该站的多年平均流量 $\overline{Q}$ 为 $83.1m^3/s$，该集水区的多年平均降水量为1770mm，试求多年平均径流量、多年平均径流深、多年平均径流模数以及多年平均径流系数。

解： 多年平均径流量：

$$\overline{W}=\overline{Q}T=83.1\times365\times24\times3600=2.62\times10^9(m^3)$$

多年平均径流深：

$$\overline{R}=\overline{W}/F=2.62\times10^9/(2263\times10^3)=1158(mm)$$

多年平均径流模数：

$$\overline{M}=\frac{\overline{Q}}{F}=\frac{83.1}{2263}=0.0367m^3/(s\cdot km^2)=36.7L/(s\cdot km^2)$$

多年平均径流系数：

$$\alpha=\frac{\overline{R}}{\overline{P}}=\frac{1158}{1770}=0.65$$

7.2.2 河流的径流情势

河川径流情势是指河川径流的时程变化特征，包括径流的年内变化，年际变化，洪、枯水特征及水温、冰情等。在此仅讨论径流的年内分配和年际变化。河川径流的

年内分配指径流在一年内的变化过程及特性；年际变化是指径流在多年内的变化特点。

7.2.2.1 径流的年内分配

径流的年内分配也称径流的年内变化或季节分配，与河流对工农业供水和通航时间的长短有关。由于受气候因素、下垫面因素和径流补给条件的影响，天然河流的径流在年内的分配是不均匀的。

1. 径流年内分配的分析方法

在水文学中，常用方法有以下两种：用月、季或旬径流量占年径流量的百分比表示，用综合反映河川径流年内分配不均的特征值表示。

在研究径流年内分配以及进行水利计算时，常采用水文年。水文年是与水文情况相适应的一种专用年度，根据流域总体蓄水量变化最小的原则选择连续 12 个月，使跨年度的水量最小。水文年一般是按照洪、枯水期在一年内的周期变化特点划分的，它的开始时间是枯水期结束（或汛期开始）之日。水文年的开始日期有如下两种不同的划分方法。

（1）以补给河流水源自然转变为起始日期划分，如从专靠地下水源补给转变为以地表水源补给为主的时日；

（2）根据降水的丰枯，选择降水量极小、地面径流接近停止时刻为开始日期划分。

由此可知，不同水文年的起始日期是不同的，有早有晚；不同水文年的时长不同，有的大于 12 个月，也有的小于 12 个月，多年平均值基本为 12 个月。为整理资料的方便，实际划分以某一月的第一日为年度的开始日期，如淮河流域从 6 月 1 日开始，东北地区从 5 月 1 日开始，南方各地从 3 月 1 日或 4 月 1 日开始。

当水文年确定后，根据实测径流资料（日平均流量）统计出相应年度内的年径流量。然后确定计算时段（月、季或旬），并根据水文站的径流资料统计出相应时段内的径流量，即可计算出不同时段的径流量占年径流量的百分比。

反映径流年内分配不均的特征值较多，常用径流年内分配不均匀系数 C_{vy} 与完全年调节系数。不均匀系数 C_{vy} 的计算公式为

$$C_{vy}=\frac{\sqrt{\frac{1}{12}\sum_{i=1}^{12}(Q_i-\overline{Q})^2}}{\overline{Q}} \tag{7.5}$$

式中：Q_i 为月平均流量，m^3/s；$\overline{Q}$ 为年平均流量，m^3/s。

C_{vy} 是表示径流年内分配不均的指标。C_{vy} 越大，表示径流年内分配越不均匀；反之，越均匀。

由于河川径流年内分配不均，需要修建水库进行调节以满足用水。水库的调节库容为 V，坝址断面的年径流量为 W，完全年调节系数 C_r 可以用下式计算：

$$C_r=\frac{V}{W} \tag{7.6}$$

如果修建的水库 V 足够大，可以对坝址断面的全年径流量 W 进行调节，使水库

均匀下泄水量，也就是说，在一年内，无论是洪水期还是枯水期，水库下泄的流量均是年平均流量（等流量调节），即为完全年调节。径流年内分配越不均，进行完全年调节需要的库容 V 越大，可用 V 来反映河川径流年内分配不均匀程度。

因为同一断面不同年份的年径流量 W 不同，需要的调节库容 V 也就不同，可采用多年平均完全调节系数 C_r^0 表示：

$$C_r^0=\frac{\overline{V}}{\overline{W}} \tag{7.7}$$

式中：$\overline{V}$ 为完全年调节库容的多年平均值，10^4m^3 或 10^8m^3；$\overline{W}$ 为多年平均年径流量，10^4m^3 或 10^8m^3。

2. 我国河川径流的季节变化

研究河川径流的季节变化，需要确定统一的季节划分。根据我国气候情况，可以大致划分为：冬季12月至次年2月，春季3—5月，夏季6—8月，秋季9—11月。

冬季是我国河川径流最枯的季节，称为冬季枯水。因受严寒和冰冻影响，大部分北方河流的冬季径流量低于年径流量的5%，其中黑龙江省北部和西北地区的沙漠和盆地地区的河流低于年径流量的2%。但是以地下水补给为主的北方河流，例如，黄土高原北部及太行山区的河流，冬季径流量能达到年径流量的10%；另外，新疆的伊犁河，因其水汽来自北冰洋，冬季降水较多，冬季径流量能达到年径流量的10%。相对于北方，南方冬季降水较多，但冬季径流量一般仅占年径流量的6%～8%，只有少数地区大于年径流量的10%。我国冬季径流量最丰富的是台湾省，在15%以上，台北甚至在25%以上。

春季是我国河川径流普遍增多的时期，但增长幅度悬殊。东北、北疆阿尔泰山区因融雪和解冻，河川径流显著增加，形成春汛，一般可占年径流量的20%～25%；内蒙古的东北部锡林郭勒，因气温升高，春季融雪径流增加迅速，可占年径流量的30%～40%，是一年中径流量最丰富的季节；江南丘陵地区，开始进入雨季，径流量增加迅速，可占年径流量的40%；西南地区因受西南季风的影响，降水量较少，春季径流量一般只占年径流量的5%～10%，春旱频繁；华北地区春季径流量不足年径流量的10%，春旱严重。

夏季是我国河川径流最丰沛的季节，称为夏季洪水。由于受东南季风和西南季风的影响，南方季风区的夏季降水量很大，南方河流的夏季径流量可占年径流量的40%～50%；西南地区受西南季风影响，云贵高原的夏季径流量占年径流量的50%～60%，四川盆地可达60%，青藏高原则在60%以上。在北方，因雨量较集中，夏季径流量可占年径流量的50%以上，其中华北和内蒙古中西部可达60%～70%。我国西北地区，因夏季气温升高，大量高山冰雪融水汇入河道，使夏季径流量高达60%～70%。总之，我国河流夏季普遍进入汛期，是洪水灾害多发季节。

秋季是我国河川径流普遍减少的季节，称为秋季平水。全国多数地区的秋季河川径流量占年径流量的20%～30%，其中江南丘陵区只有10%～15%，常发生秋旱。海南岛是全国秋季河川径流量最丰富地区，可占年径流量的50%左右，是一年中的丰水季节；其次是秦岭山地及其以南地区，也可达40%左右。

总之，我国绝大部分地区为季风区，雨量主要集中在夏季，径流量也如此。西北内陆的河流主要靠冰雪融水补给，夏季气温高，径流量集中在夏季，形成我国绝大部分地区夏季径流占优势的基本格局。径流具有年内分配不均、夏秋多、冬春少的特点，与农作物生长与生产生活需水不一致，因此，一方面需要修建大量水库、塘坝，拦蓄部分夏秋径流以缓减冬春用水的紧张；另一方面又必须兴修防洪除涝工程，防止江河泛滥，使洪涝得以迅速排除，以保证工农业稳产高产、工业正常运转。

7.2.2.2　径流的年际变化

径流的年际变化包含径流的年际变化幅度和径流的多年变化过程两方面。年际变幅常用年径流变差系数 C_v 和年径流的极值比表示。

1. 年径流变差系数

年径流变差系数 C_v 可用下式计算：

$$C_v = \frac{\sqrt{\sum_{i=1}^{n}(Q_i - \overline{Q})/(n-1)}}{\overline{Q}} = \frac{\sigma}{\overline{Q}} \tag{7.8}$$

式中：Q_i 为年平均流量，m^3/s；$\overline{Q}$ 为多年平均流量，m^3/s；n 为年径流系列长度；σ 为年平均流量的均方差。

年径流变差系数 C_v 值反映年径流在年际间的相对变化程度。C_v 越大，年径流的年际变化越大，越不利于水资源的开发利用，越容易发生洪旱灾害；反之，年径流的年际变化小，有利于水资源的开发利用。

影响年径流变差系数的主要因素有年径流量、径流补给来源和流域面积 3 个方面。年径流量越大，则降水量越丰富。而降水量丰富地区，其降水量的年际变化小，植被茂密，蒸发稳定，径流较丰沛，因此年径流变差系数较小；反之，则年径流变差系数较大。以高山冰川积雪融水或地下水补给为主的河流，其年径流变差系数较小；而以降水补给为主的河流，其年径流变差系数较大，且降水量年际变化越大，年径流变差系数也越大。因为流域面积越大，径流成分越复杂，支流之间、干支流之间、上下游之间的径流丰枯变化可以相互调节；另外，面积越大，因河床切割很深，地下水的补给丰富而稳定。因此，流域面积越大，年径流变差系数越小，径流的年际变化越小。

2. 年径流的极值比

年径流的极值比是指最大年径流量与最小年径流量的比值。极值比越大，径流的年际变化越大；反之，年际变化越小。极值比的变化规律一般与 C_v 类似，即 C_v 越小，则极值比越小；反之亦然。我国河流年径流极值比最大的是淮河蚌埠站，为 23.7；最小的是怒江道街坝站，为 1.4。

径流的年际变化过程是指径流具有连续丰水、连续平水和连续枯水的周期变化，但周期的长度和变幅存在随机性。如黄河在近 60 年中出现过从 1922—1932 年共 11 年的连续枯水年，该段时期内年径流量的均值比正常年份少 24%；也出现过 1943—1951 年连续 9 年的连续丰水年，该段时期内年径流量的均值比正常年份多 19%。

关于径流年际变化过程的物理成因，目前虽有研究，但尚缺乏完整系统的理论。初步发现，丰、枯水的出现与太阳黑子相对数和大气环流因子变化有关。据研究，海河流域的丰水年一般出现在太阳黑子活动的低值年、高值年和高值年后两年的概率较大，而枯水年多出现在太阳黑子活动低值年的前2～3年。

7.2.3　河流的水源补给

河流的水源补给是指河流径流的来源。河流的水文特性在很大程度上取决于水源补给类型。我国河流的水源补给可分为雨水补给、冰雪融水补给及地下水补给等类型。

1. 雨水补给

雨水是我国河流补给的最主要水源。但是由于各地气候条件的差异，致使雨水在不同地区的河流中所占的比例差别较大。

我国河流雨水补给量的分布，基本上同降水的分布一致，一般由东南向西北递减。淮河、秦岭以南，青藏高原以东地区，雨量充沛，这些地区的河流多以雨水补给为主。这里的冬季虽有下雪，但一般不能形成径流。雨水补给量一般占年径流量的60％～80％。

东北、华北地区的河流虽有季节雪和冰融水补给，但这部分水源仍占次要地位，雨水是河流的主要补给源。黄淮海平原各河的雨水补给比重最大，占年径流量的80％～90％，东北和黄土高原诸河较少，占50％～60％。

西北内陆地区，雨量少，河流以高山冰雪融水补给为主，雨水补给居次要地位，一般只占径流量的5％～30％。

以雨水补给为主的河流的水情特点是水位与流量变化快，在时程上与降雨有较好的对应关系。由于降雨量的年内分配不均匀，年际变化大，因此，径流年内分配也不均匀，年际变化大，丰、枯水期悬殊。

2. 冰雪融水补给

冰雪融水包括冰川和永久积雪融水及季节积雪融水。季节积雪融水补给主要发生在东北、华北地区的河流，补给时间主要在冬季。华北地区积雪不多，季节积雪融水在年径流中占比很小，但春季融水有时可以形成春汛。东北地区漫长的冬季，全部是固态降水，大、小兴安岭、长白山地区积雪厚度在20mm以上，最厚可达1000mm以上，春季融水形成春汛，可占年径流的15％。季节积雪融水补给河流的水量变化在融化期与气温变化一致，其流量过程比雨水形成的要平缓。

冰川和永久积雪补给的河流，主要分布在我国西北内陆地区的高山区。位于盆地边缘面临水汽来向的高山地区，相对较湿润，雨雪较多，不仅有季节雪，而且还有永久积雪和冰川，因此高山冰雪融水成为河流的重要补给来源。在某些地区，甚至成为河流水量的唯一水源。

冰雪融水补给主要发生在气温较高的季节。其水文特点是具有明显的日变化和年变化，且其年际变化幅度比雨水补给的河流小。这是因为融水量主要与太阳辐射、气温变化一致，且气温的年际变化比降水量的年际变化小。

3. 地下水补给

地下水补给也是我国河流补给的一种普遍形式，特别是在冬季和少雨、无雨季节，大部分河流水量基本上来自地下水。地下水在年径流中所占的比例，由于各流域和河道本身的水文地质的差异，相差较大。如东部湿润地区一般不超过40%，西部干旱地区可超过40%。地下水补给较大的地区有：①黄土高原沟壑区，其量可达50%，这是深厚的黄土层透水性强的缘故；②青藏高原地带，因地处高寒带，寒冻风化严重，岩石破碎利于下渗，此外还有大量的冰碛物和冰水沉积物分布，故使河流获得大量的地下水补给。如西藏阿里地区狮泉河，其地下水补给占年径流量的60%以上。

我国广大的西南岩溶地区，由于具有发达的地下水系，暗河和明河交替出现，成为特殊的地下水补给区。

以地下水补给为主的河流，其年内分配和多年变化均较稳定。地下水实际上是雨水和冰雪融水渗入地下转化而成的，它的基本来源仍是前述两种水源，即雨水和冰雪融水，不过由于渗入地下的水流，流速缓慢，经过地下“水库”的调节，所以表现出地下径流过程变化平稳、消退缓慢的特点。对于干旱年份，或者是人工过量开采地下水后，常使地下水收支平衡遭到破坏，河流基流量将严重减少，甚至枯竭干涸。

除了少数山区间歇性或季节性小河流外，一般河流常有两种以上形式的水源补给。既有雨水补给，又有地下水补给，或者还有季节性积雪融水补给。河流从这些补给中所获得的水量，对不同地区或同一地区不同河流，不同时期都是不同的。如淮河、秦岭以南的河流只有雨水和地下水两种补给，以北的河流还有季节融雪水补给，西北和西南高原河流各种类型的补给都有。

山区河流补给还具有垂直地带性，随着流域高程的变化，补给形式有所不同。如新疆的高山地带，河流以冰雪融水、季节性积雪融水补给为主；低山地带以雨水补给为主；中山地带冰雪融水、雨水、地下水补给都占有一定的比重。

同一河流在不同的季节，各种水源补给所占的比例也有所不同。如以雨水补给为主的河流，在雨季，径流的绝大部分由降雨形成，而枯水期则基本靠地下水维持。在春汛期间，东北河流径流的大部分来自季节融水补给；而雨季时，大部分来自降雨补给；枯水期，则以地下水为主补给。西北和西南高山地区的河流的补给最复杂，积雪和冰川在暖季融化，而雨水也集中在同期降落，因此冰雪融水和雨水补给或者交替发生，或者同时发生。

7.3 洪水、枯水与冰情

7.3.1 洪水

1. 洪水特征值

洪水有两种不同的理解：一种是指暴雨或大量冰雪融水汇入河槽，引起河流水量增加，水位迅猛上涨，形成有涨水段和退水段的一次洪水过程。另一种是针对特大径流而言，往往由于河槽不能容纳而泛滥成灾，又称灾害性洪水。

相对较小，暴雨区的暴雨变化大，因此融雪洪水的年际变化和年内变化都较暴雨洪水为小。

3. 影响洪水的因素

影响洪水的主要因素为天气因素和流域下垫面因素两类。

(1) 天气因素。我国河流的大洪水主要是暴雨形成的，而一次暴雨总量、强度及其时空分布，决定了一个流域的洪水及其特征。决定暴雨特性的天气因素，主要是气流的上升运动强弱及持续性，另外还有水汽输送情况。有利于上述天气因素的天气系统，如气旋波、静止锋、台风等的出现，就易于形成暴雨洪水。

(2) 流域下垫面因素。坡度大、植被少、土壤透水性差的流域，易造成陡涨陡落的大洪水。大流域洪水过程较平缓，小流域则反之。流域内高大山脉，对气流有抬升作用，容易形成地形雨。通常迎风坡雨量大，而背风坡雨量小。如河北"63·8"暴雨，中心在太行山东侧，河南"75·8"暴雨，中心在伏牛山余脉东麓，都在山脉的迎风坡。

7.3.2　枯水

7.3.2.1　枯水概念

枯水是河流断面较小流量的总称。枯水经历的时间为枯水期，又称枯季，指流域内地表水流枯竭，主要依靠地下水补给河川径流的时期。枯水期的长短由自然地理因素和气象条件决定。枯水一般发生在地面径流结束以后。枯水期河道的水量主要依赖于流域蓄水量的补给，流域蓄水量包括地面蓄水量 W_s 和地下蓄水量 W_g，枯水径流主要来自地下蓄水量。

资源 7.4

7.3.2.2　枯水消退规律

枯水期降水量较小，降水基本不产流。枯水径流的消退主要依赖流域地下蓄水量的消退形成。枯水消退规律，常用地下线性水库近似，即假定流域地下蓄水量 W_g 与枯水流量 Q_g 成正比，即

$$W_g = K_g Q_g \tag{7.13}$$

式中：K_g 为枯水消退系数或地下水退水系数，具有时间量纲。

根据水量平衡原理，在枯水期，流域的地下蓄水量 W_g 与地下流量 Q_g 之间存在下列的平衡关系：

$$-Q_g = \frac{dW_g}{dt} \tag{7.14}$$

联立上述两式可推出：

$$Q_{gt} = Q_{g0} e^{-t/K_g} \tag{7.15}$$

式中：Q_{gt} 为任意 t 时刻的地下流量，m^3/s；Q_{g0} 为枯水期开始时刻的地下流量，m^3/s；其余符号意义同前。

式 (7.21) 反映了当枯水期无降雨补给情况下流域地下蓄水的退水规律，即随着枯水期的进行，枯水径流将逐渐减小。

7.3.2.3　消退系数的确定

根据实测流域退水规律分析表明，各次洪水过程地面流量终止点 C 之后的退水过

程基本相似，但仍存在差别。主要原因在于消退系数 K_g 不是常数，因为：

（1）与流域地下蓄水量大小有关。流域地下蓄水量越大，枯水径流越大，退水越快，即 K_g 越小。不同年份，流域地下水蓄量不同。丰水年，流域地下蓄水量大；反之，枯水年的流域地下蓄水量小。

（2）与流域地下蓄水量的空间分布不均匀有关。流域的降水量空间分布不均，地下储水结构空间分布差异等，导致流域地下蓄水存在空间差异。如流域地下蓄水量集中在上游，则流程长，消退慢，K_g 大；反之，则 K_g 小。年内暴雨中心位置不同，流域地下水蓄量主体位置不同，导致 K_g 大小不同。

（3）与流域内是否有地面蓄水量及其大小有关。枯水期内，流域内地面蓄水工程对流域蓄水量有补充，即流域地面蓄水量占有一定比重，对 K_g 有影响，使 K_g 变小。

因此，在实际应用上，一般常取 K_g 的均值，或以前期流量的大小为参数，确定不同的 K_g 值。确定 K_g 的方法主要有以下两种。

1. 相邻时段流量相关法

相邻时段流量相关法，又可称作算术平均法。选择退水期无降雨的流量过程退水段，等时段 Δt 摘录流量值，即 Q_1，Q_2，…，Q_n，点绘 Q_i 和 Q_{i+1} 相关图，并定出平均相关线。当 $\Delta t=1$（即一个单位时段），则有

$$\frac{Q_{i+1}}{Q_i}=e^{-1/K_g} \tag{7.16}$$

若 $Q_i - Q_{i+1}$ 为直线，则比值为常数，即 K_g 为常数；若 $Q_i - Q_{i+1}$ 为曲线，可在该曲线流量变化范围内，求得若干个 K_g 值，再取其均值。

【例 7.3】 某流域一次洪水流量过程的退水段见表 7.3。试求消退系数 K_g。

表 7.3　　某流域一次洪水流量过程的退水段

时间/(月．日)	8.8	8.9	8.10	8.11	8.12	8.13	8.14
流量 $Q/(m^3/s)$	3230	2760	2390	2060	1770	1520	1320

解： 由表 7.3 中数据可知，$\Delta t=1d=24h$，且 Q_i/Q_{i+1} 的比值不是常数。根据表中数据，计算多个 K_g，取其平均值作为该次洪水退水过程的消退系数。

由式（7.16）两边取对数，可得：$K_g=\dfrac{1}{\ln Q_i-\ln Q_{i+1}}$，将相邻时段的流量数据代入式中，计算相应的消退系数 K_g 见表 7.4。

消退系数的平均值 $\overline{K}_g=161.1h$。

表 7.4　　相邻时段消退系数计算结果

时间/(月．日)	8.8	8.9	8.10	8.11	8.12	8.13	8.14
流量 $Q/(m^3/s)$	3230	2760	2390	2060	1770	1520	1320
$\ln Q$	8.08	7.92	7.78	7.63	7.48	7.33	7.19
K_g/h	152.62	166.74	161.52	158.18	157.62	170.12	

2. 标准退水曲线法

流域标准退水曲线是流域次洪流量过程退水段的下包线。对某一流域而言，退水过程尾部比较稳定，可以取多次实测洪水过程的退水部分，采用相同的纵横比例尺绘在透明纸上，然后沿时间轴平移，使各次退水段的尾部重合，最后做光滑的下包线，即为流域标准退水曲线，如图 7.5 所示。各次退水段的上部不相重合的主要原因在于其退水的成分及比例各异，取其下包线，表示单一的地下径流退水。因而，流域标准退水曲线表示流域纯地下径流的消退过程。

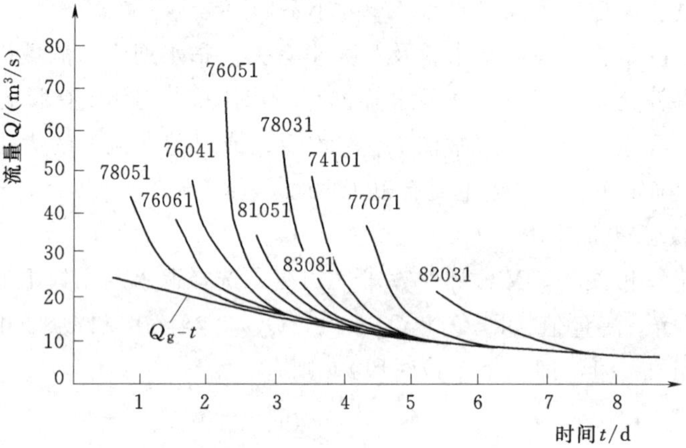

图 7.5　流域标准退水曲线绘制示意图

（图中数字为洪水编号：76051 表示 1976 年 5 月第 1 次洪水）

流域标准退水曲线同样可用枯水消退规律来描述，即式（7.15）。对其两边取对数，得

$$\ln Q_{gt}=\ln Q_{g0}-\frac{t}{K_g} \tag{7.17}$$

由式（7.17）可知，$\ln Q_{gt}$ 与 t 呈直线关系。因此，在流域标准退水曲线上读取一定数量点据，并将其点绘在半对数坐标纸上，穿过点据的直线的斜率的倒数即为 K_g 值。流域枯水消退规律可以用来估算流域枯水期的地下径流量，也可以用于枯水流量预报。

【例 7.4】 已知某流域在汛期结束日（10 月 31 日）的流量为 $50.0\text{m}^3/\text{s}$，该流域的枯水消退系数 K_g 为 6.5d，试估算该流域枯水期的地下蓄水量 W_g。

解： 由式（7.13）可计算出该流域枯水期的地下蓄水量 W_g 为

$$W_g=K_gQ_g=6.5\times50.0\times24\times3600=2.8\times10^7(\text{m}^3)$$

【例 7.5】 接例 7.4，求该流域 11 月 5 日的流量，以及 10 月 31 日至 11 月 5 日之间流出流域的地下径流量。

解： 首先，计算 11 月 5 日的流量：$Q_{11.5}=50.0\times e^{-(5/6.5)}=23.2(\text{m}^3/\text{s})$

其次，计算流出流域的地下径流量：$W_g=W_{g,10.31}-W_{g,11.5}$。

$$W_g=(50.0-23.2)\times6.5\times24\times3600=1.5\times10^7(\text{m}^3)$$

7.3.2.4 枯水径流的影响因素

河流枯水的径流过程，实际是流域地下蓄水量的消退过程，因此影响枯水径流的因素和影响流域地下蓄水量的因素密切相关，主要表现在以下两方面。

1. 枯水期前的流域降雨量大小

前期降水丰沛，则枯水期初流域的地下蓄水就丰富，可形成较大的枯水流量；反之，则枯水流量较小，甚至可能断流。枯水期的降雨可以增加枯水径流，若降雨量大，则枯水期结束就早，转入平水期或汛期；反之，则结束就晚。

2. 流域下垫面因素

若流域土壤疏松，岩石裂隙发育，断层破碎带多，有利于储存与输送地下水，则河流可得到较大地下水补给而导致枯水流量较大；地下含水层多而厚，也有利于产生较大的枯水流量。反之，则枯水流量较小。

流域面积越大，地下蓄水量越丰富，枯水流量越大；流域内河网密度越大，则河槽内蓄水量越大，且有利于补给地下水，枯水流量越大；湖泊、沼泽面积大，地表蓄水量丰富，可增大枯水流量；森林植被繁茂、比重大，有利于下渗而增加流域的地下蓄水量，因而枯水流量也较大。

7.3.3 冰情

从气温降到0℃以下，河槽中出现冰晶开始，经过冻结和封冻，直到气温回升到0℃以上，河冰开始融化直至冰块全部消失为止，这一段时间内的冰凌的发生、发展和运动过程，称为河流的冰情。这个过程可分为3个阶段：冻结、封冻和解冻。

1. 冻结过程

静水和动水的冻结过程是不同的。由于水的密度在4℃时最大，所以当水温未降到4℃时，由于对流作用，上、下层水温是一致的。当水温降到4℃后，气温继续下降，静水上层水温降至0～4℃之间，于是静水冻结从表面开始。而动水由于紊动混合使上下层水温比较均匀，上下均可降至0℃左右。因此当水温降至0℃时，水内任何深度均可出现冰晶。

冻结过程中冰情特点主要是形成水内冰。水内冰是悬浮在水内或附着在河底或其他物体上的碎冰。水内冰形成的必备条件是：水温必须达到0℃以下，呈过冷却状态；水体具有相对的不流动层；结晶时新释放出来的潜热可被带走。

水内冰浮起后称为冰花。在河底或浅滩上形成的水内冰不浮出水面而逐渐堆积，朝向河面扩散，构成小岛状的冰堆称为冰礁。冰礁的出现将缩小过水面积，增大流速和水流紊动作用，进一步促进水内冰的形成。冰花和冰礁是水内冰发展的另一种冻结冰情。

当水温接近0℃时，水面会出现针状冰晶所组成的薄片，多聚集成松散易碎的团状，称为冰松。同时岸边可能会出现与河岸固结在一起的薄冰，称岸冰。随着气温的降低，岸冰的厚度和宽度将逐渐增加。

浮在水面的水内冰和水面结晶的冰块，彼此可以冻结在一起，形成坚实的冰块随水漂流，称淌凌（或流凌）。淌凌开始，凌块较为稀疏，随着气温下降，逐渐密集，在河段狭窄处或河湾、浅滩处，因流动不畅，造成壅塞或相互冻结而形成冰盖，从而过渡到封冻阶段。

2. 封冻过程

河道中从开始出现冰盖，直到冰盖开始解冻，这一过程称为封冻过程。我国大兴安岭北部的封冻期超过180d；松花江为130～150d；辽河为100～130d；滦河及永定河为70～130d；海河为40～80d；淮河为10～40d。

在封冻过程中，冰块密度不断增大，随后相互连接成为一个整体。一般是逆流向上逐渐发展，扩大封冻面积，最后整个水面全被封冻。在封冻过程中，局部河段流速大，冰块挤压而产生倾斜堆积重叠现象，冰面不平整，称为立封；在流速较小的顺直河段，凌块平行，由河岸向河心冻结，冰面平整，称为平封。

在封冻过程中，因不连续流凌或遇大风天气，局部冰面融化露出水面称为清沟。在整个水面尚未完全封冻前形成的清沟，称为初生清沟。在完全封冻的冰面上，因气温升高而形成的清沟，称为再生沟。清沟中的自由水面与冷空气进行热交换，在清沟内产生大量的水内冰，使清沟逐渐消失。大量的水内冰向下游流动，可使下游冰盖下面的过水断面减小而造成局部水流不畅，形成冰塞。冰塞逐渐发展可堵塞整个过水断面形成冰坝，危及河道堤防，这种现象在黄河山东段的解冻与封冻期经常发生。

3. 解冻过程

当春季到来，气温升高，水位上涨，冰盖逐渐融化至全部消失这一过程，称为解冻。解冻过程一般经历3个时期。

(1) 融水时期：由于热量增加，冰色变白，冰上流水，冰盖厚度减小，强度削弱。

(2) 解冻时期：由于热和水的机械作用，发生冰盖脱岸，冰层浮起、裂缝，河心融冰。

(3) 流冰时期：解冻的冰块随水流向下游移动，形成春季流凌；冰情现象有冰桥、流冰堆积、冰坝、就地融冰和全部融水等。

7.4　径流的分割与计算

次洪流量过程线的组成，可以从两个角度分析。

(1) 从径流成分角度分析，流域出口断面观测到的流量过程包括地面径流、壤中流、地下径流和基流。

(2) 从降雨场次角度分析，流域出口断面的流量过程除本次降雨形成的径流成分外，还有前次降雨、下次降雨以及很久以前的降雨形成的径流成分。

研究降雨径流形成规律，计算本次降雨的径流量时，首先要将不是本次降雨形成的径流成分分割出去；其次，不同径流成分在坡面汇流阶段的汇流特性不同，因而需要对本次流量过程线进行水源划分，以便进行汇流计算。

7.4.1　流量过程线分析

资源7.5

流量过程线分析，就是从径流成分和降雨场次角度理解次洪过程。如图7.6所示，为某流域出口断面的一次实测洪水流量过程。图中A点为本次洪水流量过程的起涨点，该时刻流量 Q_A 是由前一次降雨形成的地下径流 Q_{gA} 和很久以前降雨形成的基流 Q_b 组成。假如在 A 点之前没有降雨，则前次降雨没退完的地下径流将从 A 点沿虚线退至 D 点结束，因此 HAD 以下部分径流并非本次降雨形成的。

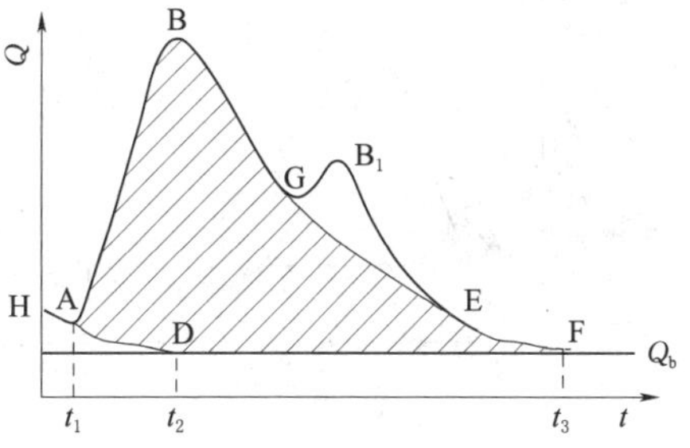

图 7.6　非本次降雨的径流分割

在 G 点，因有下次降雨，本次降雨的径流还没来得及沿虚线退至基流高度，即成为下次洪水过程的起涨点。假定在 G 点无降雨，则本次洪水将从 G 点沿虚线退至 F 点。因此，本次降雨形成的径流量为 ABGEFDA，径流历时从 t_1 至 t_3，径流过程为 ABGEF。

7.4.2　流量过程的分割

次洪流量过程的分割包含两个环节：一是将非本次降雨形成的径流成分分割出去；二是将本次降雨形成的地面、地下径流划分，即水源的划分。

1. 非本次降雨的径流分割

非本次降雨的径流分割，包括基流分割，前次与下次降雨径流的分割。

基流，又称深层地下径流，由很久以前的降雨形成，需要从流量过程线中分割出去。基流一般比较稳定，量值较小，是维持河川径流的基本。基流的分割一般用水平直线法，水平直线的高度为历年最小流量的平均值，或本年汛前的最小流量。

资源 7.6

采用标准退水曲线法，分割前次降雨和下次降雨形成的径流。利用标准退水曲线，通过沿时间轴平移绘出起涨点后的前次降雨形成的、尚未流出流域的退水过程，如图 7.6 中的虚线 AD；而下次降雨形成的径流，则通过移动标准退水曲线，找到退水段的重合部分，绘出本次洪水的完整退水过程，如图 7.6 中的虚线 EF。

2. 地面、地下径流划分（水源划分）

本次降雨形成的径流过程已经通过分割得到。由于一次降雨形成的径流可以有多种，而地面径流与地下径流在坡地汇流阶段的汇流特性不同，需要采用不同的汇流理论阐述。地面径流消退快，先退完；壤中流次之，地下径流消退较慢，最后退完。

资源 7.7

受目前的水文发展水平限制，要准确划分地面径流、壤中流、地下径流非常困难，实用上一般只把实测的总径流量划分为地面径流与地下径流，而壤中流归为地面径流，统称为地面径流。常用的地面、地下径流分割方法有以下两种。

（1）水平直线法。该方法是在流量过程线上从起涨点 A 引一条水平直线与退水段交于 C 点，则 AC 以上为地面径流，AC 以下为地下径流，如图 7.7（a）所示。该分割由于没有考虑到地下水在洪水过程中的涨水与退水规律，所得的地下径流比实际偏小，而地面径流则偏大，适用于地下径流比重较小的小流域。

（2）斜直线法。该方法将起涨点 A 与退水段上地面径流终止点 C 用一条直线连接，直线 AC 以上是为地面径流，AC 以下则为地下径流。一般，C 点高于 A 点。该方法的关键在于确定地面径流终止点 C。因此，该方法默认 C 点是地下洪峰流量的出现时刻。C 点的确定方法有：

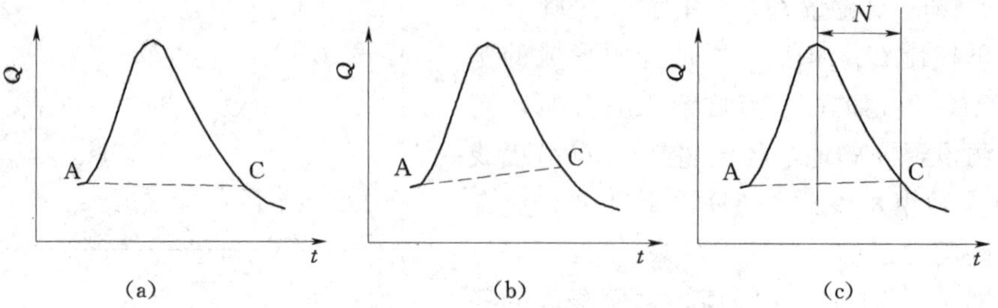

图 7.7 径流过程线的分割
(a) 水平直线法；(b) 斜直线法；(c) 经验公式法

1) 目估法。由于地面、地下退水过程规律不同，C 点以上的退水段较陡，C 点以下的退水段较缓，因此可在退水段上通过坡度的陡缓找到较为明显的转折点 C，如图 7.7 (b) 所示。可将退水段绘在半对数坐标纸上，以便于判断。

2) 标准退水曲线法。用相同的纵横坐标比例将标准退水曲线绘制在透明纸上，其尾部与退水段重合，两过程线在上端的分离点即为 C 点。

3) 经验公式法。如 C 点距离洪峰流量出现时刻的时距为 N，它与流域面积 F 之间存在一定的关系，并考虑到前次径流的退水延续至峰现时刻，之后本次降雨的壤中流加入，见图 7.7 (c)，即

$$N=0.84F^{0.2} \tag{7.18}$$

式中：N 为峰现时刻至 C 点的时间，d；F 为流域面积，km^2。

上述各种分割方法都有一定的随机性，尤其是 C 点的确定，主观因素大，因而分割得到的地面径流与地下径流具有一定的误差。实际工作中常采用斜直线法分割。

7.4.3 径流量的计算

将非本次降雨形成的径流成分分割出去后，剩余部分即为本次降雨形成的径流，即图 7.6 中的 ABGEFDA 面积。由图 7.6 可以计算本次洪水的径流量 W、径流深 R；还可以利用地面径流终止点 C 计算地面径流量 W_s、地下径流量 W_g 以及地面径流深 R_s、地下径流深 R_g。

【例 7.6】 已知某水文站控制面积 $271km^2$，标准退水曲线的 $K_g=98.4h$，$Q_{g0}=40.0m^3/s$。1982 年 6 月 14—16 日实测洪水流量见表 7.5。①求该次洪水的径流量 W 与径流深 R；②用斜直线法求该次洪水的地面径流量 W_s、地下径流量 W_g、地面径流深 R_s、地下径流深 R_g。

解：(1) 计算次洪径流量 W 与径流深 R。

本次洪水的径流量 $W=W_1+W_2$：

$$W_1=(21/2+23+34+\cdots+38+37/2)\times3\times3600/2=25877880(m^3)$$

$$W_2=98.4\times(37-21)\times3600=5667840(m^3)$$

$$W=W_1+W_2=31545720m^3$$

次洪径流深　$R=W/(1000F)=116.4mm$

表 7.5　　某水文站的一次洪水流量过程

时间/(日．时)	流量/(m^3/s)	时间/(日．时)	流量/(m^3/s)	时间/(日．时)	流量/(m^3/s)	时间/(日．时)	流量/(m^3/s)
14.8	24.0	15.5	43.5	16.2	96.0	16.23	42.0
14.11	21.0	15.8	265	16.5	70.0	17.2	38.0
14.14	23.0	15.11	396	16.8	72.8	17.5	37.0
14.17	34.0	15.14	313	16.11	70.0	17.8	45.0
14.20	42.0	15.17	323	16.14	50.0	…	…
14.23	33.0	15.20	186	16.17	52.0		
15.2	31.8	15.23	140	16.20	46.0		

(2) 计算次洪地面、地下径流量及其径流深。

首先，利用斜直线法找到 C 点：17 日 2 时，$Q_C=38.0m^3/s$。

其次，计算次洪地面径流量 $W_s=W_{14.11-17.2}-W_{g,14.11-17.2}$

$W_s=(21/2+23+\cdots+42+38/2)\times\Delta t-(21+38)/2\times21\Delta t=18782280(m^3)$

计算次洪地面径流深 $R_s=W_s/1000F=69.3(mm)$

最后，计算次洪地下径流量 $W_g=W-W_s=12763440m^3$

计算次洪地下径流深 $R_g=R-R_s=47.1mm$

值得注意的是，采用上述径流分割与水源划分方法，只能求得次洪径流量与径流深的总量，以及地面、地下径流深总量，而不能求出其过程。次降雨过程的净雨过程或产流过程，需要由产流计算得到。

7.5 径流的影响因素

影响径流形成和变化的因素主要有 3 大类：气候因素、流域下垫面条件以及人类活动。

7.5.1 气候因素

气候因素包括降水、蒸发、气温、气压、风速、湿度等。降水是径流的源泉，径流过程是由流域上降水过程转化而来的。降水和蒸发的总量、时空分布、变化特性，直接导致径流组成的多样性、径流变化的复杂性。气温、气压、湿度和风速是通过影响蒸发、水汽输送和降水而间接影响径流的。因此，人们称“河流是气候的产物”是不无道理的。

1. 降水

降水是产生径流的重要因素，但不是决定流量过程的唯一因素。出口断面流量过程线是流域降水与流域下垫面条件综合作用的结果。时空分布相同的降水，在不同流域，所产生的流量过程线是不同的。

径流是降水的直接产物，因此，降水的形式、总量、强度、降水过程及降水在流域空间上的分布对径流有直接影响。

（1）降水类型。不同的降水形式形成的径流过程完全不同，由降雨形成的径流主要发生在雨季，其过程一般陡涨陡落、历时短；由季节积雪融水形成的径流一般发生在春季，其过程较为平缓，历时较长。

（2）降水量。河川径流的直接和间接水源都是大气降水，因此，径流量的多少取决于降水量的大小，即河川径流量与降水量呈正相关。

（3）降水强度。降水强度对径流的形成具有十分显著的作用，暴雨强度越大，植物截留、下渗损失相对越小，雨水能够在较短时间内向河槽汇集形成较大的洪水。

（4）降水过程。降雨过程对径流也有较大影响，如降雨过程（雨型）先小后大，则降雨开始时的小雨使流域蓄渗达到一定程度，后期较大的降雨几乎全部形成径流，易形成主峰靠后、洪峰流量较大的洪水；如果降雨过程先大后小，则情况正好相反。

（5）降水空间分布。降雨在流域空间上的分布对径流也有影响，如果暴雨中心自上游向下游移动，由上游向下游传播的洪水与在下游形成的洪水叠加，极易形成较大的洪峰流量，反之，其洪峰流量则较小。另外，降水笼罩的面积越大，形成的径流量也越大。

2. 蒸发

蒸发也是影响径流的重要因素之一。在北方干旱地区，80％～90％的降雨都以蒸发的形式损失掉，而没能参与径流的形成；在南方湿润地区，也有30％～50％的降水消耗于蒸发。根据水量平衡方程，在一个较长的时间范围内，蒸发量越大，径流量越小。对于某一次降雨来说，如果降雨前蒸发量大，流域相对较干燥，流域的下渗能力较大，土壤中可容纳的水量相对较多，因此，径流量相应较小。

7.5.2　流域下垫面条件

流域下垫面条件包括地理位置、地形地貌、面积、形状、地质和土壤条件、植被状况、水体状况等。

（1）流域地理位置。地理位置包括纬度、距离海洋远近、流域面积、流域形状等。流域所处的地理位置不同，其气候条件差别很大。因此，受气候条件制约的径流，也就有其特殊性。

（2）流域地形地貌。地形地貌包括山地、丘陵、盆地、平原、谷地、湖沼等。流域地形地貌一方面通过直接影响流域的汇流条件来影响径流，另一方面还通过影响气候因素而间接影响径流。如在迎风坡，降水量增加，径流量相应增加；高程增高，气温降低，蒸发量减小，径流量相应地增加；坡度越大，径流的流速大，雨水下渗的机会就少，因此，径流量越大。

（3）流域面积。流域面积越大，自然条件越复杂，各种因素对径流的影响有可能相互抵消，也有可能叠加。一般而言，流域面积越大，径流量越大，年际变化越小。

（4）流域形状。流域的形状主要影响径流过程线的形状。流域的形状不同，汇流条件不同，如扇形流域，洪峰流量相对较大且流量过程线较尖瘦，而羽状流域，洪峰流量相对较小而流量过程线较平缓。其次，流域的形状对径流总量的影响表现在，扇形流域的年际变化较羽状流域大。地形特征包括高程、坡度、坡向等。

（5）流域地质和土壤条件。流域的地质条件和土壤特性决定着流域的下渗、蒸发和蓄水能力。若某一流域有着较为发育的断层、节理、裂隙，降水的下渗量就大而地面径流量小；岩溶地区有着较大的地下蓄水库容，因此，地下径流量较大。土壤性质主要通过直接影响下渗和蒸发来影响径流，渗透性能好的土壤，下渗量大而地面径流量小、地下径流量大。另外，土壤和地质条件还可以通过植被类型和植被生长状况间接影响径流。

（6）流域植被状况。流域的植被对径流的影响较复杂，有些学者认为，森林蒸散发量大，因而河川径流量小。也有观点认为，由于植物截留、枯枝落叶层对雨水的吸收，以及森林土壤有很大的下渗能力，在径流形成过程中的降雨损失量大，因此，森林有减少地面径流的作用。正因为森林导致流域具有较强下渗能力，使较多的雨水渗入地下，并以地下径流的方式缓慢补给河川径流，因此说，森林能增加河川枯水期的径流量。但是，森林增加的枯水期径流量是否同减少的地面径流量相抵消，还有着不同的观点。在美国和日本，有人对森林砍伐后和砍伐前的径流量进行对比研究后指出，砍伐森林能够增加流域的产流量；而在苏联，有人通过对有林流域和无林流域的产流量进行长期对比观测后认为，森林能增加流域产流量。

（7）流域水体状况。流域内的湖泊和水库通过蓄水量的变化调节和影响径流的年际和年内变化。在洪水季节，水库和湖泊的蓄水量增加；在枯水季节，水库和湖泊中蓄水量缓慢泄出而减少。因此，流域中如果有水库或湖泊，能够削减洪峰，使洪水过程变得平缓。

上述流域因素在空间上的随机组合，构成了下垫面条件的差异，这种差异导致了流域产流方式（指各种径流成分产流机制的组合）及产流条件上的差异。但流域下垫面是一个缓慢变化的因素。出口断面流量过程是流域降水与流域下垫面条件、人类活动因素等综合作用的结果，时空分布相同的降水，在不同流域所产生的流量过程可能具有完全不同的特征。

7.5.3　人类活动

人类活动对径流的影响主要是通过改变流域下垫面条件，直接或间接地影响径流量的大小、水质好坏和流量过程的形状。人类活动对径流有正反（或利弊）两方面的影响。人类可以通过修建各种水利及水土保持工程，如水库、淤地坝、水窖等蓄水工程，拦蓄地面径流、削减洪峰流量、调节流量过程。平整土地措施通过减缓原来地面的坡度、截短坡长、增加地表糙率，而增加下渗量，延长了汇流时间，削减了洪峰，使流量过程变得平缓。人类还可以通过植树造林，增加森林覆盖，利用森林保持水土、涵养水源、增加枯水径流来对径流起到调节作用。

但是，不合理的人类活动，如过度砍伐森林、陡坡开荒、没有任何保护措施的大面积开采地下各种资源等都可能会造成严重的水土流失；另外，工业生产的废弃物任意排放、农业生产中各种农药、化肥无节制的大量使用、生活垃圾的大量增加，不但破坏了土壤对径流的调节作用，还严重污染了水质。因此，我们必须提倡有序的人类活动，以保护我们的生存环境。

习题与思考题

7.1 简述净雨与径流的区别与联系。

7.2 简述坡面汇流阶段不同径流成分的汇流特点。

7.3 为什么枯水径流的消退系数 K_g 不是常数?

7.4 绘制流域标准退水曲线的主要步骤有哪些?

7.5 河川径流的主要补给源有哪些?相应的径流特点是什么?

7.6 如何将次洪流量过程线上非本次降雨的径流成分分割出去?

7.7 简述确定次洪流量过程线上地面径流终止点C的主要方法。

7.8 已知某流域的多年平均径流模数 $M=10\text{L}/(\text{s}\cdot\text{km}^2)$,试求其多年平均径流深。

7.9 例7.6中,为什么地面径流终止点C是17日2时,而不是17日5时?根据标准退水曲线,该题的真正C点如何推求?发生在什么时候?流量是多大?

7.10 湖北某流域面积 $F=366\text{km}^2$,7月发生一次降雨,流域面降雨量43.5mm,形成的洪水流量过程见表7.6。要求:计算该次洪水的径流总量 W、次洪径流深 R、洪峰径流模数 M 和径流系数 α。

表7.6　某流域7月一次洪水过程

日	时	流量/(m^3/s)	日	时	流量/(m^3/s)
15	8	21.6	16	20	57.4
15	14	20.0	17	2	41.8
15	20	99.9	17	8	33.6
16	2	122.0	17	14	27.8
16	8	98.1	17	20	20.0
16	14	75.6	18	2	29.8

7.11 某流域的面积为 1600km^2,多年平均降水量1050mm,多年平均流量 $22.3\text{m}^3/\text{s}$。问该流域多年平均蒸发量是多少?若流域出口断面修建一水库,水库平均水面面积 15km^2。当地实测水面蒸发量的多年平均值970mm,蒸发器折算系数0.87。忽略建库前的流域水面面积前提下,建库后该流域多年平均流量是多少?

7.12 某流域面积为 600km^2,7月10日发生了一次暴雨洪水,实测流域面雨量 $P_1=190\text{mm}$,径流深 $R_1=126\text{mm}$;7月14日又发生一次暴雨洪水,实测流域面雨量 $P_2=160\text{mm}$,径流深 $R_2=135\text{mm}$;试计算这两次暴雨的径流系数,并分析二者不同的主要原因是什么?

参考文献

[1] 胡方荣,侯宇光. 水文学原理(一)[M]. 北京:水利电力出版社,1988.

第 8 章

流域产流

根据流域径流形成过程中不同阶段性质的差异和特点，可划分为：流域蓄渗、坡地汇流和河网汇流三个过程。流域蓄渗过程实质是流域各处的雨水在逐步满足了各项损失后形成净雨过程，也就是产流过程。本章主要介绍流域产流，实际上是对蓄渗过程物理机制做进一步分析；从包气带中水分运行与消退规律出发，研究单点产流的物理机制，再归纳总结流域面上的产流模式与产流规律，最后介绍流域产流计算方法。

8.1 包气带的水文特性

包气带是径流形成和输送的重要场所。径流形成过程实质上是水分在流域中的运行和再分配过程，而水分的运行和再分配主要发生在包气带中，包气带的特征及其水分动态将影响产流过程和产流量的大小，所以研究流域产流规律，首先要认识包气带的水分分布特征和水分动态。

8.1.1 包气带的水分分布特征

包气带有一定的吸水、持水和输水能力，根据水分分布特征可分为 3 个明显不同的水分带：毛管悬着水带、中间包气带和毛管上升水带[3]，如图 8.1 所示。

资源 8.1

1. 毛管悬着水带

毛管悬着水带位于包气带的上部靠近地表的土层，水分以毛管悬着水的形式存在于土壤中。这一带的水分直接或间接与外界进行水分交换，水分变化较大，对径流形成影响较大，在水文上称为影响土层。

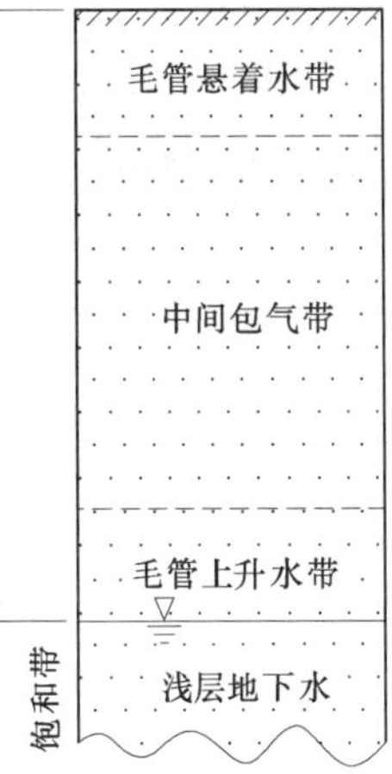

图 8.1 包气带的水分带

毛管悬着水带的水分主要来源于降雨，消耗于蒸散发。水分分布受气象因素和土壤特性的影响明显。在干旱地区，土壤透水性较差时，雨后的湿润锋一般不超过 20cm，在连续降雨的情况下，湿润锋可向下到达较大的深度，一般也不会超过 1m。在湿润地区，土壤透水性较强及地下水埋深较浅时，土壤水分经常保持在田间持水量附近，如遇连续降雨，可使较厚的土层水分超过田间持水量而产生自由重力水，向下渗透补给地下水，但土层能达到饱和的部分，也只限于表层 10～20cm，水分变化较大的深度范围大致在 0.5～1.0m 之间。另外土壤蒸散发直接减少土壤水分，并改变表层土壤水分分布。国内外的观测资料表明，一般情况下，蒸发影响土层一般在 1m 左右，而强烈的土壤蒸发层发生在地表以下 30cm 内。

综上所述，毛管悬着水带内土壤水分的增长与消退影响土层厚度在1m左右，而其中水分变化强烈的部分是近地表30cm内，通常称为水分活跃层，是对降雨进行再分配的主要水分带。

2. 中间包气带

资源 8.2

毛管悬着水带与毛管上升水带之间的水分带称为中间包气带，简称中间带。中间包气带的厚度与地理位置、地下水埋深有关。在干旱地区，中间包气带的厚度可达到几十米，在湿润地区，一般为几米。当地下水埋深较浅时，中间包气带可能不存在。

中间包气带不直接与外界进行水量交换，而是一个水分的蓄存及输送带。中间包气带的水分变化较小，水分的大小取决于年降水量、土壤透水性及地下水位。在地下水位埋深较大、年降水量较少的地区，中间包气带的含水量一般在毛管断裂含水量与最大分子持水量之间，且年变幅不大。在年降水量丰沛、土壤透水性较好的地区，中间包气带的含水量大致在毛管断裂含水量与田间持水量之间，当地下水位埋深较浅、中间包气带较薄时，由于上下供水充分，其含水量保持在田间持水量附近。

3. 毛管上升水带

资源 8.3

地下水面以上，水分受土壤孔隙所形成的毛管力的作用，沿孔隙上升到地下水面以上的土层中，形成一个水分带，称为毛管上升水带。毛管上升水带厚度取决于土壤的最大毛管上升高度。毛管上升高度与土壤孔隙的半径成反比，即土壤孔隙越大，毛管上升高度越小。在天然土壤中，由于孔隙组成及层次分布等的影响，毛管上升水带的厚度一般为1～2m。

毛管上升水带的土壤含水量，一般自下而上逐渐减小，由饱和含水量逐渐减小到与中间包气带下端相衔接的含水量。土壤中孔隙大小不同，毛管水上升高度不同，导致各处的毛管上升水带的厚度不同。毛管上升水带下端有充分的水分来源，所以对于给定的土壤，毛管上升水分布比较稳定；而地下水位的升降，决定了毛管上升水带在地表以下的位置。

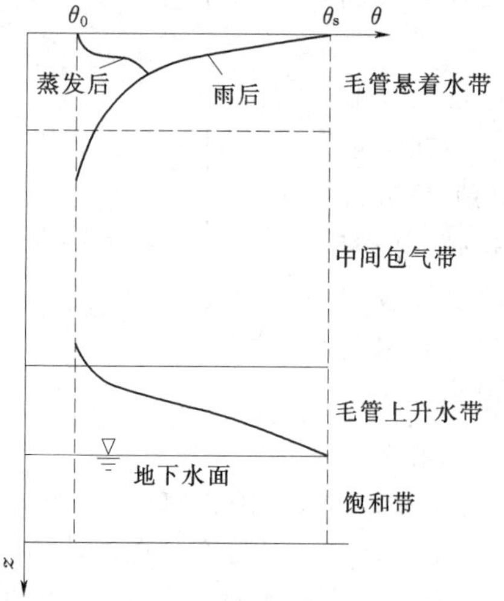

图 8.2 包气带内的水分分布示意图

4. 包气带水分沿深度的分布

包气带内的水分分布如图 8.2 所示。降雨后，毛管悬着水带的含水量，由表层的最大含水量（最大含水量在降雨较大时可达到饱和含水量）向下逐渐减小；中间包气带的含水量沿深度变化很小，其最小值为最大分子持水量。毛管上升水带的含水量，由毛管上升最大高度处的最小含水量，向下逐渐增加，至地下水面达到饱和含水量。降雨结束后，在蒸发作用下，表层含水量迅速减小，而下部则基本不变。

上述包气带的水分分布仅是一般规律。由于各地气候条件和地下水埋深条件的差异，各地的包气带厚度和水分分布特征有很大不同。

8.1.2 包气带的水分动态

包气带的水分动态是指包气带中水分含量及剖面水分的增长与消耗过程。

1. 包气带水分的增长

包气带与外界的水分交换主要发生在包气带的上、下界面。上界面水分来源主要是降水或灌溉下渗；当存在地下水时下界面水分增长主要来源于地下水上升补给。天然条件下，地下水的补给一般处于均衡状态，即蒸散发消耗多少，地下水就补给多少。因此，上界面的降水下渗是包气带水分增长的主要原因。按照下渗理论，包气带水分增长可表述为：当雨强 i 大于上界面下渗能力 f_p 时，实际下渗率 f_a 等于 f_p；反之，$f_a=i$。一场降雨过程中，包气带增加的总水量为

$$I=\sum_{i>f_p} f_p \Delta t+\sum_{i\leqslant f_p} i\Delta t \tag{8.1}$$

一次降雨过程中，湿润锋所能达到的最大深度取决于降雨历时、强度、土壤透水性和初始土壤含水量。供水充分时不同下渗时间的土壤水分剖面如图 8.3 所示。

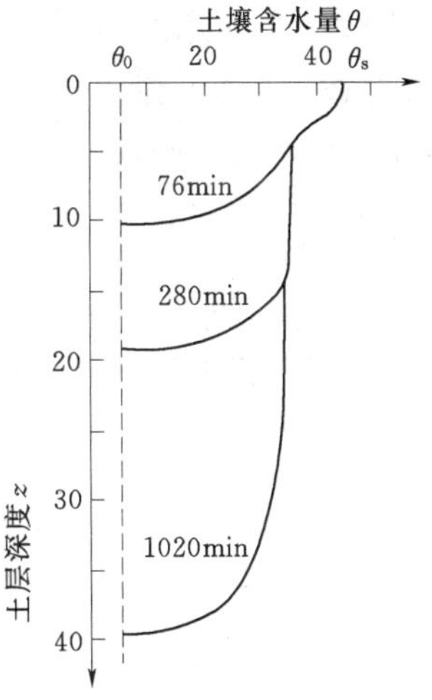

图 8.3 不同下渗时间的土壤水分剖面

2. 包气带水分的消耗

包气带的水分消耗主要发生在上、下界面，消耗过程的水分运行方向与增长过程完全相反。在上界面，通过土壤蒸发和植物散发消耗水分；在下界面，通过内排水消耗水分。只有当包气带全层有自由重力水时才会发生内排水。因此在一般情况下，土壤蒸发和植物散发是包气带水分消耗的主要原因。根据蒸散发理论，蒸散发所消耗的水分取决于气象条件和土壤含水量。

当地下水位埋藏较浅、毛管水上升到毛管悬着水带下界面时，地下水通过毛管直接向蒸发面供水，此种条件下包气带水分基本不变，地下水位逐渐下降，包气带的厚度逐渐增加。

8.1.3 冻土地区包气带的水分动态

在寒冷季节，土壤温度降至0℃以下，使土层冻结成坚硬的土体，称为冻土。冻土按其存在的时间长短，可分为：①季节性冻土，即冬季冻结，夏季融化；②隔年冻土，即冻结层经一两个夏季不能全部融化的冻土；③多年冻土，又称为永久冻土，即冻土层可持续多年不融化。

高寒冻土地区包气带的水分动态除了与降雨下渗和蒸散发有关外，还具有如下一些特点：冻结时，由于上层先冻，下层温度高于上层，因此水分从下层向上层移动，造成先冻结部分的土壤含水量大于后冻结部分的土壤含水量，其中最先冻结的部分，总是要趋于达到为满足冻结的一个极限土壤含水量。水分迁移量的大小与易活动性的水分补给源是否充分有关，也与满足冻结所需的极限含水量的缺水程度有关。缺水程度越大，迁移量越大。对于不同冻土层冻结前后的土壤水分剖面如图 8.4 所示。

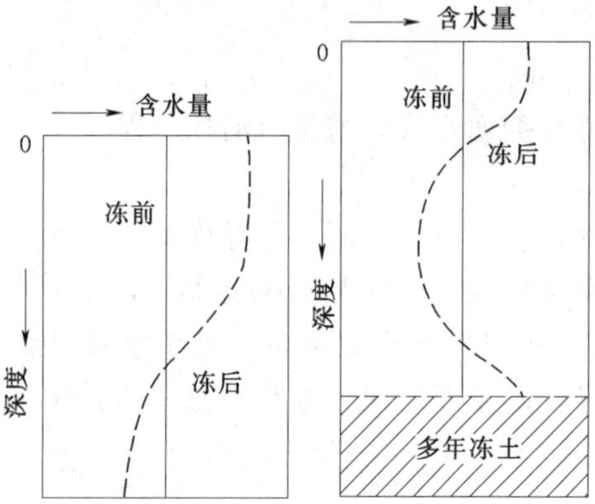

图 8.4 不同冻土层冻结前后的土壤水分剖面

8.1.4 包气带的水量平衡方程

包气带中水分的增长、消退与壤中流之间的定量关系，可用水量平衡方程来描述。在给定时段 Δt 内，包气带的水量平衡方程为

$$\Delta W=I-E-R_{ss}-F_c \tag{8.2}$$

式中：ΔW 为时段内的水分增量，mm；I、E 分别为时段内的下渗水量及蒸发量，mm；R_{ss} 为壤中流，mm；F_c 为深层下渗量，mm。

包气带水量平衡示意见图 8.5。降雨期内，$\Delta W>0$，是水量增长期。在无雨期，$I=0$，则 $\Delta W=-E-R_{ss}-F_c$，即 $\Delta W<0$，是水分消耗期。当 $R_{ss}=0$ 及 $F_c=0$ 时，$\Delta W=-E$，即这时水分只消耗于蒸散发。包气带的水量平衡方程式也可分层来建立。如图 8.6 所示，如果将包气带划分成 A、B、C、D 四层，则各分层的水量平衡方程为

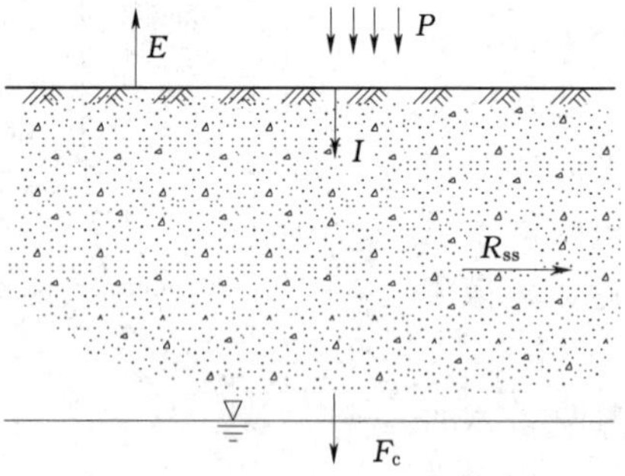

图 8.5 包气带水量平衡示意图

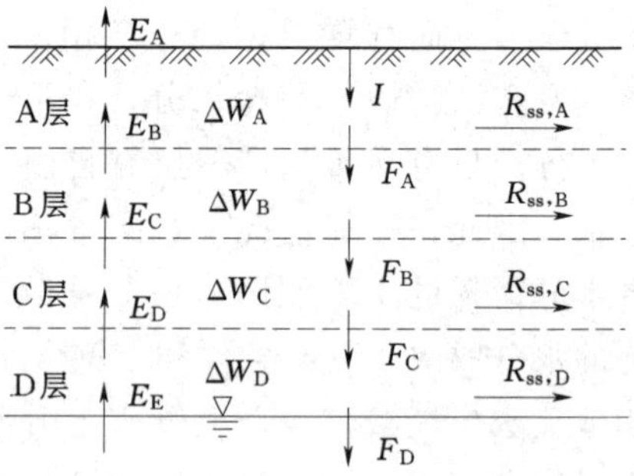

图 8.6 包气带分层水量平衡示意图

$$\Delta W_A=I-E_A-F_A-R_{ss,A}+E_B$$
$$\Delta W_B=F_A-E_B-F_B-R_{ss,B}+E_C$$
$$\Delta W_C=F_B-E_C-F_C-R_{ss,C}+E_D$$
$$\Delta W_D=F_C-E_D-F_D-R_{ss,D}+E_E$$

式（8.2）中的下渗量，可由包气带上界面以上的大气系统水量平衡方程求出

$$I=P-I_n-R_s-S_d \tag{8.3}$$

式中：P 为时段降雨量，mm；I_n 为时段植物截留量，mm；R_s 为地面径流量，mm；S_d 为时段填洼水量，mm。

当 I_n 及 S_d 可忽略不计时，则有

$$I=P-R_s \tag{8.4}$$

代入式（8.2），则有

$$\Delta W=P-R_s-E-R_{ss}-F_c \tag{8.5}$$

式（8.5）为大气-土壤系统的水量平衡方程式，它是表达产流量与各因素关系的基本方程。

8.1.5 包气带对降雨的再分配作用

资源 8.4

包气带对降雨的再分配作用是指包气带土壤的吸水、持水、输水等功能表现出的对降雨起调节和再分配作用，包括包气带上界面对降雨的第一次再分配和包气带土层对下渗水的第二次再分配。

1. 包气带上界面对降雨的第一次再分配

降雨后，表层土壤以其所具有的下渗能力 f_p 吸收渗入土壤中的部分或全部降雨，称为下渗水，超过下渗能力的降雨形成地面径流 R_s，这是包气带对降雨的第一次再分配。由此可见，包气带对降雨的第一次再分配发生在包气带上界面，可用式（8.6）表示：

$$P=I+R_s \tag{8.6}$$

在第一次再分配作用中，降雨量 P 被分为下渗水 I 和地面径流 R_s。当降雨量 P 一定时，决定下渗水 I 与地面径流 R_s 大小的关键因素是下渗能力 f_p。下渗能力 f_p 越大，下渗水 I 越大；反之，下渗水 I 越小。

2. 包气带土层对下渗水的第二次再分配

包气带对降雨的第二次再分配发生在包气带土层内，是包气带土层对下渗水的再分配，下渗水 I 的分配去向如下：

（1）如 $I \leqslant E$，下渗水全部消耗于蒸散发，流域蓄水量不变，即 $I=E$、$\Delta W=0$。

（2）如 $I>E$，下渗水除满足蒸散发消耗外，还有余水（$I-E$）。余水的分配有两种可能：

1）如果 $I-E>D$，则余水的分配为

$$I=E+(W_m-W_0)+R_{sub} \tag{8.7}$$

其中

$$D=W_m-W_0$$

式中：W_0 为降雨开始时刻流域蓄水量，mm；W_m 为流域蓄水容量，mm；R_{sub} 为包气带内重力水，mm；D 为包气带缺水量；其余符号意义同前。

式（8.7）表示下渗水的分配去向有 3 个，分别是蒸散发 E、补充包气带缺水量 D 和包气带内重力水 R_{sub}。重力水 R_{sub} 的进一步分配或去向，在产流机制一节阐述。

2）如果 $I-E \leqslant D$，则余水的分配为

$$I=E+(W_e-W_0) \tag{8.8}$$

式中：W_e 为降雨结束时刻流域蓄水量，mm；其余符号意义同前。

式（8.8）表示下渗水的分配去向有 2 个，分别是流域蒸散发 E 和补充包气带蓄水量（W_e-W_0）。

将包气带对降水的两次再分配作用合并，可表示为

$$I-E>D, P=R_s+E+(W_m-W_0)+R_{sub} \tag{8.9}$$

$$I-E \leqslant D, P=R_s+E+(W_e-W_0) \tag{8.10}$$

水文学上，将满足式（8.9）的降雨分配称为蓄满产流，满足式（8.10）的降雨分

配称为超渗产流。关于蓄满产流与超渗产流的概念与机理，将在产流模式一节阐述。

由上可知，以包气带为核心对降水的再分配，决定了径流的形成及不同径流成分的分配，包气带是径流的发生场和分配场，而包气带的各个界面又是不同径流成分的发生场和分配场。所以包气带的特征决定了流域的产流特征和产流过程。

8.2 产 流 机 制

所谓产流，是指流域中各种径流成分的生成过程，径流成分的数量为产流量。它实质上是水分在下垫面中沿垂向运行时，在各种因素综合作用下的发展过程，也是流域下垫面对降雨的再分配过程。不同的下垫面条件具有不同的产流机制，不同的产流机制又影响着整个产流过程的发展，呈现出不同的径流特征。为了便于认识流域产流机制，本节首先从微单元面积，即单点的产流机制入手，然后逐渐增大研究尺度，到讨论天然流域的产流机制。在讨论产流机制之前，有必要介绍传统的产流观念［霍顿（Horton）产流观念］及其与实际水文现象之间的矛盾。

资源 8.5

8.2.1 传统产流观念

1. 霍顿产流观念

1933 年霍顿用水流的下渗理论阐述了对产流的基本见解，指出当雨强 i 大于下渗能力 f_p 时，产生地面径流 R_s；当下渗水量 I 大于流域缺水量 D 时，产生地下径流 R_g，并给出了相应的产流条件，可概括为以下几点。

（1）将径流生成分为两类条件，四种情况：

当 $i>f_p$，$I-E>D$，则 $R_s>0$，$R_g>0$；流域出口断面出现明显不对称的流量过程。

当 $i>f_p$，$I-E\leqslant D$，则 $R_s>0$，$R_g=0$；流域出口断面出现尖瘦、近似对称的流量过程。

当 $i\leqslant f_p$，$I-E>D$，则 $R_s=0$，$R_g>0$；流域出口断面出现矮胖、对称程度较差的流量过程。

当 $i\leqslant f_p$，$I-E\leqslant D$，则 $R_s=0$，$R_g=0$；流域出口断面的流量过程仍处于退水状态。

（2）流域出口断面的流量过程由两种径流成分组成，分别是地面径流 R_s 和地下径流 R_g。地面径流 R_s 是决定一次洪水涨落的主要构成部分；地下径流 R_g 是维持长期枯季水量的主要来源。

（3）一旦降雨强度 i 超过下渗能力 f_p，则全流域产生地面径流。

霍顿产流观念的重要意义在于首次提出了产流的主导因素和概括了径流生成的基本条件，即超渗地面径流的形成机制。从某种意义上讲，给出了径流生成的最基本的规律。但在 20 世纪 60 年代以后，由于对径流形成的机制开展了广泛深入的研究，发现这种传统产流观念与实际水文现象之间存在矛盾，于是新的产流观念、产流理论和相应的计算方法开始出现并逐渐完善。但是霍顿产流观念无论过去还是现在都具有重要的理论意义。

资源 8.6

2. 霍顿产流观念与水文现象之间的矛盾

20 世纪 60 年代以后，通过对小流域，特别是植被良好的小流域的观测、实验，发现了实测流量过程与霍顿产流观念之间存在着不少矛盾，这种矛盾可以概括为以下几个方面。

(1) 对于下渗能力较大的流域，当降雨强度小于下渗能力时，有时有地面径流产生，并出现对应的洪水过程；有时却没有地面径流产生，但却在流域出口断面观测到与地面流量过程相似的洪水过程。

(2) 对应一次降雨，在流域出口断面的洪水过程中有时出现形状有别的前后两个洪峰，前一个峰形尖瘦，后一个峰形矮胖。

(3) 有的流域，在湿润季节，微小的降雨，即使降雨强度小于稳定下渗率，在流量过程线上都可产生敏感的反映，呈现对应的起伏变化。

(4) 全流域产流极为罕见，一般是在流域的局部面积上产流。

以上的这些矛盾都说明霍顿产流观念并不能全面反映流域产流规律，在产流条件、径流成分以及产流面积上都需要进行补充和完善，更重要的是需要进一步分析和阐述流域产流过程的物理机制。

8.2.2 单点产流机制

产流机制，是指水分在沿土层剖面的垂向运行中，某界面上在一定的供水与下渗条件下，某种径流成分的产生原理和过程。

单点产流机制，就是流域内某一个点（或界面）上的产流机制。这个点，可以是包气带上界面与下界面，也可以是包气带内某一深度处的界面。界面是指下渗能力发生突变的地方，界面以上透水性比界面以下的透水性好。界面上的供水，可以是降雨，也可以是在土壤中由上向下的下渗水。

1. 地面径流 R_s 的产流机制

地面径流的产流机制，指供水和下渗矛盾发生于地表（包气带上界面）的产流机制。自降雨开始至任一时刻的产流过程，可以用下述的水量平衡方程式来表达：

$$R_s(t)=\int_0^t i\,\mathrm{d}t-\int_0^t i_n\,\mathrm{d}t-\int_0^t e\,\mathrm{d}t-\int_0^t s_d\,\mathrm{d}t-\int_0^t f\,\mathrm{d}t \tag{8.11}$$

式中：$R_s(t)$ 为 t 时刻的地面径流量，即产流过程；i、i_n、e、s_d、f 分别为降雨强度、植物截留率、蒸散发率、填洼率、下渗率。

式 (8.11) 右侧第一项为收入项，其余各项是分配项，而等号左边的 $R_s(t)$ 就是所要研究的地面径流。式 (8.11) 表明，首先必须有输入项降雨才有可能产流，也就是降雨是产流的必要条件之一，但是能否产生地面径流，何时产流，产流量的发展变化及产流量的大小，都不是由降雨一个条件决定的；还取决于降雨与植物截留、填洼、雨期蒸散发及下渗的对比关系。所以降雨不是产流的唯一条件，只有满足了其他几个方面的需要，才具备产生地面径流的充分条件。

在这些因素中，植物截留量 I_n 与填洼量 S_d，对固定的流域，比较稳定；雨期蒸散发量 E 相对降雨量 P 而言，量较小。因而，这 3 项（I_n、S_d 与 E）对降雨产流不起支配作用，在分析产流机制时可忽略。

下渗量 I，则是另外一种情况。它是一个时变和多变的因素，下渗量 I 随降雨特性、流域干湿情况的不同而不同。实际资料表明，在一次降雨过程中，下渗量比植物截留量和填洼量大得多，可占一次降雨量的百分之几十甚至全部。所以下渗过程在地面径流产流过程中起着支配作用，具有决定性的意义。如式（8.11）中的雨期蒸散发量、截留量和填洼量忽略不计，可得到式（8.12）：

$$R_s(t)=\int_0^t i(t)\mathrm{d}t-\int_0^t f(t)\mathrm{d}t \tag{8.12}$$

对式（8.12）关于时间 t 求导得

$$\frac{\mathrm{d}R_s(t)}{\mathrm{d}t}=r_s(t)=i(t)-f(t) \tag{8.13}$$

式中：$r_s(t)$ 为地面径流率；其余符号意义同前。

由式（8.13）不难看出，地面径流是供水与下渗矛盾发展的产物。根据霍顿产流观念，此时的下渗率 f 应该是下渗能力 f_p，即只有当 $i>f_p$ 时才能产生地面径流。因此降雨强度大于下渗能力是产生超渗地面径流的充分条件。流域的地面径流产流过程就是降雨过程 $i(t)$ 与下渗过程 $f(t)$ 在时程上与空间上相互作用产生超渗雨的发展过程，它决定了地面径流的基本规律。

当 $i\leqslant f_p$ 时，则有 $f=i$，此时

$$\frac{\mathrm{d}R_s(t)}{\mathrm{d}t}=r_s(t)=0 \tag{8.14}$$

即不产生地面径流，降雨全部下渗。

在降雨过程中，降雨强度 i 是变化的、具有不确定性；土壤含水量不断增大，下渗能力 f_p 逐渐减小。因此，当土壤干燥时，下渗能力大，产生超渗雨所需要的降雨强度也大。当土壤湿润时，下渗能力小，产生超渗雨所需要的降雨强度就小。所以，同一降雨强度下，由于初始土壤含水量不同，所产生的超渗地面径流量是不同的。在同一下渗能力时，因降雨强度不同，所产生的地面径流量也是不同的。

综上所述，地面径流的产生条件可总结为：

（1）要有供水，即降雨强度 i；

（2）要有界面，即地表或包气带上界面；

（3）界面上满足降雨强度大于下渗能力：$i>f_p$。

2. 壤中流 R_{ss} 的产流机制

根据土壤是否均质，包气带可分为均质与非均质两类。非均质包气带又可根据土壤质地由上至下分布特点，分为层次包气带和渐变包气带。如图 8.6 所示，包气带土壤分为 4 层，各层内的土壤均一、但相邻层之间具有明显差异、上层土壤透水性明显好于下层土壤等，就是层次包气带；包气带内土壤由上至下由粗变细、不存在明显分界情况，则为渐变包气带。

壤中流的产流是指供水和下渗的矛盾发生在非均质包气带内某一界面上的产流机制。壤中流是土壤水分在这类土壤中运行时，供水与下渗矛盾在界面上发展的直接结果。壤中流在包气带土壤孔隙内流动，虽然比地面径流运动缓慢，但在数量上可能大

得多，特别是在中等强度暴雨时，壤中流的数量更为突出，在小洪水径流成分中占有重要的比例。

下面阐述层次包气带中壤中流的产流机制。设层次包气带由两种不同质地的土壤组成，上层为粗质地土壤，记为A层，下层为细质地土壤，记为B层，如图8.7所示。A层、B层土壤的稳定下渗率分别为 $f_{C,A}$、$f_{C,B}$，且有 $f_{C,A}>f_{C,B}$。A层的下界面，即为B层的上界面，记为AB界面。

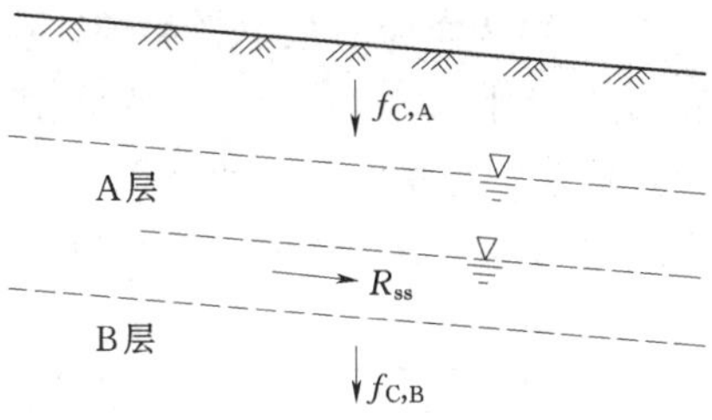

图8.7 壤中流产流原理示意图

如降雨强度为 i，随降雨过程进行，A层土壤含水量逐渐增大，当达到其田间持水量 $W_{m,A}$ 时，A层土壤蓄满；之后，下渗水渗透整个A层到达AB界面；在AB界面上，具有供水，供水强度就是A层上界面的下渗率 f_A。当 $i\geqslant f_{C,A}$ 时，供水强度 $f_A=f_{C,A}$；反之，则 $f_A=i$。A层的水量平衡方程式为

$$W(t)=W(0)+\int_0^t f_A\mathrm{d}t-\int_0^t f_B\mathrm{d}t-\int_0^t r_{ss}\mathrm{d}t \tag{8.15}$$

式中：$W(t)$、$W(0)$ 分别为A层在 t 时刻与初始时刻的土壤蓄水量，mm；r_{ss} 为壤中流率，mm/h；f_A、f_B 分别为A层上界面、AB界面的下渗率，mm/h。

A层土壤蓄水量 W 为分子水与毛管水之和，不包含重力水。当A层土壤水量蓄满之后，$W(t)$ 不随时间变化，有 $\mathrm{d}W(t)/\mathrm{d}t=0$。对式（8.15）两边关于时间 t 求导数可得

$$\frac{\mathrm{d}W(t)}{\mathrm{d}t}=f_A-f_B-r_{ss}=0 \tag{8.16}$$

$$r_{ss}=f_A-f_B \tag{8.17}$$

由式（8.17）可知，要产生壤中流，必然有 $f_A>f_B$，且此时AB界面的下渗率应该是下渗能力 $f_{p,B}$。当AB界面上供水与下渗满足 $f_A>f_{p,B}$，随下渗过程进行，在AB界面上的重力水不断增加，形成临时饱和带，在重力作用下沿AB界面流动，即为壤中流 R_{ss}。

综上所述，壤中流的产生条件为：

（1）包气带土壤非均质，存在上粗下细的产流界面；

（2）界面上满足供水强度大于下渗能力，产生积水，即形成临时饱和带；

（3）界面还需具备一定的坡度，提供归槽动力。

天然降雨条件下，壤中流的产生与降雨强度 i 没有直接关系，它只取决于上层的下渗率 f_A。以A层为研究对象，一次降雨过程对应的产流情况可能有下列3种：

1）当 $i<f_A$、$i<f_{p,B}$，则 $f_A=i<f_{p,B}$，$r_{ss}=0$、$r_s=0$，既无壤中流、也无地面径流产生；

2）当 $i<f_A$、$i>f_{p,B}$，则 $f_A=i>f_{p,B}$，$r_{ss}=i-f_{p,B}$、$r_s=0$，只有壤中流、没有地面径流产生；

3）当 $i>f_A>f_{p,B}$ 时，则 $f_A=f_{C,A}>f_{p,B}$，$r_{ss}=f_{C,A}-f_{p,B}$、$r_s=i-f_{C,A}$，既有地面径流、又有壤中流产生。

将 A 层替换为 B 层、C 层等，也可以进行上述的次降雨过程对应的产流成分分析。因此，对于层次包气带，次降雨过程对应的壤中流具有多个产流界面。界面深浅不同，坡度、土壤孔隙大小不同等，壤中流的流速不同，这就是在汇流计算时有快速与慢速壤中流之分的缘故，也可以解释新安江模型的四水源划分。

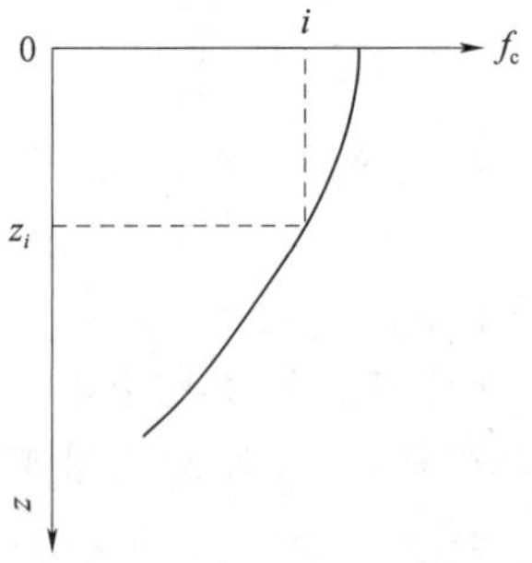

图 8.8　渐变包气带稳定下渗率沿深度分布示意图

对于渐变包气带中壤中流的产流机制，则更为复杂。为简化问题，假设降雨的开始时刻，包气带内各点土壤均已达到蓄满状态，即下渗能力等于稳定下渗率。稳定下渗率随深度 z 由上至下逐渐由大变小，记为 $f_{c,z}$，如图 8.8 所示。如降雨强度为 i，深度 z 处界面要产生壤中流的临界条件为：$f_{c,z}=i$，即在深度 z 处界面上，随降雨过程进行，重力水不断增加，形成临时饱和带。当雨强 i 增大，壤中流的产流界面随之上移；反之，则会下移。由此可知，在天然降雨过程中，降雨强度时大时小，渐变包气带内壤中流的产流界面就会时浅时深，情况较复杂。

国内外许多径流实验及小流域观测资料表明，壤中流相当广泛地存在着，特别是在植被覆盖比较大的山坡流域更为明显[4]。图 8.9 为伊犁河山坡径流场的实测资料，图中尖峰后部的径流是坡脚 1～2m 内溢出的壤中流，其特征是退水段平缓，这是由流速较小的壤中流成分所造成。图 8.10 为裴德河东发站 1970 年 6 月的一次流量过程线，降雨为单峰，而洪水却为双峰，这是由于流速不同的径流成分所造成，第一个峰为地面径流形成，第二个峰为壤中流形成。

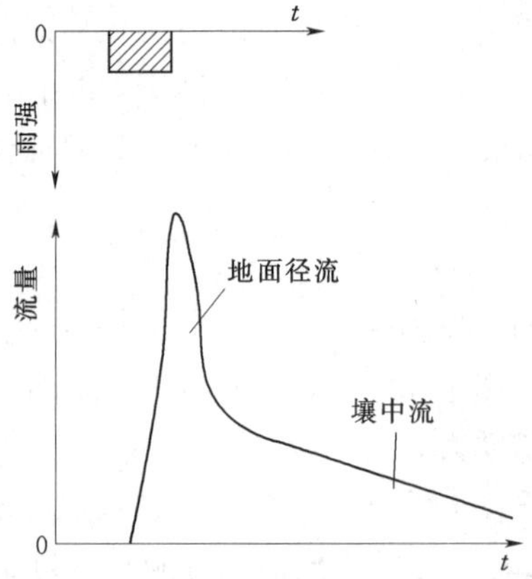

图 8.9　伊犁河山坡径流场流量过程线

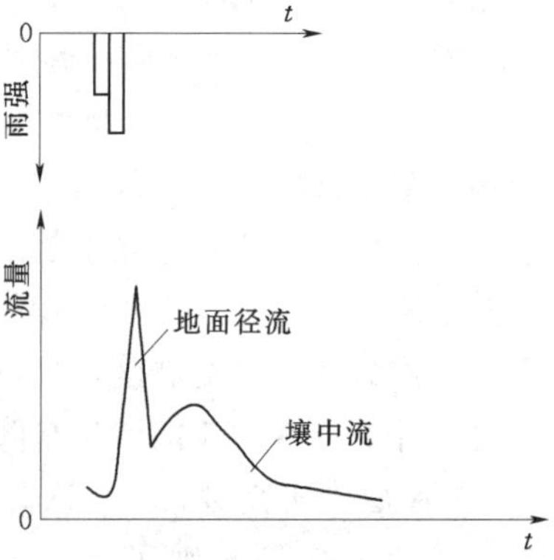

图 8.10　裴德河东发站流量过程线

3. 地下径流 R_g 的产流机制

当地下水位埋深较浅，包气带厚度不大，土壤透水性较强时，在连续降雨过程中，湿润锋达到毛管上升水带上缘，这时表层影响土层与地下水建立了水力联系，同时包气带含水量超过田间持水量或接近饱和，产生自由重力水而补给地下水，于是便产生地下径流。当取常年稳定的浅层地下水位为基准时，降雨过程中由上层下渗水量补给而使水位升高的蓄水部分就等于本次降雨的地下径流产流量。

对于均质包气带，水量平衡方程式为

$$W(t)=W(0)+\int_0^t f\mathrm{d}t-\int_0^t r_g\mathrm{d}t \tag{8.18}$$

对于非均质包气带，则有

$$W(t)=W(0)+\int_0^t f\mathrm{d}t-\int_0^t r_{ss}\mathrm{d}t-\int_0^t r_g\mathrm{d}t \tag{8.19}$$

当产生地下径流时，同样要形成临时饱和带，即当土壤含水量大于田间持水量时产生自由重力水，此时 $W(t)=$常数，$\mathrm{d}W(t)/\mathrm{d}t=0$ 则有

均质包气带为

$$\frac{\mathrm{d}W(t)}{\mathrm{d}t}=f-r_g=0 \tag{8.20}$$

非均质包气带为

$$\frac{\mathrm{d}W(t)}{\mathrm{d}t}=f-r_{ss}-r_g=0 \tag{8.21}$$

由此推出，均质包气带产生地下径流的条件为

$$r_g=f \tag{8.22}$$

非均质包气带产生地下径流的条件为

$$r_g=f-r_{ss} \tag{8.23}$$

式中：f 为包气带上界面的下渗率；r_g 为地下径流率。

可见地下径流的产流也同样服从于供水与下渗矛盾的产流规律。对于均质包气带，界面上的供水强度为包气带上界面的下渗率 f；对于非均质包气带，界面上的供水强度为包气带上界面下渗率 f 与壤中流率 r_{ss} 的差值。而地下径流的产流界面的下渗能力为零。

地下径流的产流条件基本与壤中流相同，只是此时的产流界面是包气带的下界面。综上所述，地下径流的产流条件有：①要有界面，即包气带的下界面、饱和带的上界面；②界面上要有供水；③界面以上土层不厚，界面上满足供水强度大于下渗能力；④界面具有归槽动力。

与壤中流的形成相似，当降雨强度小于上层土壤的下渗能力，甚至小于稳定下渗率时，只要在包气带的下缘形成临时饱和带，同样可以产生地下径流，这就是为什么当降雨强度小于流域的下渗能力时，没有地面径流，但却有洪水涨落过程的原因所在。

4. 饱和地面径流 R_{sat} 的产流机制

包气带土壤非均质，表层土壤的透水性极好；天然情况下，绝大多数的暴雨强度都不会超过表层土壤的下渗能力。这里着重分析包气带土壤分为 A、B 两层，且 A 层

8.3.1　单点产流模式

决定产流机制组合的根本因素是包气带土壤的质地与结构、地质条件、地下水位及植被状况等，至于当时的土壤水分状况和供水情况，则决定了不同时间不同产流模式之间的相互转换。

资源 8.8

1. 单点产流模式的分类

在天然条件下，可以概括地归纳为以下 9 种单点产流模式[2]。

(1) R_s 型。发生在包气带很厚，土壤均质、较干燥、透水性差、雨强相对不大的条件下；或包气带虽不厚，久旱之后遇到短历时、大强度的降雨条件下。总径流 R 的主要影响因素有降雨量 P、雨强 i、初始蓄水量 W_0、雨期蒸散发 E。

(2) R_s+R_{ss} 型。发生在包气带较厚，土壤非均质，上层很薄，下层很厚；上层透水性差，下层透水性更差；或久旱之后遇到雨强相对较大的降雨条件下。或土壤透水性中等，地面有孔隙、裂隙或其他易透水的通道；或者包气带厚度中等，下有基岩，降雨条件同上的条件下。总径流 R 的主要影响因素有降雨量 P、雨强 i、下层初始蓄水量 W_{0B}、雨期蒸散发 E。

(3) $R_{sat}+R_{ss}$ 型。多发生在包气带较厚，土壤非均质，上层很薄、下层很厚，上层透水性极好、下层透水性较差，雨强几乎难以超过地面下渗能力的久雨之后。总径流 R 的主要影响因素有降雨量 P、雨强 i、上层初始蓄水量 W_{0A}、下层初始蓄水量 W_{0B}、雨期蒸散发 E。

(4) R_s+R_g 型。发生在包气带厚度中等或较薄，下有地下水或饱和带，土壤均质、透水性一般，而降雨历时较长的条件下。总径流 R 的主要影响因素有降雨量 P、初始蓄水量 W_0、雨期蒸散发 E。

(5) R_g 型。发生在包气带不厚，有地下水，土壤均质、透水性较好，雨强相对不大，几乎不超过地面下渗能力的条件下。总径流 R 的主要影响因素有降雨量 P、初始蓄水量 W_0、雨期蒸散发 E。

(6) $R_{ss}+R_g$ 型。发生在包气带厚度中等，土壤非均质，上层较厚，上层透水性较好，下层透水性略差；雨强相对较大、几乎不会超过地面下渗能力的条件下。总径流 R 的主要影响因素有降雨量 P、初始蓄水量 W_0、雨期蒸散发 E。

(7) R_{ss} 型。发生在包气带厚度中等，土壤非均质，上层较薄，上层极易透水、下层透水性极差，雨强几乎不会超过地表下渗能力的条件下。总径流 R 的主要影响因素有降雨量 P、雨强 i、上层初始蓄水量 W_{0A}、下层初始蓄水量 W_{0B}、蒸散发 E。

(8) $R_s+R_{ss}+R_g$ 型。发生在包气带不厚，土壤非均质，透水性中等，上层透水性差、下层更差，雨强大、降雨历时长的条件下。总径流 R 的主要影响因素有降雨量 P、初始蓄水量 W_0、蒸散发量 E。

(9) $R_{sat}+R_{ss}+R_g$ 型。发生在包气带不厚，土壤非均质，上层透水性极好，下层透水性略差，雨强小、降雨历时长的条件下。总径流 R 的主要影响因素有降雨量 P、初始蓄水量 W_0、蒸散发 E。

资源 8.9

2. 单点产流模式的归纳

单点产流模式的归纳依据有两种：一是次降雨-径流关系，二是总径流 R 与雨强的关系。次降雨-径流关系是指，次降雨量 P 与相应总径流 R 及其影响因素（如雨强 i、初始蓄水量 W_0、蒸散发量 E 等）之间的关系。

根据降雨-径流关系，9 种单点产流模式可以分为 3 类。

第 1 类，总径流 R 中只有地面径流。单点产流模式的第（1）种属于此类，总径流 R 的主要影响因素有降雨量 P、雨强 i、初始蓄水量 W_0、蒸散发量 E。

第 2 类，总径流 R 中包含地下径流。单点产流模式的第（4）～（6）、（8）、（9）种属于此类，总径流 R 的主要影响因素有降雨量 P、初始蓄水量 W_0、蒸散发量 E。

第 3 类，总径流 R 中包含壤中流而不包含地下径流。单点产流模式的第（2）、（3）、（7）种属于此类，总径流 R 的主要影响因素有降雨量 P、雨强 i、A 层初始蓄水量 W_{0A}、B 层初始蓄水量 W_{0B}、蒸散发量 E。

根据总径流 R 与雨强的关系，9 种单点产流模式可以分为两类。

第 1 类，与雨强无关的蓄满产流模式。9 种产流模式中的第（4）～（6）、（8）、（9）种属于此类。

第 2 类，与雨强有关的超渗产流模式。9 种产流模式中的第（1）～（3）、（7）种属于此类。

这里的蓄满与超渗，仅是针对一次降雨形成的总径流深而言，离开这个前提，“蓄满”产流与“超渗”产流之分就没有任何意义了。应该指出，应用“蓄满”产流模式只能确定一次降雨的总径流深，而不能把其中包含的径流成分分割开来，也不能精确给出产流量的时程分配。

8.3.2 单元流域产流模式

一个大流域，按照自然分水线，可以划分成若干个不嵌套的子流域，每个子流域又可划分为更小的不嵌套小流域……直到不可再细分的部分，就是流域的基本单元，也就是单元流域。单元流域是组成流域的最小单元，犹如组成人体的细胞一样。因此，单元流域的概念为：按照地上分水线定义、不可再细化的最小集水单元，又称山坡流域。

资源 8.10

根据包气带厚度与土壤特性、地下水位、地形地貌、植被等情况，可将流域划分为若干个下垫面条件相对均匀的单元流域。归纳起来，单元流域的产流模式可以分为以下 4 类。

资源 8.11

1. 第Ⅰ类单元流域

包气带特点为：土壤覆盖浅薄，下面为岩石；植被茂密，表层土壤疏松，坡度较陡；产流类型为 $R_{sat}+R_{ss}+R_g$ 型和 $R_{sat}+R_{ss}$ 型。我国南方湿润地区和东北森林地区的单元流域，主要属于第Ⅰ类。

2. 第Ⅱ类单元流域

包气带特点为：厚度中等、土壤非均质，下有地下水位、植被良好；产流类型为 $R_s+R_{ss}+R_g$ 型。如包气带较薄，产流类型为 $R_{sat}+R_{ss}+R_g$ 型。我国年降雨量 400～800mm 之间的半湿润地区，分布在秦岭—淮河以南的长江中下游地区、云南、贵州、四川和广西大部分地区，这一类单元流域分布较多。

3. 第Ⅲ类单元流域

包气带特点为：很厚，土壤均质，地下水埋深在数十米以上，植被很差；产流类型为 R_s 型。我国黄土高原地区的单元流域多属于此类产流模式。

4. 第Ⅳ类单元流域

包气带特点为：很薄，地势平坦，地下水位高，土壤透水性较好；产流类型为 $R_{sat}+R_{ss}+R_g$ 型。这类单元流域主要位于冲积平原地区。

按照次降雨径流关系，4 类单元流域产流模式可以分为超渗产流模式和蓄满产流模式。其中第Ⅲ类，属于与雨强有关的次降雨径流关系，也属于超渗产流模式；其余三类属于蓄满产流模式。

8.3.3 流域产流模式

8.3.3.1 流域基本产流模式

资源 8.12

流域由 4 类单元流域组成，流域产流模式由 4 类单元流域产流模式组成。4 类单元流域产流模式又可分为超渗产流模式和蓄满产流模式两大类。因而，任意一个流域的产流模式可概化为两大类基本产流模式，另外，还存在一种二者之间的转换型产流模式。

1. 超渗产流模式

第Ⅲ类单元流域的面积在流域内占主导地位，产流类型为 R_s 型。超渗产流模式主要发生于地下水埋藏深，包气带厚度大，且土壤均质、透水性差，植被稀少及其他地区的非森林地带。我国西北的黄土高原地区多属于此种产流类型。总径流量的主要影响因素是降雨量 P、雨强 i、降雨历时 T 和初始蓄水量 W_0，即 $R_s=f(P,i,T,W_0)$。

2. 蓄满产流模式

域内占主导地位单元流域以第Ⅰ、第Ⅱ、第Ⅳ类的单一或组合为主，产流类型主要有 $R_{sat}+R_{ss}+R_g$ 型和 $R_{sat}+R_{ss}$ 型。蓄满产流模式主要发生于包气带较薄、植被良好、土壤透水性强的地区。这些地区的特点是土壤经常比较湿润，地下水埋藏较浅，毛管上升水带接近地表，土壤缺水量小，一次降雨的下渗锋面极易与毛管上升水带建立水力联系，包气带缺水量极易得到满足。这类流域产流模式主要出现在我国南方湿润区、东北森林区。总径流量 R 的主要影响因素为降雨量 P 和始蓄水量 W_0，即 $R=f(P, W_0)$。

3. 蓄满产流与超渗产流转换型

蓄满产流与超渗产流转换型多发生在半湿润地区，如淮北、山东、河南等地。这类地区的特点是：包气带厚度中等，为 2～4m，土壤透水性中等，年内降雨主要集中在夏秋汛期，地下水位在汛期与枯水期变幅较大。

在枯水期，地下水位较低，存在中间包气带；汛初，如发生高强度的暴雨，则以超渗产流模式为主；汛期直到汛末，由于连续降雨，地下水位逐渐抬高，中间包气带消失，有时地下水位也可上升到地表，在这期间的降雨产流则以蓄满产流模式为主。

这种产流类型的转换规律是：在年内，汛前、汛初以超渗产流模式为主，汛期及汛后以蓄满产流模式为主；在年际变化上，干旱年多以超渗产流模式为主，丰水年多以蓄满产流模式为主。

转换型的产流量计算，可针对不同模式采用相应的计算方法。因而，一般情况下，常常提及的流域基本产流模式为两种，分别为蓄满产流模式和超渗产流模式。

值得注意的是，前述讨论的单点产流机制、单点产流模式、单元流域产流模式以及流域产流模式，是从包气带特性角度出发、代表产流特征的共性。产流特征的个性，在特殊条件下会表现出来，如以蓄满产流模式为主的流域，久旱之后遇短历时、高强度暴雨，可能以超渗产流模式为主；以超渗产流模式为主的流域，遇长历时、较大雨强的降雨，可能以蓄满产流模式为主。特殊条件主要是流域的水分状况，包括流域的干湿状态和降雨时空特点。

8.3.3.2 流域基本产流模式论证

某一个研究流域，很难通过确定主导型单元流域来判定流域基本产流模式，而是需要通过分析实测的雨洪资料，了解流域的雨洪特征，结合流域的气候特点、下垫面条件，开展流域的产流特征分析，来确定流域的基本产流模式。

决定一个流域基本产流特征的因素主要有流域下垫面条件和流域水分状况。一方面，流域下垫面条件非常复杂，表现为流域内各点的土壤、植被、岩石、地形、地貌等不同，因而各点的产流条件不同，导致径流成分在垂线、单元流域上的组合不同；另一方面，流域下垫面条件具有稳定性、缓变性特点，对特定流域而言，产流基本特征相对稳定。

流域的水分状况，即流域的蓄水量随时间、空间变化较大。当流域较湿润，以形成饱和地面径流为主，而流域非常干旱，在短历时、高强度大暴雨时，又极易形成超渗地面径流。在前面，分析次降雨径流关系的影响因素时，流域初始蓄水量 W_0 是一个主要变量，可见其重要性。

对一个特定流域，常通过表 8.1 中的 9 个方面分析流域的产流特征，以确定流域的产流模式。如某一个流域，包气带表层的土壤结构疏松，地下水位较高；多年平均降水量在 1000mm 以上，常发生历时长、强度较小的降雨；包气带土壤湿润，缺水量小；次洪过程线的不对称程度大，地下径流在径流总量中比例较大；次降雨径流关系的主要影响因素是降雨量和初始蓄水量，多年平均径流系数大于 0.4，则以蓄满产流模式为主。

表 8.1　　论证流域产流特征的分析要素

序号	分析要素	蓄满产流模式	超渗产流模式	归类
1	表层土壤结构	疏松、难超渗	密实、易超渗	包气带特征
2	地下水位	高	低	
3	多年平均降水量	$>$1000mm	$<$400mm	降雨特征
4	雨强、历时	小、长	大、短	
5	包气带水分 W_0	湿润、易蓄满	干燥、难蓄满	水分状况

续表

序号	分析要素	蓄满产流模式	超渗产流模式	归类
6	次洪过程不对称程度	大（正偏）	小（近似对称）	径流特征
7	地下径流比例 R_g/R	大	小	
8	影响产流量 R 的主因	W_0、P、E	W_0、i、E	综合
9	多年平均径流系数	>0.4	<0.2	

资源 8.13

8.3.4　流域产流面积变化

在降雨过程中，流域上产生径流的区域称为产流区，笼罩的面积称为产流面积。流域内各处包气带特性、土壤干湿状态、降雨时空分布等不同，产流起止时刻不同。有的地方先满足产流条件而先产流，有的地方后产流，另外一些地方甚至不会产流。在一次降雨过程中，产流面积随着各方面条件的变化不断地发展和变化着，直接影响流域产流过程的发展和产流量，对分析计算产流过程十分重要。描述流域产流面积变化的两条统计特性曲线分别为蓄水容量面积分布曲线和下渗能力面积分布曲线。

1. 蓄水容量面积分布曲线

当流域主导产流模式是以蓄满产流为主时，流域产流面积的空间分布用蓄水容量面积分布曲线描述。

资源 8.14

流域各处包气带特性不同，吸收、保持分子水、毛管水的能力不同，即各处蓄水容量不同。蓄水容量面积分布曲线的绘制流程为：将流域等分为 n 个网格，每个网格的点蓄水容量记为 W'_m；将 n 个点蓄水容量 W'_m 从小到大排列；排在第 i 位的 $W'_{m,i}$ 的累积面积（小于等于 $W'_{m,i}$ 的面积之和）相对于流域面积的比值 $\alpha_i = i/n$。以点蓄水容量 W'_m 为纵坐标，面积比 α 为横坐标，点绘 n 个点（α_i，$W'_{m,i}$），穿过点群中心的光滑曲线就是流域蓄水容量面积分布曲线，记为 $\alpha = f(W'_m)$，如图 8.12 所示。

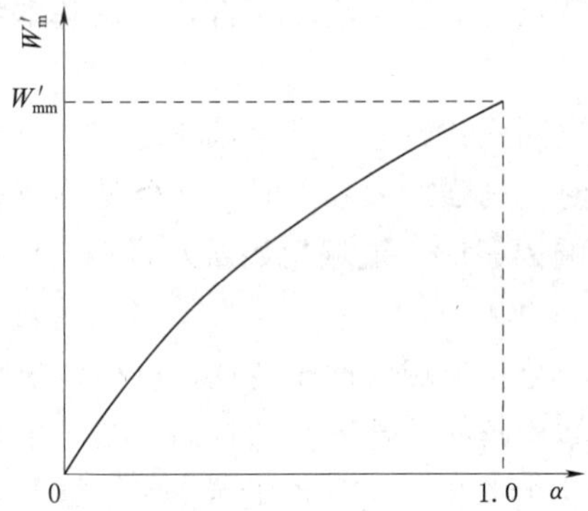

图 8.12　流域蓄水容量面积分布曲线

流域蓄水容量面积分布曲线可以分别用抛物线型和指数型方程表示

$$\alpha = 1 - \left(1 - \frac{W'_m}{W'_{mm}}\right)^B \tag{8.27}$$

$$\alpha = 1 - e^{kW'_m} \tag{8.28}$$

式中：W'_m 为点蓄水容量，mm；α 为面积比；W'_{mm} 为点蓄水容量的最大值，mm；k、B 为反映流域点蓄水容量空间分布不均匀的参数。

资源 8.15

抛物线型函数一般适用于南方湿润地区，指数型适用于东北森林地区。由蓄水容量面积分布曲线可知，面积比的取值范围为 0 到 1，点蓄水容量的取值范围为 0 到点蓄水容量的最大值。蓄水容量面积分布曲线的特点如下。

特点 1：它是一条单调、递增曲线。

特点2：曲线与横坐标轴包围的面积等于流域蓄水容量 W_m。假如流域蓄水容量面积分布曲线为抛物线型，流域蓄水容量为

$$W_m=\int_0^{W'_{mm}}(1-\alpha)\mathrm{d}W'_m=\int_0^{W'_{mm}}\left(1-\frac{W'_m}{W'_{mm}}\right)\mathrm{d}W'_m=\frac{W'_{mm}}{1+B} \tag{8.29}$$

特点3：对特定的流域，只有唯一的一条流域蓄水容量面积分布曲线。

特点4：它是一条统计曲线，不能表示流域上具体某点蓄水容量 W'_m 的大小，只表示点蓄水容量 W'_m 在空间上的统计分布规律。

2. 下渗能力面积分布曲线

当流域主导产流机制是以超渗地面径流为主时，其产流过程的发展受控于下渗规律，用下渗能力面积分布曲线描述产流面积的空间分布。

资源8.16

流域各处包气带特性不同，表现在当流域蓄水量为 W_0 时，流域各处的下渗能力不同，将流域等分为 n 个网格，每个网格的下渗能力记为 f_p；将 n 个点下渗能力 f_p 从小到大排列；排在第 i 位的 $f_{p,i}$ 的累积面积（小于等于 $f_{p,i}$ 的面积之和）相对于流域面积的比值 $\alpha_i=i/n$。以下渗能力 f_p 为纵坐标，面积比 α 为横坐标，点绘 n 个点（α_i，$f_{p,i}$），穿过点群中心的光滑曲线就是流域蓄水量为 W_0 的下渗能力面积分布曲线。将流域蓄水量变为 W_1、W_2…重复上述过程，可得到 W_1、W_2…对应的下渗能力面积分布曲线记为 $\alpha=f(f_p, W_0)$，如图8.13所示。

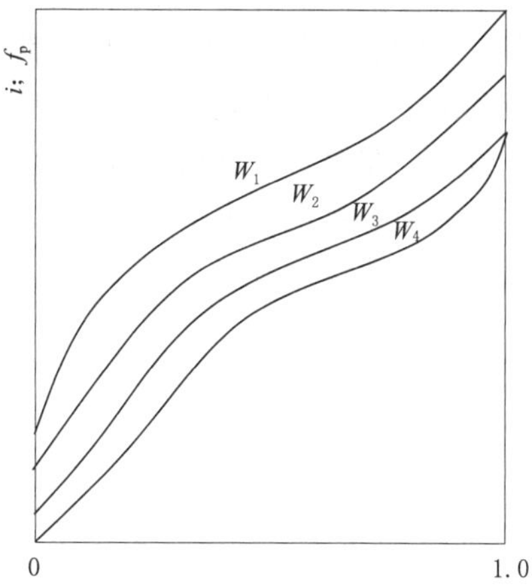

图8.13 下渗能力面积分布曲线

同理，可总结出流域下渗能力面积分布曲线的特点如下。

特点1：流域下渗能力面积分布曲线不是唯一的，是以流域蓄水量为参数的一组曲线；

特点2：流域下渗能力面积分布曲线的上包线的流域蓄水量 $W_0=0$；

特点3：流域下渗能力面积分布曲线的下包线的流域蓄水量 $W_0=W_m$；

特点4：流域下渗能力面积分布曲线是一条统计特性曲线，不能表示流域具体地点的下渗能力。

3. 流域产流面积的变化特点

在一次降雨过程中，流域产流模式不同，产流面积的变化特点不同。

蓄满产流模式的产流面积变化特点为：随降雨过程进行，累积降雨量不断增大，蓄满的网格数量越多，产流的面积越大；产流面积的大小与雨强没有直接关系，取决于降雨量的大小。

超渗产流模式的产流面积变化特点为：随降雨过程进行，雨强越大，产流面积越大，反之，产流面积越小，即产流面积随雨强变化而变化；产流面积的大小与雨强和初始蓄水量有关。

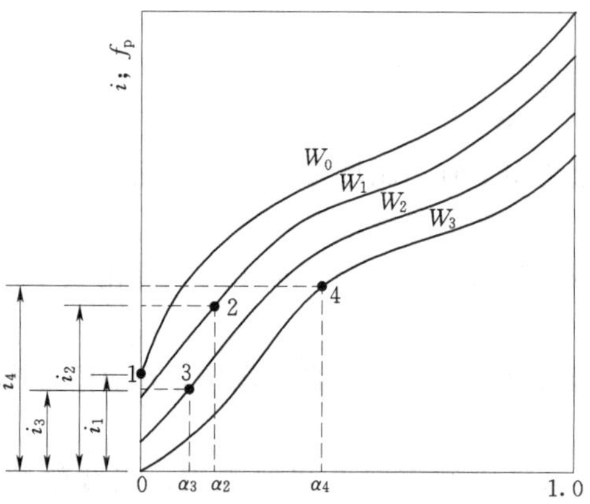

图 8.15　多时段降雨超渗产流过程示意图

第 2 时段，雨强为 i_2，如图 8.15 所示，与 W_1 曲线的交点 2，对应的产流面积比为 α_2，即部分面积产流。流域蓄水变化量 ΔW_2 等于该曲线右下方的面积，产流量等于该曲线左上方面积。

以此类推，可分析出第 3 时段、第 4 时段，直至整个降雨过程的产流过程。

从上述分析可知，将降雨过程与下渗能力面积分布曲线相联系，可清晰表达流域产流面积比、流域蓄水量与产流量随降雨过程的变化。可以总结出超渗产流模式的基本特征：①当降雨强度大于下渗能力时，要产生地面径流；②产流量与降雨强度及下渗能力有关；③流域产流面积并不是随降雨过程单纯增加，而是有增有减，跟雨强与下渗能力的对比关系有关。

8.4.2　流域前期影响雨量

流域次降雨径流关系中，决定次降雨产流量大小的因素中有一个关键参数，即流域初始蓄水量 W_0。要计算流域的产流过程，需要先确定降雨开始时刻的流域初始蓄水量 W_0。

1. 前期影响雨量概念

用来衡量流域干湿程度的指标，水文学上除流域蓄水量外，还有前期影响雨量，记为 P_a，单位 mm。同一时刻，同一流域的蓄水量与前期影响雨量相等。在估算流域内某次降雨开始时刻的干湿程度时，常用前期影响雨量概念。

前期影响雨量的估算公式如下：

$$P_{a,t+1}=K_t(P_{a,t}+P_t)\leqslant W_m \tag{8.33}$$

式中：$P_{a,t}$、$P_{a,t+1}$ 为第 t、$t+1$ 天的前期影响雨量，mm；K_t 为第 t 天的折减系数或消退系数；P_t 为第 t 天的降雨量，mm；W_m 为流域蓄水容量，mm。

式（8.33）中，降雨量 P_t 为实测，其余参数 W_m、K_t 以及初始时日的 $P_{a,0}$，需要利用实测雨洪资料确定，方可计算前期影响雨量。

2. 初始前期影响雨量

天然条件下，流域有极端干旱和极端湿润两种可能。可以选取久旱无雨之后、流域极端干旱作为初始前期影响雨量，取 $P_{a,0}=0$。也可以选取全流域产流的大暴雨之后、流域极端湿润作为初始前期影响雨量，取 $P_{a,0}=W_m$。

3. 流域蓄水容量

流域蓄水容量是指在一次降雨过程中，流域包气带土壤各点均达到田间持水量时的流域蓄水量，常用实测的雨洪资料分析确定。

选取久旱之后、全流域产流的一次大暴雨及其对应的洪水过程，利用水量平衡原理计算。

$$W_m - W_0 = P - R - E \tag{8.34}$$

式中：P 为次降雨量，为实测；W_0 为次降雨的流域初始蓄水量，久旱无雨之后，W_0 近似为 0；R 为次降雨总径流深，由实测的流量过程经径流分割计算而得；E 为雨期蒸散发，大暴雨期间可忽略。

流域蓄水容量反映流域持水能力。我国大部分流域的经验表明，流域蓄水容量一般为 80～120mm，广东为 95～100mm，福建为 100～130mm，陕西为 55～100mm。流域的蓄水量一般在 0～W_m 之间变化。

上述方法分析而得的流域蓄水容量，随雨洪场次不同而不同，常作为参数，经优化率定推求。

4. 折减系数

折减系数是反映流域蓄水量衰减快慢的指标。假定流域蒸散发量近似为土壤蒸发的第二个阶段，即有

$$\frac{E_t}{E_{m,t}} = \frac{W_t}{W_m} \tag{8.35}$$

再假定第 t 天不下雨，则 $P_t=0$，根据水量平衡原理，结合式（8.33），推出第 t 天的流域蒸散发量为

$$E_t = P_{a,t} - P_{a,t+1} = P_{a,t}(1-K_t) \tag{8.36}$$

式（8.35）与式（8.36）中第 t 天的蒸散发量相等，$P_{a,t}=W_t$，可推出折减系数的计算公式为

$$K_t = 1 - \frac{E_{m,t}}{W_m} \tag{8.37}$$

式中：$E_{m,t}$ 为第 t 天的流域蒸散发能力，mm。

【例 8.1】 某流域的蓄水容量为 100mm，根据表 8.2 中的降雨量、蒸散发能力数据计算 6 月 28 日—7 月 4 日的前期影响雨量 P_a。

表 8.2　　某流域前期影响雨量 P_a 计算

月	日	降雨量 P/mm	蒸散发能力 E_m/mm	折减系数 K_t	前期影响雨量 P_a/mm
6	25	60.3	0.2	0.998	
6	26	78.8	0.1	0.999	
6	27	14.7	2.1	0.979	
6	28		5.6	0.944	100
6	29	58.0	5.7	0.943	94.4
6	30		5.8	0.942	100
6	31		5.6	0.944	94.4
7	1		5.5	0.945	89.2
7	2	20.2	4.2	0.958	100.0
7	3	21.9	3.6	0.964	100.0
7	4	2.2	6.8	0.932	94.4

解：（1）计算折减系数。由式（8.37）计算逐日折减系数，结果见表 8.2 中第 5 列。

（2）确定初始前期影响雨量。6 月 25—27 日连续 3d 降雨量之和为 153.8mm，远大于流域蓄水容量 100mm，表明到 6 月 27 日结束时刻、28 日开始时刻流域已蓄满，即 6 月 28 日为初始前期影响雨量 $P_{a,6.28}=100\text{mm}$。

（3）计算 6 月 29 日的前期影响雨量：

$$P_{a,6.29}=K_{6.28}(P_{a,6.28}+P_{6.28})=0.944\times(100+0)=94.4(\text{mm})<W_m。$$

（4）计算 6 月 30 日前期影响雨量：

$P_{a,6.30}=K_{6.29}(P_{a,6.29}+P_{6.29})=0.943\times(94.4+58.0)=131.0(\text{mm})>W_m$，取上限值，即 $P_{a,6.30}=W_m=100\text{mm}$。

（5）重复以上过程，计算其余各日的前期影响雨量，结果见表 8.2。

8.4.3　蓄满产流模式的流域产流过程计算

在分析流域蓄满产流模式的产流过程基础上，利用蓄水容量面积分布曲线计算流域的产流过程，称为蓄满产流模型法[1]。

1. 时段产流量计算

利用流域的蓄水容量面积分布曲线 $\alpha=f(W'_m)$ 计算产流量，为简化计算，假定曲线为抛物线型，即数学方程为式（8.27）。

资源 8.20

已知时段初流域蓄水量为 W_0，降雨量为 P_1，流域蒸发量为 E_1，如果 $P_1-E_1>0$，则 $R_1>0$。根据水量平衡方程，产流量 $R_1=P_1-E_1-\Delta W_1$。因此关键在于计算流域蓄水变化量 ΔW_1。

利用 W_0，根据式（8.31）计算 A_1，再根据 $A_1+P_1-E_1$ 与 W'_{mm} 的大小关系选定计算流域蓄水变化量的公式：如 $A_1+P_1-E_1\geqslant W'_{mm}$，$\Delta W_1=W_m-W_0$。反之，则采用式（8.32）计算 ΔW_1。

2. 流域产流过程计算

流域次降雨有多个时段降雨量，按照图 8.16 的计算流程，逐时段计算产流量，可得到流域的产流过程。

资源 8.21

【例 8.2】 某流域的面积 $F=594\text{km}^2$。流域蓄水容量面积分布曲线为抛物线，参数 $W_m=80\text{mm}$，$B=0.3$。1984 年 9 月 1—20 日流域日雨量和日蒸散发能力见表 8.3。流域蒸散发按二层模式计算，上层蓄水容量 $W_{um}=20\text{mm}$，下层蓄水容量 $W_{lm}=60\text{mm}$。已知 9 月 1 日流域蓄水量 $W_0=37.0\text{mm}$，其中上层蓄水量 $W_{u0}=7.0\text{mm}$，下层蓄水量 $W_{l0}=30.0\text{mm}$。要求：计算逐日的蒸散发量、流域蓄水量和产流量。

表 8.3　　某流域 9 月 1—20 日的逐日降雨量 P、蒸散发能力 E_m

日期	1	2	3	4	5	6	7	8	9	10
P/mm	0	0	0	0	0	0.7	0.9	0	0.1	1.6
E_m/mm	4.2	4.0	4.2	3.8	2.2	2.5	2.4	3.4	3.7	2.2
日期	11	12	13	14	15	16	17	18	19	20
P/mm	4.5	0	35.7	3.9	0	13.6	24.3	5.9	26.9	4.6
E_m/mm	1.7	2.2	3.6	0.8	2.4	1.2	0.8	0.8	0	0.9

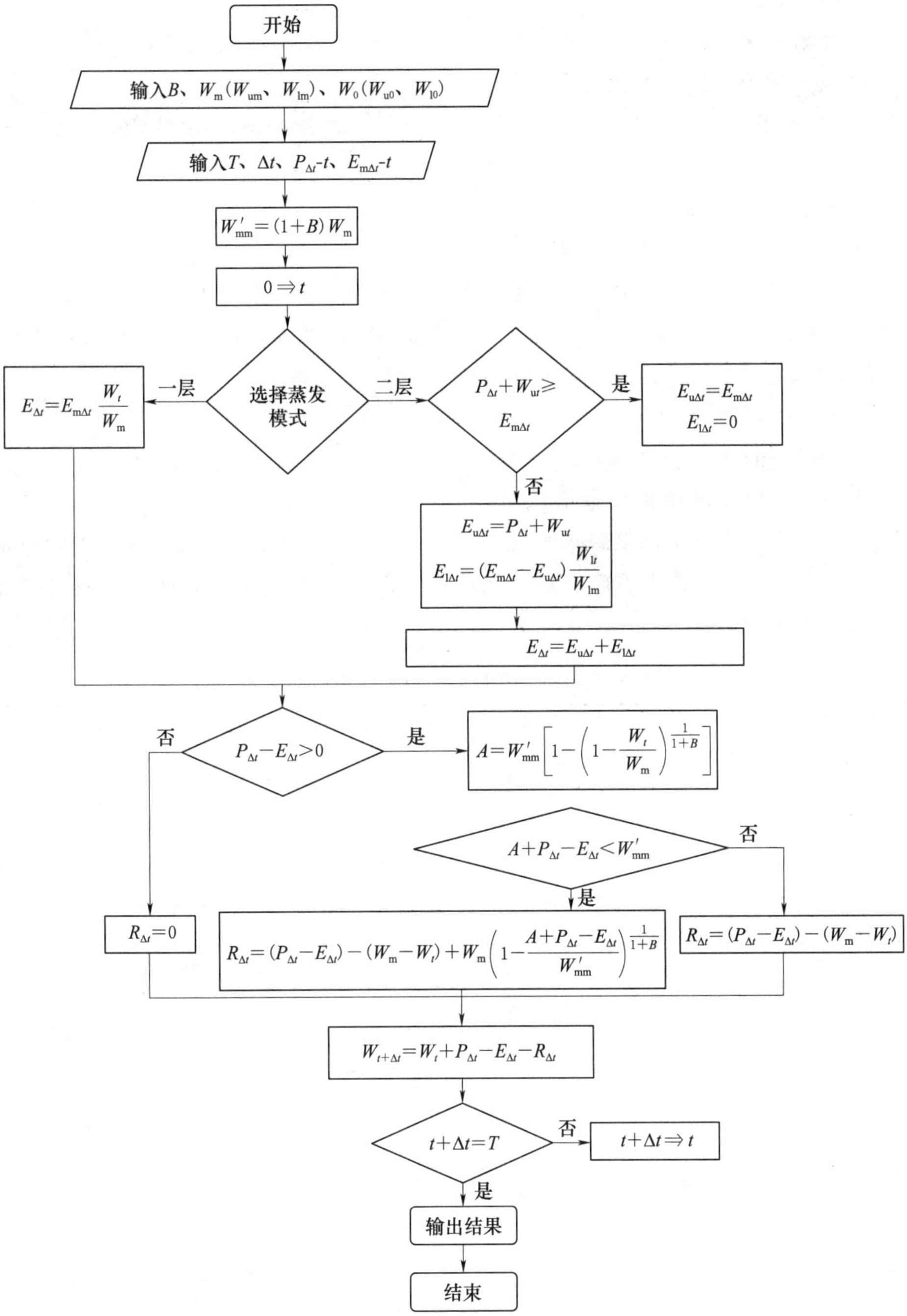

图 8.16　蓄满产流模型法的流域产流过程计算示意图

解：（1）第 1 时段 9 月 1 日。

首先计算第 1 时段蒸散发量 E_1。

$P_1+W_{u0}=0+7.0=7.0(\text{mm})>E_{m1}=4.2\text{mm}$，$E_{u1}=E_{m1}=4.2\text{mm}$，$E_{l1}=0$，$E_1=E_{u1}+E_{l1}=4.2\text{mm}$。

计算第1时段产流量 R_1。

先判断第1时段是否产流：$P_1-E_1=-4.2\text{mm}<0$，不产流，即 $R_1=0$。

计算第1时段末流域蓄水量 W_1。

$W_1=W_0+P_1-E_1-R_1=37.0+0-4.2-0=32.8(\text{mm})$，其中 $W_{u1}=W_{u0}+P_1-E_1-R_1=2.8\text{mm}$，$W_{l1}=30.0\text{mm}$。

（2）第2时段9月2日。

首先计算第2时段蒸散发量 E_2。

$P_2+W_{u1}=0+2.8=2.8(\text{mm})>E_{m2}=4.0\text{mm}$，$E_{u1}=P_2+W_{u1}=2.8\text{mm}$，

$E_{l1}=(E_{m2}-E_{u1})\times W_{l1}/W_{lm}=(4.0-2.8)\times 30.0/60.0=0.6(\text{mm})$，$E_2=E_{u2}+E_{l2}=2.8+0.6=3.4(\text{mm})$。

计算第2时段产流量 R_2。

先判断第2时段是否产流：$P_2-E_2=-3.4\text{mm}<0$，不产流，即 $R_2=0$。

计算第2时段末流域蓄水量 W_2。

$W_2=W_1+P_2-E_2-R_2=32.8+0-3.4-0=29.4(\text{mm})$。其中 $W_{u2}=0$，$W_{l2}=29.4\text{mm}$。

（3）9月3—10日属于不产流量情况，重复以上计算过程，可计算出逐日产流过程，结果见表8.4。

表8.4　　　　某流域9月1—10日的逐日产流量计算结果

日期	P /mm	E_m /mm	E_u /mm	E_l /mm	E /mm	R /mm	W /mm	W_u /mm	W_l /mm	A /mm
1	0	4.2	4.2	0	4.2	0	32.8	2.8	30.0	
2	0	4.0	2.8	0.6	3.4	0	29.4	0	29.4	
3	0	4.2	0	2.06	2.06	0	27.34	0	27.34	
4	0	3.8	0	1.73	1.73	0	25.61	0	25.61	
5	0	2.2	0	0.94	0.94	0	24.67	0	24.67	
6	0.7	2.5	0.7	0.74	1.44	0	23.93	0	23.93	
7	0.9	2.4	0.9	0.6	1.5	0	23.33	0	23.33	
8	0	3.4	0	1.32	1.32	0	22.01	0	22.01	
9	0.1	3.7	0.1	1.32	1.42	0	20.69	0	20.69	
10	1.6	2.2	1.6	0.21	1.81	0	20.48	0	20.48	

（4）第11时段9月11日。

首先计算第11时段蒸散发量 E_{11}：

$P_{11}+W_{u10}=0+4.5=4.5(\text{mm})>E_{m11}=1.7\text{mm}$，$E_{u11}=1.7\text{mm}$，$E_{l11}=0$，$E_2=1.7\text{mm}$。

计算第11时段产流量 R_{11}：

先判断第11时段是否产流：$P_{11}-E_{11}=4.5-1.7=2.8(\text{mm})>0$，要产流，即 $R_{11}>0$。

由 $W_{10}=20.48\text{mm}$，利用式（8.31）计算：

$$W'_{mm}=(1+B)W_m=(1+0.3)\times 80.0=104.0(\text{mm})$$

$$A_{11}=W'_{mm}\left[1-\left(1-\frac{W_0}{W_m}\right)^{\frac{1}{1+B}}\right]=104.0\times[1-(1-20.48/104.0)^{(1/1.3)}]=21.16(\text{mm})$$

因 $A_{11}+P_{11}-E_{11}=21.16+4.5-1.7=23.96\text{mm}<W'_{mm}=104.0\text{mm}$，属于部分面积产流，用式（8.32）计算流域蓄水变化量 ΔW_{11}。

$$\Delta W_{11}=(W_m-W_0)-W_m\left(1-\frac{A_{11}+P_{11}-E_{11}}{W'_{mm}}\right)^{1+B}$$

$$=(80.0-20.48)-80.0\times(1-23.96/104.0)^{(1/1.3)}=2.6(\text{mm})$$

$$R_{11}=P_{11}-E_{11}-\Delta W_{11}=4.5-1.7-2.6=0.2(\text{mm})$$

计算第 11 时段末流域蓄水量 W_{11}。

$$W_{11}=W_{10}+P_{11}-E_{11}-R_{11}=W_{10}+\Delta W_{11}=20.48+2.6=23.08(\text{mm})$$

其中 $W_{u11}=2.6\text{mm}$，$W_{l11}=20.48\text{mm}$。

（5）重复以上过程，计算 9 月 12—20 日的逐日产流量，结果列入表 8.5。

表 8.5　　某流域 9 月 11—20 日的逐日产流量计算结果

日期	P /mm	E_m /mm	E_u /mm	E_l /mm	E /mm	R /mm	W /mm	W_u /mm	W_l /mm	A /mm
11	4.5	1.7	1.7	0	1.7	0.2	23.08	2.6	20.48	21.16
12	0	2.2	2.2	0	2.2	0	20.88	0.4	20.48	—
13	35.7	3.6	3.6	0	3.6	4.11	48.87	20.0	28.87	21.59
14	3.9	0.8	0.8	0	0.8	0.62	51.35	20.0	31.35	53.58
15	0	2.4	2.4	0	2.4	0	48.95	17.6	31.35	—
16	13.6	1.2	1.2	0	1.2	2.86	58.49	20.0	38.49	53.78
17	24.3	0.8	0.8	0	0.8	8.06	73.93	20.0	53.93	66.12
18	5.9	0.8	0.8	0	0.8	2.44	76.59	20.0	56.59	89.67
19	26.9	0	0	0	0	23.39	80.00	20.0	60.00	94.82
20	4.6	0.9	0.9	0	0.9	3.70	80.00	20.0	60.00	104.00

3. 地面、地下径流过程划分

在坡面汇流过程中，地面径流与地下径流的汇流特点存在显著差异，需要用不同汇流计算方法计算流域出口断面的次降雨径流过程，因而需要将蓄满产流模型法计算得到的产流过程划分为地面、地下径流过程。

资源 8.22

根据蓄满产流概念，在蓄满面积 FR 上，只要满足降雨量大于蒸散发量，就会产流，即 $R_{FR}=P-E$。在未蓄满面积 $F-FR$ 上，不产流，即 $R_{F-FR}=0$。利用面积加权概念，可推出流域产流量 R：

$$R=\frac{FR}{F}R_{FR}+\frac{F-FR}{F}R_{F-FR}=\frac{FR}{F}(P-E) \tag{8.38}$$

因此，可推出流域产流面积比为

$$\frac{FR}{F}=\frac{R}{P-E} \tag{8.39}$$

对某一个时段，在蓄满的面积 FR 上，降雨量扣除蒸散发量后全部变成产流量，如果 $P-E>f_c\Delta t$，则按稳定下渗率 f_c 下渗，产生的地下径流量 R_g 可用式（8.40）计算；如果 $P-E\leqslant f_c\Delta t$，则按雨强下渗，产生的地下径流量 R_g 可用式（8.41）计算。在未蓄满的面积上，不会产生地下径流量。

在未蓄满面积 $F-FR$ 上，不产流，即 $R_{F-FR}=0$。

$$P-E>f_c\Delta t,\ R_g=\frac{R}{P-E}f_c\Delta t \tag{8.40}$$

$$P-E\leqslant f_c\Delta t,R_g=\frac{R}{P-E}(P-E)=R \tag{8.41}$$

在一次降雨过程中，产生的地下径流总量为

$$\sum R_{g,\Delta t}=\sum_{P-E>f_c\Delta t}\frac{R_{\Delta t}}{P_{\Delta t}-E_{\Delta t}}f_c\Delta t+\sum_{P-E\leqslant f_c\Delta t}R_{\Delta t} \tag{8.42}$$

由此可知，将产流过程 $R-t$ 划分为地面、地下径流过程，稳定下渗率 f_c 是一个关键参数，一般通过实测的雨洪资料，采用试算法确定。下面举例说明。

【例 8.3】 某流域一次降雨过程，已求得各时段产流量见表 8.6，地下径流总量 38.1mm。试推求稳定下渗率 f_c。

表 8.6　　某流域次降雨的产流量 R、有效降雨量（$P-E$）

时序	时段 /h	$P-E$ /mm	R /mm	$R/(P-E)$	$f_c\Delta t$/mm		R_g/mm	
					$f_c=2.0$	$f_c=1.6$	$f_c=2.0$	$f_c=1.6$
(1)	(2)	(3)	(4)	(5)	(6)	(7)	(8)	(9)
1	6	14.5	7.6	0.524	12.0	9.6	6.3	5.0
2	4	4.6	3.7	0.804	8.0	6.4	3.7	3.7
3	6	44.4	44.4	1.000	12.0	9.6	12.0	9.6
4	6	46.5	46.5	1.000	12.0	9.6	12.0	9.6
5	6	14.8	14.8	1.000	12.0	9.6	12.0	9.6
6	1	1.1	1.1	1.000	2.0	1.6	1.1	1.1
Σ			118.1				47.1	38.6

注　表中稳定下渗率的单位为 mm/h。

解：（1）首先计算各时段的产流面积比 α，将结果填写入表 8.6 第 5 列。

（2）假定稳定下渗率 $f_c=2.0$mm/h，各时段按稳定下渗率下渗，计算下渗量，结果填入表 8.6 第 6 列。

第 1 时段，$P_1-E_1=14.5\text{mm}>f_c\Delta t=12.0\text{mm}$，在蓄满面积上按 f_c 下渗，地下径流量 $R_{g1}=\alpha f_c\Delta t=0.524\times12.0=6.3(\text{mm})$；

第 2 时段，$P_2-E_2=4.6\text{mm}<f_c\Delta t=8.0\text{mm}$，在蓄满面积上按雨强 i 下渗，地下径流量 $R_{g2}=R_2=3.7\text{mm}$；

重复以上步骤，计算第 3～第 6 时段的地下径流量，结果见表 8.6 中第 8 列。

第 8 列中，6 个时段的地下径流总量 $\sum R_g=47.1$mm，比已知的实测地下径流总量 38.1mm 大 9.0mm，说明假定的稳定下渗率 2.0mm/h 偏大，不合理。

(3) 再假定稳定下渗率 $f_c=1.6\text{mm/h}$，重复上述过程，计算得地下径流总量 $\sum R_g=38.6\text{mm}$，与已知实测值相当，即假定的稳定下渗率 $f_c=1.6\text{mm/h}$ 正确。

用实测雨洪资料分析确定的稳定下渗率，随降雨场次不同而不同。在水文模型中，常将稳定下渗率作为参数，利用实测雨洪资料估算初值，再用优化算法进行参数优选，确定出合理的参数值。

当流域的稳定下渗率已知，就可以将流域的次降雨产流过程划分为地面径流过程与地下径流过程。下面举例说明。

【例 8.4】 在例 8.3 基础上划分地面、地下径流过程。列表计算，结果见表 8.7。

表 8.7　　流域次降雨产流的地面、地下径流过程

时序	时段	$P-E$/mm	R/mm	$R/(P-E)$	$f_c\Delta t$/mm	R_g/mm	R_s/mm
1	6	14.5	7.6	0.524	9.6	5.0	2.6
2	4	4.6	3.7	0.804	6.4	3.7	0
3	6	44.4	44.4	1.000	9.6	9.6	33.8
4	6	46.5	46.5	1.000	9.6	9.6	35.9
5	6	14.8	14.8	1.000	9.6	9.6	5.2
6	1	1.1	1.1	1.000	1.6	1.1	0
Σ			118.1			38.6	97.5

4. 降雨径流相关图

用特定数学方程描述流域蓄水容量面积分布曲线，如抛物线方程或指数方程，对于任意给定降水量 P 和初始蓄水量 W_0，可求得相应的径流量 R。当雨前流域初始蓄水量 $W_0=0$ 时，对于特定降雨 $P-t$，可按上述方法求得相应的 $R-t$，从而可获得一条以 $W_0=0$ 为参数的 $P-R$ 关系曲线，见图 8.17 (b)。调整流域蓄水量 W_1、W_2、W_3…可得到一组以流域蓄水量为参数的 $P-R$ 关系曲线，称为降雨径流相关图，见图 8.17 (b)。由此可知，流域的蓄水容量面积分布曲线可以推出降雨径流相关图。

如果流域内有丰富的实测雨洪资料，也可以分析实测雨洪资料建立如图 8.17 (b) 所示的降雨径流相关图。

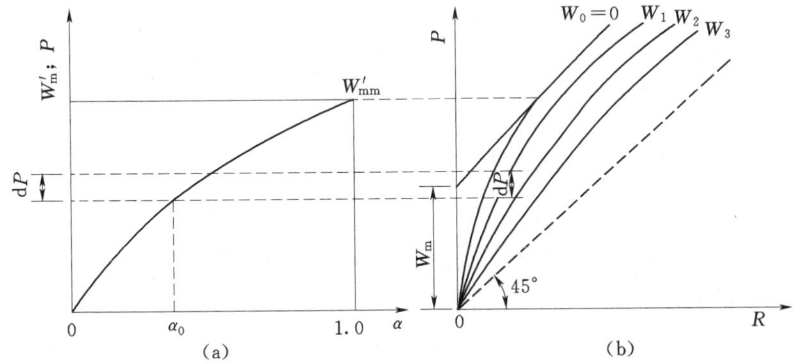

图 8.17　蓄水容量面积分布曲线与降雨径流关系
(a) 流域蓄水容量面积分布曲线；(b) 降雨径流相关图

资源 8.23

下面来讨论忽略雨期蒸散发情况下的流域蓄水容量面积分布曲线导出的降雨径流相关图的特点。

（1）所有相关线均位于45°线上方。降雨是扣除植物截留、蒸散发、下渗等损失后的净雨为产流量，即降雨量小于产流量。

（2）大于等于W'_{mm}部分的曲线为直线。直线部分表示全流域蓄满情况下的降雨径流关系，降雨量等于产流量，即$P=R$，为直线，且为45°直线。

（3）全流域能蓄满的产流量，其大小与曲线的线型无关。因全流域能蓄满，可用$R=P-(W_m-W_0)$计算产流量，不需要通过积分计算流域的蓄水变化量。

（4）$W=0$的降雨径流相关线的直线段的截距等于流域蓄水容量。直线段有$R=P-(W_m-W_0)$，当$W_0=0$、$R=0$，则有$P=W_m$。

（5）$W=W_m$的降雨径流相关线就是45°直线。当$R=P-(W_m-W_0)$中$W_0=W_m$，可推出$R=P$，为一条45°直线。

（6）面积比α等于径流系数R/P。任意一条相关线曲线段上，任意一点的切线的斜率为$\mathrm{d}R/\mathrm{d}P$，由地面、地下径流划分可知，面积比$\alpha=R/P$。

（7）曲线段任意点的切线的倾角$\theta>45°$。由图可知，$\tan\theta=\mathrm{d}P/\mathrm{d}R$，因曲线段存在$P>R$，$\tan\theta=P/R>1$，推出$\theta>45°$。

值得一提的是，蓄满产流模型法计算流域产流过程中涉及的参数B和W_m（W_{um}、W_{lm}），一般可通过实测降雨、径流资料率定。而参数一旦确定，上述降雨径流关系即可确定。

8.4.4　超渗产流模式的流域产流过程计算

流域基本产流模式为超渗产流，产生的径流成分比较单一，以地面径流R_s型为主。根据超渗产流概念，在蓄水量小于蓄水容量条件下，因降雨强度大于下渗能力产生地面径流的产流模式。一般计算超渗产流过程的方法有3种，分别是下渗曲线法、图解法和初损后损法。

资源 8.24

1. 下渗曲线法

下渗曲线f_p-t是流域超渗产流计算的基本依据，常用霍顿下渗公式（8.43）与菲利浦下渗公式（8.44）。

$$f_p=f_c+(f_{p0}-f_c)e^{-\beta t} \tag{8.43}$$

$$f_p(t)=Bt^{-1/2}+A \tag{8.44}$$

根据下渗能力与累积下渗量的函数关系，由式（8.43）与式（8.44）可推出：

$$F_p(t)=f_c t-\frac{1}{\beta}(f_{p0}-f_c)e^{-\beta t} \tag{8.45}$$

$$F_p(t)=2Bt^{1/2}+At \tag{8.46}$$

式中：f_c、f_{p0}、β、A、B为参数，利用实测雨洪资料率定。

若下渗开始时刻流域极端干旱，流域蓄水量$W(t)$等于累积下渗量$F_p(t)$。因此，式（8.45）与式（8.46）可以用来描述超渗产流过程中流域蓄水量随下渗过程的变化。

将式（8.44）与式（8.46）联立，消去时间t，可得到流域蓄水量与下渗能力的函数关系。以菲利普公式为例，可推出：

$$f_p=\frac{B^2}{W}\left(1+\sqrt{1+\frac{AW}{B^2}}\right)+A \tag{8.47}$$

综上所述，对于超渗产流模式，已知次降雨过程 $P-t$、初始蓄水量 W_0、下渗曲线 f_p-t，利用下渗曲线法就可以通过列表法或读图法计算超渗产流过程。下面举例说明。

资源 8.25

【例 8.5】 某小流域下渗公式 $f_p(t)=0.40+2.20e^{-0.091t}$。一次降雨过程资料列于表 8.8 中。已知降雨开始时流域蓄水量为 15.9mm，若雨期蒸散发忽略不计，求该次降雨的地面产流过程。

表 8.8　　某小流域次降雨过程

时间/min	36—37	37—38	38—39	39—40	40—41	41—42	42—43
P/mm	2.0	2.6	2.0	1.2	0.9	0.7	0.8
时间/min	43—44	44—45	45—46	46—47	47—48	48—49	49—50
P/mm	1.8	0.7	1.4	1.3	1.3	1.5	1.1

解： 首先，将下渗公式进行积分，求累积下渗量（或流域蓄水量）公式：

$$W(t)=F_p(t)=\int_0^t(0.40+2.20e^{-0.091t})dt=0.40t-24.18e^{-0.091t}$$

再根据表 8.8 降雨过程，利用下渗公式和累积下渗量公式，逐时段计算产流量。

第 1 时段计算过程：

计算下渗开始时刻 t_0：由时段初 $W_0=15.9$mm，代入累积下渗量公式 $15.9=0.40t_0-24.18e^{-0.091t}$，可求出 $t_0=42.18$min。

计算初始下渗能力 f_{p0}：将 $t_0=42.18$min 代入下渗公式 $f_p(t)=0.40+2.20e^{-0.091\times42.18}$，求出 $f_{p0}=0.452$mm/min。

判断是否产流：平均雨强 $\bar{i}_1=P_1/\Delta t_1=2mm/min>f_{p0}=0.452$mm/min，要产流，即 $R_1>0$。

计算产流量：时段末时刻 $t_1=t_0+\Delta t_1=41.18+1=42.18$(min)，代入下渗公式计算时段末的下渗能力 $f_{p1}=0.447$mm/min；代入累积下渗量公式计算时段末蓄水量 $W_1=16.35$mm；时段内下渗水量：$\Delta W_1=W_1-W_0=16.35-15.9=0.45$(mm)；计算产流量：$R_1=P_1-\Delta W_1=2.0-0.45=1.55$(mm)。

重复第 1 时段的计算过程，计算出其余各时段的产流量，结果见表 8.9。

表 8.9　　某流域次降雨过程的产流过程计算结果

时间/min	P/mm	W/mm	f_p/(mm/min)	ΔW/mm	R/mm
36		15.90	0.452		
36—37	2.0	16.35	0.447	0.45	1.55
37—38	2.6	16.80	0.443	0.45	2.15
38—39	2.0	17.24	0.439	0.44	1.56

续表

时间/min	P/mm	W/mm	f_p/(mm/min)	ΔW/mm	R/mm
39—40	1.2	17.68	0.436	0.44	0.76
40—41	0.9	18.11	0.433	0.43	0.47
41—42	0.7	18.54	0.430	0.43	0.27
42—43	0.8	18.97	0.427	0.43	0.37
43—44	1.8	19.40	0.425	0.43	1.37
44—45	0.7	19.82	0.423	0.42	0.28
45—46	1.4	20.24	0.421	0.42	0.98
46—47	1.3	20.66	0.419	0.42	0.88
47—48	1.3	21.08	0.417	0.42	0.88
48—49	1.5	21.50	0.416	0.42	1.08
49—50	1.1	21.91	0.415	0.42	0.68

资源8.26

2. 图解法

累积降雨量曲线（折线）上某直线段坡度表示平均雨强，累积下渗量曲线上任意一点的切线的斜率表示该时刻的下渗能力。如果累积降雨量曲线坡度大于下渗能力，或累积降雨量位于累积下渗曲线的上方，要产流，反之，则不产流。

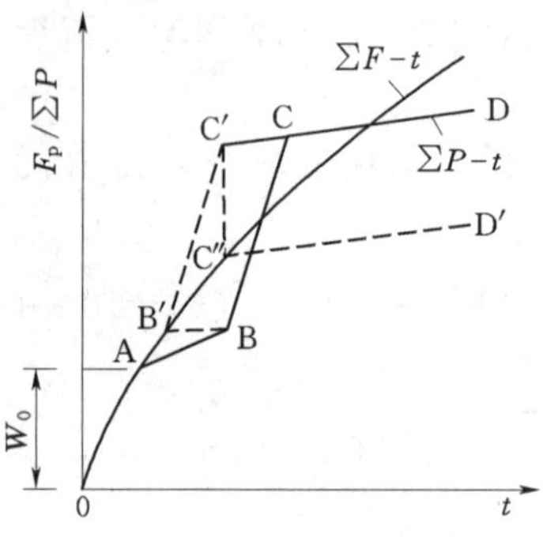

图8.18 图解法推求超渗产流过程示意图

如图8.18中的累积下渗量曲线 F_p-t。流域某次降雨的初始蓄水量 W_0，在图中纵坐标轴上标出其位置，做水平直线与累积下渗量曲线的交点为A。过A点，绘制累积降雨量过程 $\sum P-t$，如图中的折线ABCD。

第1时段降雨AB段，位于累积下渗量曲线下方，属于雨强小于下渗能力，不产流，即 $R_1=0$；降雨全部下渗，结束时刻流域蓄水量 $W_1=W_0+P_1$，位于累积下渗量曲线上B′点。

第2时段降雨BC段，该时段初在累积下渗量曲线上为B′点，为判断第2时段累积降雨量与累积下渗曲线的位置关系，将BC段平移到B′C′；B′C′位于累积下渗曲线上方，表示雨强大于下渗能力，按能力下渗，要产流，即 $R_2>0$。过C′作垂线交累积下渗量曲线于C″点，则 $R_2=$C′C″；时段末流域蓄水量 $W_2=W_1+P_2-R_2$，位于累积下渗量曲线上C″点。

第3时段降雨CD段，该时段初在累积下渗量曲线上为C″点，为判断第3时段累积降雨量与累积下渗曲线的位置关系，将CD段平移到C″D′；C″D′位于累积下渗曲线下方，表示雨强小于下渗能力，按雨强下渗，不产流，即 $R_3=0$。时段末流域蓄水量为过D′的水平直线与曲线的交点读数。

图解法在计算器、计算机出现之前，与下渗曲线法相比，具有方便、快捷的优点。下渗曲线法和图解法均需要知道流域的下渗曲线，但由于流域下垫面条件的空间差异，仅适用于流域面积较小情况下的超渗产流计算。

3. *初损后损法*

为克服下渗曲线法和图解法的不足，生产上常采用一种简化的计算方法，即初损后损法。

资源 8.27

（1）初损后损法的基本原理。初损后损法有两个方面的简化。第一个方面是将流域降雨的下渗过程简化为初损和后损两个阶段，见图 8.19。第二个方面是把下渗能力简化为平均下渗率 $\overline{f}$。对于初损阶段，初损是指产流开始时刻之前的降雨量，记为 I_0，单位 mm；初损持续的时间称为初损历时，记为 t_0。对于后损阶段，后损是指产流开始时刻之后的下渗水量。在后损阶段内，又分两种情况。第一种情况是雨强 i 大于平均下渗率 $\overline{f}$，持续的时间称为超渗历时，记为 t_R；超渗历时内的降雨量分为下渗水量 $\overline{f}t_R$ 和地面径流深 R_s。第二种情况是雨强 i 小于等于平均下渗率 $\overline{f}$，持续的时间称为非超渗历时，记为 t'；对应的降雨量 P'为下渗水量。

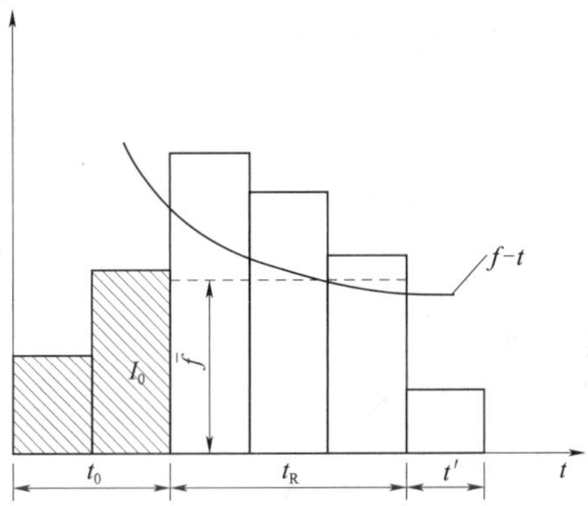

图 8.19　初损后损法

根据初损后损法的两个简化，流域一次降雨过程的降雨量 P 和降雨历时 t 可表示为

$$P=I_0+R_s+\overline{f}t_R+P' \tag{8.48}$$

$$t=t_0+t_R+t' \tag{8.49}$$

式中：P 为次降雨量，mm；I_0 为初损，mm；R_s 为地面径流深，mm；$\overline{f}$ 为超渗历时内的平均下渗率，mm/h；t 为降雨历时，h；t_R 为超渗历时，h；t'为非超渗历时，h；P'为非超渗历时内的降雨量。

初损后损法计算超渗产流过程，需要确定参数初损 I_0 和平均下渗率 $\overline{f}$。

资源 8.28

（2）初损的主要影响因素及其确定方法。一般情况下，流域越湿润，降雨初期下渗能力越小，越容易超渗而产流，初损 I_0 就越小；初损期平均雨强 $\overline{i_0}$（初损 I_0 与初损历时 t_0 的比值）越大，越容易产流，初损 I_0 就越小；另外，流域内的土地利用、季节变化对初损量也有一定影响。

根据初损 I_0 的主要影响因素，可以从以下两个方面确定初损 I_0。

1）利用实测雨洪资料分析确定。对于小流域，由于汇流时间短，流域出口断面流量过程的起涨点近似为流域产流的开始时刻，因而小流域的起涨点之前的降雨量为初损 I_0，对应的时间为初损历时 t_0，如图 8.20 所示。对于大中流域，汇流时间变化较大。首先分析流域内各雨量站的汇流时间，确定各站点的产流开始时刻及其对应的累积降雨量，取各累积降雨量的平均值或其中的最大值作为流域初损 I_0。

2）利用初损 I_0 的经验关系确定。根据流域内长期的实测雨洪资料，分析初损 I_0

的主要影响因素，建立相关图或经验公式等，如图8.21、图8.22所示。

（3）平均下渗率的主要影响因素和确定方法。利用实测雨洪资料分析，平均下渗率的主要影响因素有：流域蓄水量一定时，初损 I_0 越大，平均下渗率越小；初损期平均雨强越大，产流开始时刻越早，产流开始时刻下渗能力越大，平均下渗率越大；超渗产流历时越长，产流结束时刻的下渗能力越小，平均下渗率越小。

根据平均下渗率的主要影响因素，可以从以下两个方面确定平均下渗率。

资源8.29

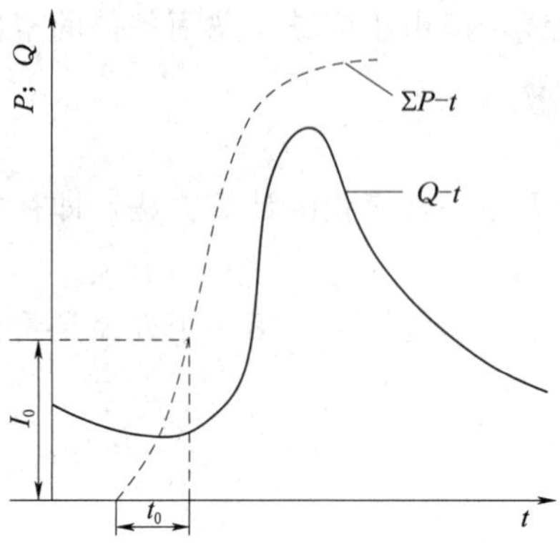

图8.20　小流域初损 I_0 的确定示意图

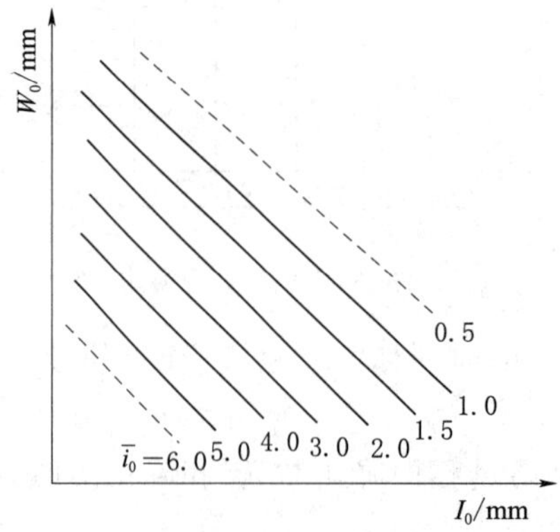

图8.21　湟水西宁—民和区间初损相关图

$\bar{i}_0$—初损期平均雨强

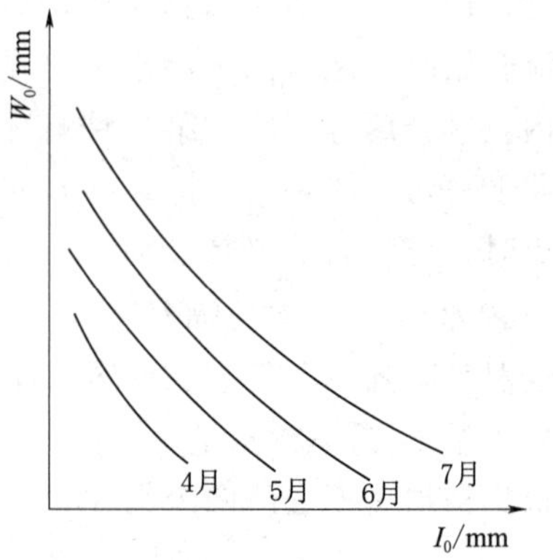

图8.22　沩水宁乡断面以上流域初损相关图

1）利用实测雨洪资料分析确定。式（8.48）与式（8.49）联立，推出平均下渗率的计算公式为

$$\bar{f}=\frac{P-I_0-R_s-P'}{t-t_0-t'} \tag{8.50}$$

利用流域内一次实测降雨过程及其流量过程，通过分析计算流域总降雨量 P、地面径流深 R_s、初损 I_0、初损历时 t_0，利用试算法，假设超渗历时或非超渗历时，即可推算出平均下渗率 $\bar{f}$。

2）利用平均下渗率 $\bar{f}$ 的经验关系确定。根据上述平均下渗率的主要影响因素，可建立如图8.23所示的平均下渗率相关图。

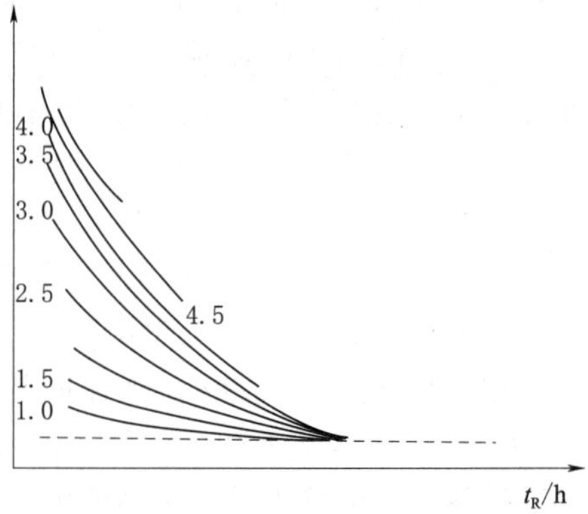

图8.23　湟水西宁—民和区间初损期平均雨强为参数的平均下渗率相关图

【例8.6】　已知某流域的面积为 $100km^2$，流域内一次实测的降雨过程及其流域出口断面流量过程见表8.10。分析

该次雨洪过程的初损和平均下渗率。

表 8.10 某流域一次实测雨洪过程

时间		实测流量 Q /(m^3/s)	地下流量 Q_g /(m^3/s)	地面流量 Q_s /(m^3/s)	流域面雨量 P /mm
日	时				
8	0	20	10		
	6	10	10	0	15
	12	23	10	13	50
	18	60	10	50	8
	0	40	10	30	
	6	20	10	10	
	12	10	10	0	
	18	10	10		
$\sum$				103	

解：(1) 求初损 I_0。由流域面积 $F=100\text{km}^2$，可知为小流域，结合表 8.10 中的雨洪资料，可以利用小流域求初损的方法。本次流量过程的起涨点时刻为 8 日 6 时，即 $I_0=15\text{mm}$，初损历时 $t_0=6\text{h}$。

(2) 求平均下渗率。根据本题的已知条件，需要用式 (8.50)，结合试算法求平均下渗率。分析确定式 (8.50) 的已知条件：总降雨量 $P=P_1+P_2+P_3=15+50+8=73(\text{mm})$；初损 $I_0=15\text{mm}$；初损历时 $t_0=6\text{h}$；地面径流深 $R_s=?$；超渗历时 $t_R=?$；非超渗历时 $t'=?$；非超渗历时内的降雨量 $P'=?$

首先解决地面径流深 $R_s=?$ 对于小流域，利用水平直线法划分地面、地下流量过程，结果见表 8.10 中第 4、第 5 列，利用第 5 列地面流量过程计算地面径流深 R_s：

$$R_s=\frac{\sum Q_s\times\Delta t}{F}=\frac{103\times6\times3600}{100\times1000}=22.25(\text{mm})$$

假定超渗历时 $t_R=6\text{h}$，$t'=6\text{h}$，$P'=8\text{mm}$，代入式 (8.50) 计算平均下渗率：

$$\overline{f}=\frac{73-15-22.25-8}{18-6-6}=4.62(\text{mm/h})$$

判断假定是否正确：对于超渗历时内，平均雨强 $\overline{i_2}=50/6=8.33(\text{mm/h})$，满足产流条件 $\overline{i_2}>\overline{f}$；对于非超渗历时内，平均雨强 $\overline{i_3}=8/6=1.33(\text{mm/h})$，满足不产流条件 $\overline{i_3}<\overline{f}$。因此，假定成立，该次雨洪过程的平均下渗率 $\overline{f}=4.62\text{mm/h}$。

(3) 初损后损法的产流计算。对于超渗产流模式，确定出流域的初损、平均下渗率后，只要已知流域的次降雨过程 $P-t$，即可计算相应的产流过程 R_s-t。

【例 8.7】 已知某流域一次暴雨过程见表 8.11。已求得该次暴雨的初损为 30.0mm，平均下渗率为 1.0mm/h，求该次暴雨过程的产流过程。

解：已知 $I_0=30\text{mm}$，第 1 时段降雨量 25.0mm 属于初损，还差 5.0mm。

第 2 时段降雨量 30.0mm，最先产生的 5.0mm 满足初损。第 2 时段的平均雨强为 30.0/6＝5.0(mm/h)，5.0mm 降雨量的降雨历时为 1h，因而初损历时 $t_0=6+1=7$(h)。第 2 时段剩余的 25.0mm 降雨量、降雨历时为 5h，下渗水量为 1.0×5＝5.0(mm)，产流量＝25.0－5.0＝20.0(mm)。

表 8.11　　某流域次暴雨过程的产流过程

时段（6h）	1	2	3	4	5	6	合计
暴雨量 P/mm	25.0	30.0	39.5	47.0	9.0	3.0	153.5
初损 I_0/mm	25.0	5.0					30.0
后损/mm		5.0	6.0	6.0	6.0	3.0	26.0
产流量 R_s/mm		20.0	33.5	41.0	3.0		97.5

第 3～第 5 时段均属于平均雨强大于平均下渗率，要产流，下渗水量与产流量见表 8.11。

第 6 时段平均雨强为 0.5mm/h，小于平均下渗率 1.0mm/h，不产流，降雨全部下渗，结果见表 8.11。

8.4.5　流域次降雨产流量的主要影响因素

影响流域次降雨产流量的主要因素归纳起来，可以分为以下几类[5]。

（1）流域下垫面条件。地形地貌特征、地质条件、植被类型及其分布，土壤类型及其分布，包气带的垂向及平面分布特征，地下水的埋深等。

（2）降雨特性。降雨的时程分布及空间分布等。

（3）流域蒸散发特性。蒸散发的时程分配及空间分布等。

（4）人类活动情况。人类活动主要通过改变流域下垫面条件而影响产流。

在上述的众多因素中，流域下垫面是缓变因素，在产流分析时，主要作为判别产流类型的依据；而在产流计算时，往往不单独考虑。其他影响因素，特别是降雨与蒸散发，土壤含水量及地下水位埋深，则属于瞬变和多变的因素。这些都是产流计算时需要重点考虑的因素，又由于这些因素的时、空分布都具有一定程度的随机性和不均匀性，也就决定了流域产流也具有很大的不均匀性和不同步性，并且随着流域面积的增大，变得更加突出。所以在产流计算时必须考虑流域产流的时、空分布不均匀的问题。

在进行产流计算时，为了解决流域产流的时、空分布不均匀问题，常采用以下的基本原则：

（1）在时程上划分为较小的时段，来逼近其瞬时过程。

（2）在空间上将流域划分为若干个子流域，以解决产流的空间分布不均匀问题。

（3）在垂直方向上分层，以考虑包气带在不同界面上的产流机制及径流成分。

（4）将产流量划分为不同径流成分，以考虑不同径流成分的产流过程及汇流过程的差异。

以上这些原则是现阶段解决流域产流的时、空分布不均匀问题行之有效的途径；可概括为四分原则，即分时段、分单元、分层、分水源。

习题与思考题

8.1　认识包气带及其水分动态的作用是什么?

8.2　包气带的3个不同水分带中的水分分布特性分别是什么?

8.3　包气带中的水分增长与消耗途径分别有哪些?

8.4　简述包气带对降雨的两次再分配作用。

8.5　简述霍顿产流观念。

8.6　霍顿产流观念与实际水文现象之间的4个矛盾如何解释?

8.7　地面径流、壤中流、地下径流、饱和地面径流的产流条件分别是什么?

8.8　根据研究尺度不同，产流模式分为哪几类?

8.9　简述流域产流模式的产流面积变化特点是什么?如何定量描述?

8.10　蓄水容量面积分布曲线有哪些特点?

8.11　定性分析蓄满产流模式的产流过程。

8.12　什么叫前期影响雨量?如何定量确定一次降雨的前期影响雨量?

8.13　根据表8.12数据，计算某流域6月22—25日的前期影响雨量 P_a。

表8.12　某流域实测雨量(P)与蒸发能力(E_m)

时间	P/mm	E_m/mm	P_a/mm	备注
6月20日	90	2.0		W_m=100mm
6月21日	100	0.5		
6月22日	10	4.0		
6月23日	1.5	5.0		
6月24日		5.0		
6月25日		5.2		

8.14　某流域的蓄水容量面积分布曲线的线型为直线，流域点蓄水容量最大值 W'_{mm} 为100mm，按蓄满产流原理，当流域初始蓄水量 W_0 为32mm时的产流面积比 α_0 是多少?

8.15　某流域40%面积上各点的蓄水容量均为40mm，另外60%面积上各点的蓄水容量均为120mm。在忽略雨期蒸散发情况下求:

(1)流域蓄水容量;

(2)计算流域初始蓄水量为60mm时空间分布均匀的120mm降雨量的产流量。

8.16　某流域面积594km^2，流域蓄水容量面积分布曲线为抛物线型，参数 W_m=100mm(其中，上层 W_{um}=20mm，下层 W_{lm}=60mm)，B 为0.3。1984年9月10—20日的流域蒸散发能力与降雨量见表8.13;9月10日初的流域蓄水量为20.8mm，其中上层 W_{u0} 为0，下层 W_{l0} 为20.8mm。要求:用二层模式计算9月10—20日的逐日蒸散发量、流域蓄水量和产流量。

表 8.13　　9月10—20日的流域蒸散发能力与降雨量

日期（月.日）	9.10	9.11	9.12	9.13	9.14	9.15	9.16	9.17	9.18	9.19	9.20
P/mm	1.6	4.5		35.7	3.9		13.6	24.3	5.9	26.8	4.6
E_m/mm	2.2	1.7	2.2	3.6	0.8	2.4	1.2	0.8	0.8	0	0.9

8.17　某流域一次降雨洪水过程，已求得各时段的有效降雨量（$P-E$，即降雨量与蒸散发量的差值）及产流量 R，见表 8.14，对洪水过程分析与计算，该次洪水的径流深为 71.8mm，其中地下径流深 28.0mm。试推求稳定下渗率 f_c。

表 8.14　　某流域一次洪水相应的 $P-E$、R 过程

时　间	有效降雨量 $P-E$/mm	产流量 R/mm	产流面积系数 $R/(P-E)$
4月16日　8：00			
14：00	4.2	2.0	
20：00	14.6	10.5	
17日　2：00	31.6	29.1	
8：00	25.9	25.9	
14：00	3.2	3.2	
20：00	0.5	0.5	
18日　2：00	0.6	0.6	

8.18　已知某流域的面积 F 为 1800km^2，某次暴雨过程及其在流域出口断面形成的洪水过程见表 8.15，求：

（1）采用斜直线分割法（地面径流终止点为9日20时）求地面径流深 R_s；

（2）计算初损 I_0 和平均下渗率 $\overline{f}$。

表 8.15　　某流域一次降雨及洪水过程

时间（日.时）	6.20	7.2	7.8	7.14	7.20	8.2	8.8
流量 Q/(m^3/s)	144	133	1539	1481	962	700	420
降雨量 P/mm		15.6	68.2	4.2			
时间（日.时）	8.14	8.20	9.2	9.8	9.14	9.20	
流量 Q/(m^3/s)	309	264	237	202	166	156	
降雨量 P/mm							

8.19　某流域降雨过程见表 8.16，该次降雨的径流系数为 0.75，平均下渗率为 1.5mm/h，试用初损后损法计算损失过程和产流过程。

表 8.16　　某流域一次降雨过程

时段（6h）	1	2	3	4	5	6	7
降雨量 P/mm	6.5	5.5	176.0	99.4	0	82.9	49.0

8.20　河南开封峪水文站控制断面的集水面积为 5253km^2。1981年5月2日和3日流域上降了一场暴雨，逐时段流域有效降雨量（$P-E$）列于表 8.17 中；已分析得

本流域稳定下渗率 f_c 为 0.4mm/h，试计算地面、地下产流过程。

表 8.17　　开封峪水文站以上流域的降雨及径流资料

时间（日．时）	2.14—2.20	2.20—3.2	3.2—3.8	3.8—3.14	3.14—3.20
有效降雨量 $P-E$/mm	12.6	17.4	16.9	3.3	1.4
产流量 R/mm	7.9	11.7	16.7	3.3	1.4

8.21　黑矾沟小流域 1964 年 8 月一次降雨过程（表 8.18），计算时段 Δt 为 2min，流域初始蓄水量 W_0 为 12.8mm。要求：采用式（8.44）、式（8.46），用下渗曲线法计算该次降雨的产流过程。

表 8.18　　黑矾沟流域 1964 年 8 月的降雨过程

时段（2min）	1	2	3	4	5	6	7	8	9	10
暴雨量 P/mm	0.3	0.6	0.7	2.7	2.8	3.4	4.0	4.0	5.0	5.0
时段（2min）	11	12	13	14	15	16	17	18	19	20
暴雨量 P/mm	2.3	0.5	0.5	0.5	0.5	0.3	0.3	0.3	0.1	0.1

参考文献

[1]　芮孝芳．水文学原理［M］．北京：水利水电出版社，2004.
[2]　梁学田．水文学原理［M］．北京：水利电力出版社，1992.
[3]　于维中．水文学原理（二）［M］．北京：水利电力出版社，1989.
[4]　邓先俊．陆地水文学［M］．2 版．北京：水利电力出版社，1985.
[5]　芮孝芳．产汇流理论［M］．北京：水利电力出版社，1995.

第9章

坡面、土壤与河道水流

9.1 坡 面 漫 流

9.1.1 坡面漫流的数学方程

资源9.1

在相对平整、植被条件一致、坡度均匀、坡长与宽度相当的矩形坡面上，当降雨强度超过地面下渗能力或地表以下土层饱和时，会形成沿坡而下的薄层水流，通常仅几毫米，称之为坡面漫流，如图9.1所示。在水流沿坡而下的过程中，一方面雨水不断注入，另一方面也有雨水不断渗入地下或者蒸发到大气中。坡面植被或农作物使水流所受阻力较大，虽然水深很小，但坡度较大，使得水流继续向下流动。

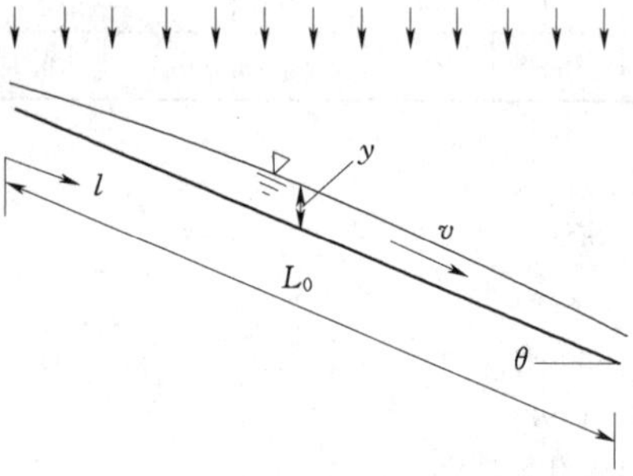

图9.1 矩形坡面的坡面降雨漫流

依据水力学中的Saint - Venant方程组，针对降雨坡面漫流水深极浅的特点，忽略降雨造成的附加压力和沿雨强方向的流速分量，即净雨强度 i_e 为常数，时空分布均匀降落在矩形坡面上的稳定强度净雨所形成的坡面漫流，可用连续方程和动力方程描述：

$$\frac{\partial y}{\partial t}+\frac{\partial (vy)}{\partial l}=i_e \tag{9.1}$$

$$\frac{\partial v}{\partial t}+v\frac{\partial v}{\partial l}+g\frac{\partial y}{\partial l}=g(s_0-s_f)-\frac{v}{y}i_e \tag{9.2}$$

式中：y 为坡面水深，m；v 为坡面流速，m/s；t 为时间，s；l 为坡长，m；i_e 为净雨强度，m/s；s_0 为坡面坡度，无因次；s_f 为坡面摩阻比降，无因次；g 为重力加速度，m/s^2。

9.1.2 坡面漫流运动波近似

对式（9.1）和式（9.2）作无因次变换，引入下述无因次变量：

$$y^*=\frac{y}{y_0},\quad v^*=\frac{v}{v_0},\quad l^*=\frac{l}{L_0},\quad t^*=\frac{tv_0}{L_0} \tag{9.3}$$

式中：y^*、v^*、l^*、t^* 分别为无因次坡面水深、坡面流速、水流距离和时间；L_0 为坡面长度，m；y_0 为坡面单宽流量等于 iL_0 时的坡面水深，m；v_0 为坡面单宽流量等于 iL_0 时的坡面流速，m/s。

将式（9.3）代入式（9.2），得到无因次能量方程：

$$\frac{\partial v^*}{\partial t^*}+v^*\frac{\partial v^*}{\partial l^*}+\frac{1}{F_0^2}\frac{\partial y^*}{\partial l^*}=\frac{s_0L_0}{y_0F_0^2}\left(1-\frac{v^{*2}}{y^*}\right)-\frac{v^*}{y^*} \tag{9.4}$$

其中，$F_0=\frac{v_0}{\sqrt{gy_0}}$，即坡面上单宽流量为 i_eL_0 时的 Froude 数。

根据 Woolhiser 和 Liggett[1] 定义的运动波流数 $k=\frac{s_0L_0}{y_0F_0^2}$，式（9.4）可写为

$$\frac{1}{k}\frac{\partial v^*}{\partial t^*}+\frac{v^*}{k}\frac{\partial v^*}{\partial l^*}+\frac{1}{kF_0^2}\frac{\partial y^*}{\partial l^*}=\left(1-\frac{v^{*2}}{y^*}\right)-\frac{1}{k}\frac{v^*}{y^*} \tag{9.5}$$

若上式中 $k\to\infty$，则有

$$1-\frac{v^{*2}}{y^*}=0 \tag{9.6}$$

将式（9.3）代入式（9.6），得到水力学中的谢才（Chezy）公式：

$$v=C\sqrt{ys_0} \tag{9.7}$$

Woolhiser 和 Liggett[1] 的研究表明，当 $k>10$ 时，运动波模拟精度合理；当 $k>20$ 时，可很好模拟坡面漫流过程。一般而言，k 接近 10 时用运动波近似求解坡面漫流误差约 10%，而 $k>10$ 时误差小于 5%。对于坡面降雨漫流，条件 $k>10$ 容易满足。

9.1.3 运动波方程的解析解

依据前述讨论，运动波方程由式（9.1）与式（9.7）联立组成，而式（9.7）也可以表达为

$$v=\alpha y^{m-1} \tag{9.8}$$

式中：α、m 为与坡面水力特性有关的经验参数。

将式（9.8）代入式（9.1），得到

$$\frac{\partial y}{\partial t}+\alpha\frac{\partial y^m}{\partial l}=i_e \tag{9.9}$$

依据微分方程特征理论，可得出式（9.9）的等价方程组：

$$\frac{\mathrm{d}l}{\mathrm{d}t}=\alpha m y^{m-1}=mv \tag{9.10}$$

$$\frac{\mathrm{d}y}{\mathrm{d}t}=i_e \tag{9.11}$$

式（9.10）是坡面运动波的波速表达式，而式（9.11）表示运动波传播方向上坡面水深变化状况。该微分方程组的初始条件和边界条件应为

$$\begin{cases}t=0,y=0 & (0\leqslant l\leqslant L_0)\\ l=0,y=0 & (t>0)\end{cases} \tag{9.12}$$

积分式（9.11）有

$$y=i_et \tag{9.13}$$

将式（9.13）代入式（9.10）有

$$\frac{dl}{dt}=\alpha m(i_e t)^{m-1} \tag{9.14}$$

积分式（9.14）可得

$$l=\alpha i_e^{m-1}t^m \tag{9.15}$$

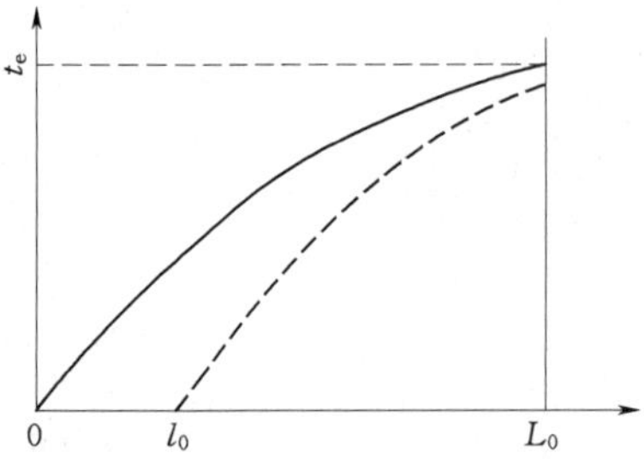

图 9.2　运动波的不同特征线

依据式（9.13）和式（9.15）可确定不透水坡面上时空分布均匀降雨所形成的坡面漫流在任意位置的水深和流量随时间的变化状况。式（9.15）表示 $t=0$ 时刻，$l=0$ 处产生的扰动沿坡面传播的轨迹方程，即坡面漫流运动波的极限特征线，如图 9.2 中实线所示；若 $t=0$ 时刻扰动产于 $l=l_0$ 处，则轨迹方程变为 $l=\alpha i_e^{m-1}t^m+l_0$，其曲线如图 9.2 中虚线所示。

式（9.15）在 $l=L_0$ 则是坡面漫流运动波的最大汇流时间 t_e，表达式为

$$t_e=\left(\frac{L_0}{\alpha i_e^{m-1}}\right)^{1/m} \tag{9.16}$$

于是，矩形坡面上时空分布均匀的净雨所形成的坡面出流过程为

$$\begin{cases} q=vy=\alpha(i_e t)^m & (0\leqslant t<t_e) \\ q=i_e L_0 & (t_e\leqslant t\leqslant t_0) \end{cases} \tag{9.17}$$

式中：q 为坡面单宽流量，m^2/s；t_0 为净雨停止时刻，此后坡面漫流处于退水阶段，则可求解下式得到坡面出流量：

$$q-i_e L_0+i_e m\alpha^{1/m}q^{(m-1)/m}(t-t_0)=0 \quad (t>t_0) \tag{9.18}$$

沈冰等曾用有限元法求解运动波方程来模拟室内矩形不透水坡面定雨强降雨漫流实验过程，其运动波流数 k 值为 67，实验观测过程与运动波模拟过程拟合良好，见图 9.3；并进一步模拟了黄土坡面径流实验小区的人工与天然降雨漫流过程，最小 k 值为 115，由于天然降雨强度变化急剧引起净雨强度变化且坡面存在侵蚀现象，模拟过程与实测过程存在一定误差，但效果尚可接受，如图 9.4 所示[2]。由于用有限元法求解运动波方程需要详细降雨资料，特别是对于黄土坡面因下渗而使净雨强度变化很大，需要联解下渗方程和坡面漫流方程，比较复杂，对于尚不具备详细观测数据的水土保持工程的应用，还有很多问题需要进一步研究。

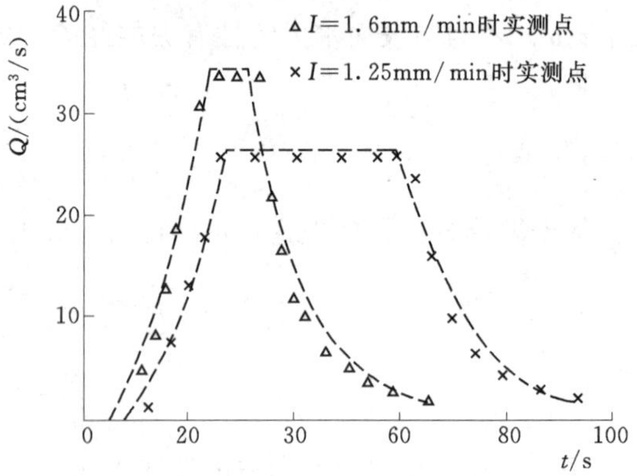

图 9.3　室内不透水坡面降雨漫流实验观测与模拟过程比较

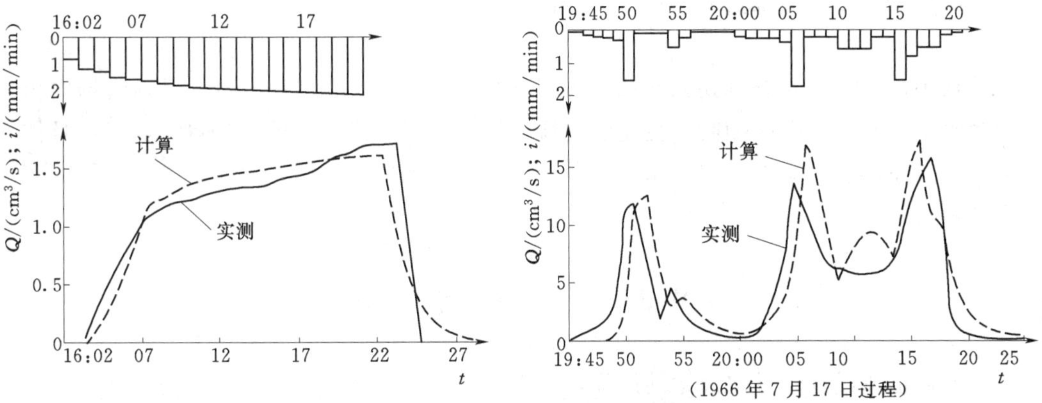

(a) (b)

图 9.4 黄土坡面变雨强漫流实验观测与模拟过程比较

(a) 人工降雨下漫流实验过程；(b) 天然降雨下漫流观测过程

9.2 壤中流与地下径流简述

坡地土壤并非均质，沿垂直方向通常都存在层理，各层的导水率各不相同。从坡地表面下渗的雨水，在一定条件下会积蓄于相对不透水层上部，形成临时饱和带，引起侧向水流运动，形成壤中流。于维忠阐述了界面产流的机理[3]，沈冰等通过室内透水坡面降雨产流实验，证实在均质土壤中由于垂向吸力势大于水平向动能，故在短历时内没有壤中流发生，这间接表明土层界面的存在是壤中流产生的必要条件[2]。随着雨水继续向下渗透，水分会在深层形成永久饱和带，在永久饱和带中的侧向水流运动则属于地下径流。

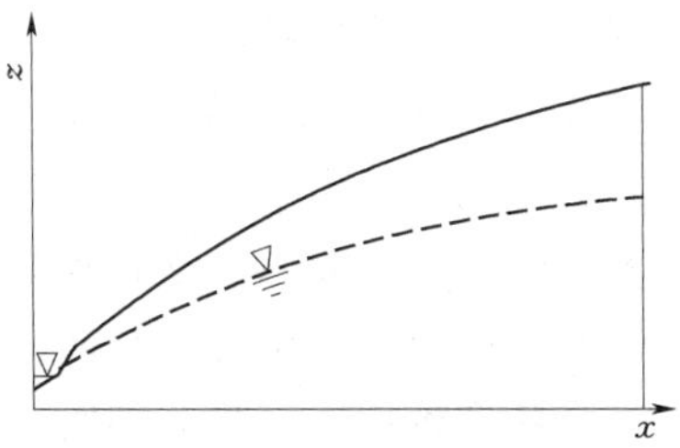

图 9.5 坡地壤中流与地下径流示意图

壤中流和地下径流数学分析一般取单位宽度进行，其二维剖面如图 9.5 所示。无论饱和还是非饱和土壤水分运动都可以用 Richards 方程描述[4]：

$$c(\psi)\frac{\partial \psi}{\partial t}=\frac{\partial}{\partial z}\left[k(\psi)\frac{\partial \psi}{\partial z}\right]+\frac{\partial k(\psi)}{\partial z} \tag{9.19}$$

式中：ψ 为总水势；c 为比水容量；t 为时间；z 为垂向坐标；$c(\psi)=\mathrm{d}\psi/\mathrm{d}\theta$，此处 θ 为土壤含水量。

采用以 ψ 为自变量的方程是为了便于研究饱和与非饱和流同时存在的情况，相应的初始条件为

$$\psi(z,0)=\psi_0 \tag{9.20}$$

坡面的上部边界条件可依据雨强 i 和土壤下渗能力 f_p 的关系分两种情况处理：

$$\begin{cases}\psi(0,t)=0 & (i>f_p)\\ f_p=-i & (i<f_p)\end{cases} \tag{9.21}$$

一般情况下，下部边界条件可取在适当深度处

$$\psi(z,t)=\psi_0 \tag{9.22}$$

从理论上讲，在合理初始与边界条件下求解方程式（9.19），即可得到流场内土壤含水量、土水势分布随时间变化的规律；进而可以求出各层的产流量。当然，具体应用时，还需要确定各土层导水率以及初始与边界条件，我国目前尚缺少这方面的实际观测资料。

资源 9.2

9.3 河 道 汇 流

河道汇流过程是洪水波运动过程，而洪水波是一种波长远大于水深的浅水波，具有流线曲率很小且相互平行、动水压力分布与静水压力分布基本相同的特征。采用 Saint - Venant 方程组描述，在无支流汇入河段的连续方程和动力方程分别为

$$\frac{\partial Q}{\partial l}+\frac{\partial A}{\partial t}=0 \tag{9.23}$$

$$\underset{①}{\frac{1}{g}\frac{\partial v}{\partial t}}+\underset{②}{\frac{v}{g}\frac{\partial v}{\partial l}}+\underset{③}{\frac{\partial y}{\partial l}}+\underset{④}{s_f}-\underset{⑤}{s_0}=0 \tag{9.24}$$

式中：A 为过水断面面积，m^2；l 为河段长，m；s_0 为河底比降，‰；其余符号意义同式（9.1）、式（9.2）。

式（9.24）中，各项意义依次为：①局地惯性项，②迁移惯性项，③附加比降，④摩阻比降，⑤河底比降。考虑河段具体情况，河道洪水波可分为：仅考虑④、⑤项，称为运动波；考虑③、④、⑤项，称为扩散波；考虑①、②、③项，称为惯性波；考虑②、③、④、⑤项，称为对流动力波；全考虑称为动力波。

表 9.1 列出了我国几大江河代表站以及国外河流的实测数据，从该表可知，几种简化都具特定价值。下面分别阐述运动波、扩散波、惯性波和动力波的特性，重点放在运动波和扩散波上。

表 9.1　　动力方程中各项影响的实测数据

河名	站名	s_0	$\frac{\partial y}{\partial l}$	$\frac{1}{g}\frac{\partial v}{\partial t}$	$\frac{v}{g}\frac{\partial v}{\partial l}$
长江	万县	2.70	0.320	0.0052	0.0063
	大通	0.19	0.006	0.0006	0.0024
黄河	陕县	6.70	0.540	0.0150	0.0120
淮河	息县	1.80	0.390	0.0044	0.0058
	蚌埠	0.31	0.098	0.0009	0.0010
松花江	哈尔滨	0.50	0.045	0.0007	0.0004
外国河流/(ft/mile①)		26	0.500	0.1250～0.2500	0.0500

注　引自冯焱、文康编《流域产汇流问题》，黑龙江水利学会，1984。

①　1ft=0.000189mile=30.48cm。

9.3.1 运动波

山区河流的河底比降 s_0 较大，洪水波近似为运动波。假定惯性项和附加比降项与河底比降相比小很多，可忽略。依据 Chezy 公式，摩阻比降 s_f 为

$$s_f = \frac{Q^2}{A^2C^2R} \tag{9.25}$$

将式（9.25）代入式（9.24），并忽略惯性项和附加比降项，则有

$$Q = AC\sqrt{R}\sqrt{s_0 - \left(\frac{1}{g}\frac{\partial v}{\partial t} + \frac{v}{g}\frac{\partial v}{\partial l} + \frac{\partial y}{\partial l}\right)} = AC\sqrt{Rs_0} = K\sqrt{s_0} \tag{9.26}$$

式中：K 为流量模数，$K = AC\sqrt{R}$；其余符号意义同前。

由于流量模数 K 是断面形状和水深的函数，表明对于特定断面，水位与流量呈单值关系，即 $Q = f(z)$ 或 $Q = f(A)$。从而有$\partial A/\partial t = (\mathrm{d}A/\mathrm{d}Q)(\partial Q/\partial t)$，代入连续方程（9.23），则可得

$$\frac{\mathrm{d}A}{\mathrm{d}Q}\frac{\partial Q}{\partial t} + \frac{\partial Q}{\partial l} = 0 \tag{9.27}$$

设波速 $C_k = \mathrm{d}Q/\mathrm{d}A$，式（9.27）就变为

$$\frac{\partial Q}{\partial t} + C_k\frac{\partial Q}{\partial l} = 0 \tag{9.28}$$

式（9.28）是关于流量 Q 的运动波方程，是仅含一个未知函数的一阶偏微分方程，依据偏微分方程特征原理，其等价方程组为

$$C_k = \frac{\mathrm{d}l}{\mathrm{d}t} = \frac{\mathrm{d}Q}{\mathrm{d}A} \tag{9.29}$$

$$\frac{\mathrm{d}Q}{\mathrm{d}t} = 0 \tag{9.30}$$

式（9.29）是运动波的特征线方程，表明运动波总是向下游传播且波速为 C_k。式（9.30）则是运动波的特征方程，表明洪水波运动方向，即沿特征线方向，任一相应流量在运动中都不发生变化。这意味着运动波没有坦化现象，是否变形取决于波速 C_k 是否为常数。由于波速是随水深和流量而变化的函数，通常水深是沿流程变化的，因而运动波一般存在着扭曲变形，即波前越来越陡，如图 9.6 所示。

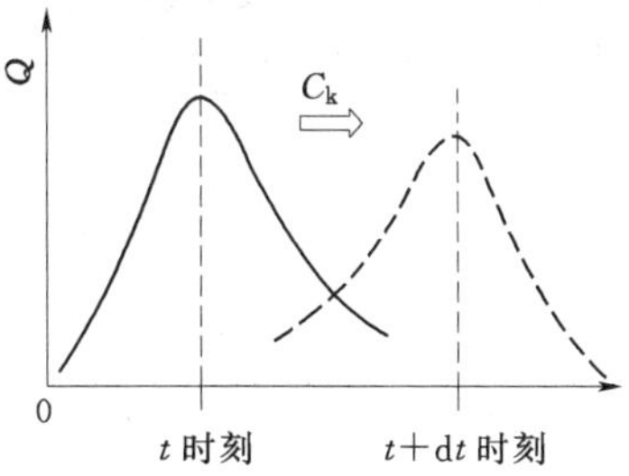

图 9.6 运动波的传播与变形

运动波条件下，其特定断面水位流量关系多数情况下呈单值关系。

9.3.2 扩散波

对于河底比降 s_0 较小的河段，附加比降$\partial y/\partial l$ 的作用不能忽略，两者之和比惯性项仍大时，可用扩散波描述，其能量方程可简化为

$$Q = K\sqrt{s_0 - \frac{\partial y}{\partial l}} \text{或} Q = Q_0\sqrt{1 - \frac{1}{s_0}\frac{\partial y}{\partial l}} \tag{9.31}$$

式中：Q_0 为稳定流时的流量，m^3/s；其余符号意义同前。

若河槽为宽浅矩形，$R \approx y$，故 $A = By$，式（9.31）可写为

$$\frac{\partial y}{\partial l} = s_0 - \frac{Q^2}{C^2 A^2 R} = s_0 - \frac{Q^2}{C^2 B^2 y^3} \tag{9.32}$$

将式（9.32）对 t 求导数，有

$$\frac{\partial}{\partial t}\left(\frac{\partial y}{\partial l}\right) = \frac{3Q^2}{C^2 B^2 y^4}\frac{\partial y}{\partial t} - \frac{2Q}{C^2 B^2 y^3}\frac{\partial Q}{\partial t} \tag{9.33}$$

将 $A = By$ 代入连续方程，得到

$$\frac{\partial y}{\partial t} = -\frac{1}{B}\frac{\partial Q}{\partial l} \tag{9.34}$$

式（9.34）进一步对 l 求导数

$$\frac{\partial}{\partial l}\left(\frac{\partial y}{\partial t}\right) = -\frac{1}{B}\frac{\partial^2 Q}{\partial l^2} \tag{9.35}$$

对比式（9.33）和式（9.35），可知

$$\frac{3Q^2}{C^2 B^2 y^4}\frac{\partial y}{\partial t} - \frac{2Q}{C^2 B^2 y^3}\frac{\partial Q}{\partial t} = -\frac{1}{B}\frac{\partial^2 Q}{\partial l^2} \tag{9.36}$$

将式（9.35）代入式（9.36），整理后有

$$\frac{\partial Q}{\partial t} + C_k \frac{\partial Q}{\partial l} = \mu \frac{\partial^2 Q}{\partial l^2} \tag{9.37}$$

其中

$$\mu = \frac{C^2 B y^2}{2Q} = \frac{Q}{2 s_0 B}$$

$$C_k = \frac{3}{2}\frac{Q}{By} = \frac{3}{2}v$$

式中：μ 为扩散系数，又称为衰减系数；C_k 为波速；其余符号意义同前。

式（9.37）是关于流量 Q 的扩散波方程，依据微分方程特征原理，其等价方程组为

$$\frac{\mathrm{d}l}{\mathrm{d}t} = C_k \tag{9.38}$$

$$\frac{\mathrm{d}Q}{\mathrm{d}t} = \mu \frac{\partial^2 Q}{\partial l^2} \tag{9.39}$$

式（9.38）是扩散波特征线方程，表示扩散波以波速 C_k 向下游传播。式（9.39）是扩散波特征方程，因为 $\mathrm{d}Q/\mathrm{d}t \neq 0$，故沿前进方向相应流量会产生变化，而变化程度取决于 μ 和 $\partial^2 Q/\partial l^2$ 两个因素。当 $\mu = 0$ 时，式（9.37）即为运动波方程，也就是说运动波属于扩散波的一个特例。

应注意，上述 C_k 和 μ 仅适用于宽浅矩形河道条件，这时扩散波的波速与运动波的相同。

将式（9.39）中的 $\mathrm{d}Q/\mathrm{d}t$ 用差分形式表示，且令 $\Delta t = L_s/C_p$，即可导出特定河段洪峰衰减值计算式：

$$\Delta Q_p \approx \mu_p \frac{L_s}{C_p}\frac{\partial^2 Q}{\partial l^2}\bigg|_p \tag{9.40}$$

式中：ΔQ_p 为洪峰衰减值，m^3/s；μ_p 为洪峰衰减系数，m^2/s；L_s 为河段长度，m；C_p 为洪峰波速，m/s；$\left.\frac{\partial^2 Q}{\partial l^2}\right|_p$ 为洪峰处流量对距离的二阶导数。

因为$\left.\frac{\partial^2 Q}{\partial l^2}\right|_p \approx -\frac{1}{C_p^2}\left.\frac{d^2 Q}{dt^2}\right|_p$，其中$\left.\frac{d^2 Q}{dt^2}\right|_p$ 是上游断面入流过程线在洪峰处的二阶导数，其近似计算表达式为

$$\left.\frac{d^2 Q}{dt^2}\right|_p \approx \frac{Q_{p+1}+Q_{p-1}-2Q_p}{(\Delta t)^2}$$

式中：Q_p 为 t 时刻洪峰流量，m^3/s；Q_{p+1}、Q_{p-1} 分别为洪峰前后一个时段的流量，即（$t+\Delta t$）和（$t-\Delta t$）时刻的流量，m^3/s；Δt 为计算时段，s。

依据上述近似，可求得长度为 L_s 的河段上，洪峰衰减值计算式为

$$\Delta Q_p \approx -\frac{\mu_p L_s}{C_p^2(\Delta t)^2}(Q_{p+1}+Q_{p-1}-2Q_p) \tag{9.41}$$

由于$\partial y/\partial l$ 随洪水涨落变化，涨洪时$\partial y/\partial l<0$，落洪时$\partial y/\partial l>0$，从而涨洪时$\sqrt{1-\frac{1}{s_0}\frac{\partial y}{\partial l}}>1$，故 $Q>Q_0$；落洪时$\sqrt{1-\frac{1}{s_0}\frac{\partial y}{\partial l}}<1$，而 $Q<Q_0$。这表明在此条件下水位流量关系不是单值函数，同一水位时将有两个流量与之对应。亦即一次洪水过程中，若按时间顺序连接，水位流量关系是一条逆时针方向的绳套曲线，如图 9.7 所示。而绳套的大小取决于$\partial y/\partial l$ 与 s_0 的比值，一般而言，比值越大，绳套越大。

扩散波描述只有平移而不产生变形洪水波运动。当河底比降和摩阻比降接近时，或周边阻力极小，则可近似用运动波方法。

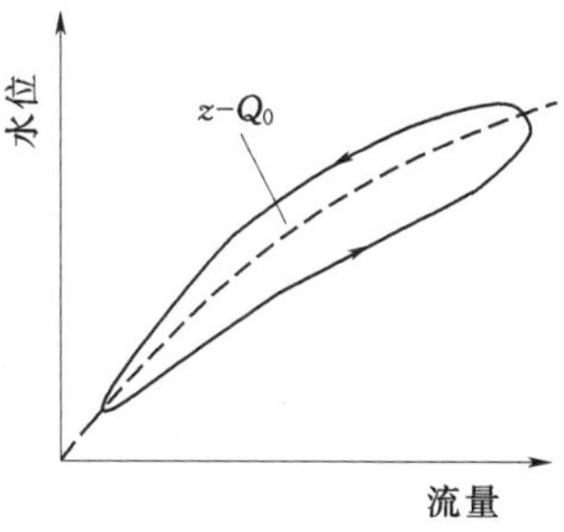

图 9.7 扩散波的水位-流量关系

9.3.3 惯性波

对于水面宽阔且水深很大的湖泊水库，一般情况下，可用惯性波描述其入湖或入库洪水。此时，因河底比降 s_0 和摩阻比降 s_f 接近而相互抵消，或者两者与惯性项相比小得多而可忽略，即水面基本无比降。断面为矩形时，动力方程变为

$$\frac{\partial y}{\partial l} = -\frac{v}{g}\frac{\partial v}{\partial l} - \frac{1}{g}\frac{\partial v}{\partial t} \tag{9.42}$$

此式表明，惯性力是主导因素，所以称为惯性波。惯性波方程无阻力项，即波峰不会衰减。洪水波在传播中的变形，主要取决于波速 C_k 是否为常数，这与运动波情况相似。

依据微分方程特征原理，它等价于下述 4 个微分方程：

$$\frac{dl}{dt} = v\left(1+\frac{1}{Fr}\right) \tag{9.43}$$

$$\frac{\mathrm{d}y}{\mathrm{d}t}=-\sqrt{\frac{y}{g^2}}\frac{\mathrm{d}v}{\mathrm{d}t} \tag{9.44}$$

$$\frac{\mathrm{d}l}{\mathrm{d}t}=v\left(1-\frac{1}{Fr}\right) \tag{9.45}$$

$$\frac{\mathrm{d}y}{\mathrm{d}t}=\sqrt{\frac{y}{g^2}}\frac{\mathrm{d}v}{\mathrm{d}t} \tag{9.46}$$

式中：Fr 为 Froude 数；其余符号意义同前。

由式（9.43）知，波速大于断面平均流速，向下游传播，称之为顺特征方向；而式（9.45）表示的波速随 $Fr>1$ 或 $Fr<1$ 而取正值或负值，意味着它的方向可指向下游或上游，为了加以区别，称之为逆特征方向。对惯性波来说，仅当断面流速不随水深变化时，水深在传播过程中才不会改变。

9.3.4　动力波

平原河道的洪水波接近于动力波，即其动力方程中各项均不能忽略。若河槽呈矩形，连续方程与动力方程分别为

$$y\frac{\partial v}{\partial l}+v\frac{\partial y}{\partial t}+\frac{\partial y}{\partial t}=0 \tag{9.47}$$

$$\frac{v}{g}\frac{\partial v}{\partial l}+\frac{1}{g}\frac{\partial v}{\partial t}+\frac{\partial y}{\partial l}=s_0-\frac{v^2}{C^2R} \tag{9.48}$$

依据微分方程特征原理，它们的等价方程组为

$$\frac{\mathrm{d}l}{\mathrm{d}t}=v\left(1+\frac{1}{Fr}\right) \tag{9.49}$$

$$\frac{\mathrm{d}y}{\mathrm{d}t}=\sqrt{\frac{y}{g}}\left[\left(s_0-\frac{v^2}{C^2R}\right)-\frac{1}{g}\frac{\partial v}{\partial t}\right] \tag{9.50}$$

$$\frac{\mathrm{d}l}{\mathrm{d}t}=v\left(1-\frac{1}{Fr}\right) \tag{9.51}$$

$$\frac{\mathrm{d}y}{\mathrm{d}t}=-\sqrt{\frac{y}{g}}\left[\left(s_0-\frac{v^2}{C^2R}\right)-\frac{1}{g}\frac{\partial v}{\partial t}\right] \tag{9.52}$$

式（9.49）和式（9.51）为动力波的特征线方程，而式（9.50）和式（9.52）为相应的特征方程。分别表示顺、逆特征线方向上的水深变化。一般而言，顺逆两个方向水深都有变化，但变化程度有所差异。将上述四式与式（9.43）～式（9.46）进行比较，可得出动力波的传播速度与特征线方向跟惯性波相同，仅沿特征线方向水深变化不同。

由水力学知，$Fr>1$，流态为缓流；$Fr<1$ 则为急流。但就 $l-t$ 平面而言，无论 $Fr>1$ 还是 $Fr<1$，动力波都有两组特征线。图 9.8（a）和（b）分别绘出了缓流和急流条件下的两条特征线。在顺、逆特征线方向上水深都有变化，只是程度不同。

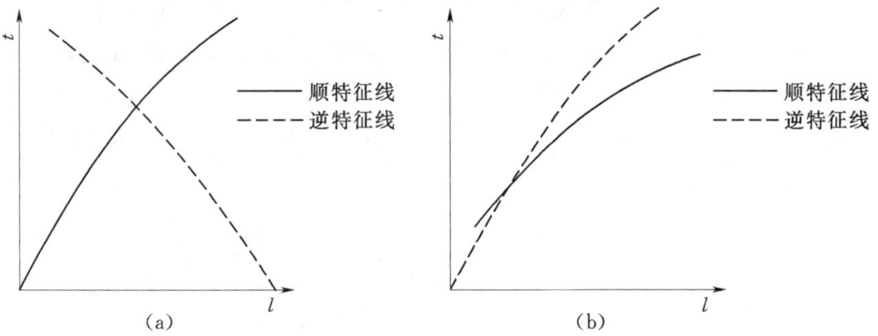

图 9.8 动力波的特征线

(a) 缓流；(b) 急流

9.4 槽蓄原理与特征河长

9.4.1 河段水量平衡方程

将描述洪水波运动的连续方程式（9.23）写为有限差分形式，即

$$\frac{\Delta Q}{\Delta l}+\frac{\Delta A}{\Delta t}=0$$

令 $\Delta Q=Q-I$，$\Delta W=\Delta A\Delta l$；$\Delta W$ 为时段 Δt 内河槽蓄水量，代入上式有

$$\overline{I}\Delta t-\overline{Q}\Delta t=\Delta W \tag{9.53}$$

式中：$\overline{I}$、$\overline{Q}$ 分别为时段 Δt 内的平均入流量、出流量。

若流量在 Δt 时段内为直线变化，式（9.53）应为

$$\frac{1}{2}(I_1+I_2)\Delta t-\frac{1}{2}(Q_1+Q_2)\Delta t=W_2-W_1 \tag{9.54}$$

式中：脚标 1、2 分别表示 Δt 时段的始、末。

式（9.54）即为有限时段 Δt 内河段的水量平衡方程，如图 9.9 所示。

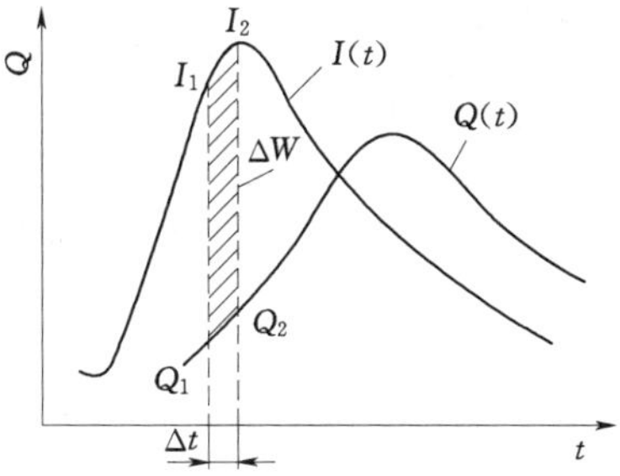

图 9.9 河段水量平衡示意图

资源 9.3

9.4.2 槽蓄方程

河段的蓄水量取决于河段中水位的沿程分布状况，也就是水面线的形状。由于河段任意断面水位与流量存在着某种关系，故河段蓄水量是流量沿程分布和断面水位流量关系的函数，称此函数为槽蓄方程。

在稳定流条件下，槽蓄方程表示河段蓄水量与稳定流量之间的函数关系，可写为 $W=f(Q_0)$，其中，W 为河段蓄水量，Q_0 为河段的稳定流流量，如图 9.10 所示。

在洪水波条件下，槽蓄方程十分复杂。为了便于理解，假设河段的水位沿程分布呈直线，如图 9.11（a）所示。当河段的中断面水位不变时，河段中蓄水量也不变。

这意味着，当河段水面线呈直线时，中断面水位与河段蓄水量为单值关系，如图 9.11（b）所示。但是，由于附加比降的影响，中断面水位与下断面流量存在 3 种关系。在中断面水位不变条件下：

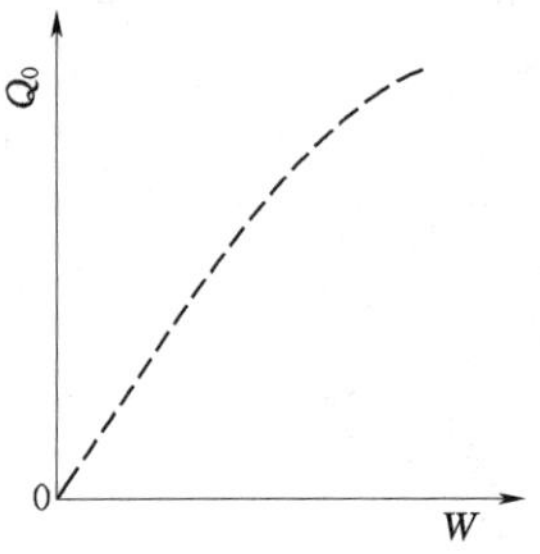

图 9.10　稳定流条件下的槽蓄关系

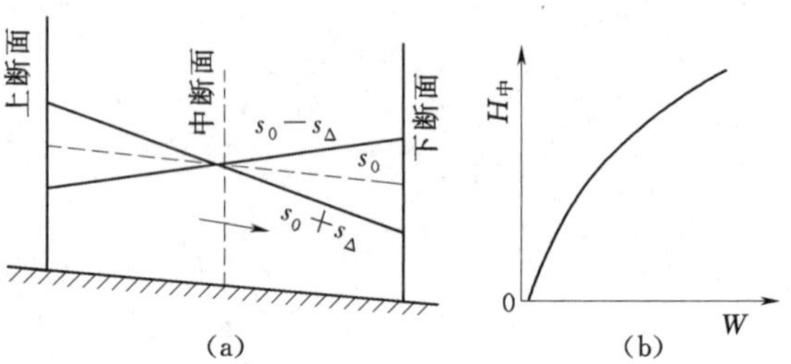

图 9.11　洪水波水面线与中断面水位-蓄水量关系

（a）水面线；（b）中断面水位-蓄水量关系

（1）下断面涨洪时的流量小于落洪时的流量，中断面水位与下断面流量呈逆时针绳套关系，河段蓄水量与下断面流量呈逆时针绳套关系，如图 9.12（a）所示。

（2）下断面涨、落洪时的流量相等，中断面水位与下断面流量呈单值关系，河段蓄水量与下断面流量呈单值关系，如图 9.12（b）所示。

（3）下断面涨洪流量大于落洪流量，中断面水位与下断面流量呈顺时针绳套关系，河段蓄水量与下断面流量呈顺时针绳套关系，如图 9.12（c）所示。

通过以上分析表明，对某一特定河段，河段蓄水量 W 与下断面流量 Q 的关系有可能成为单值关系。

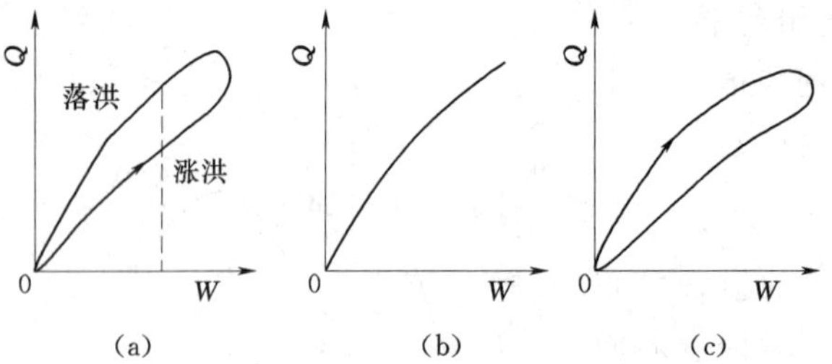

图 9.12　洪水波条件下槽蓄曲线的 3 种形式

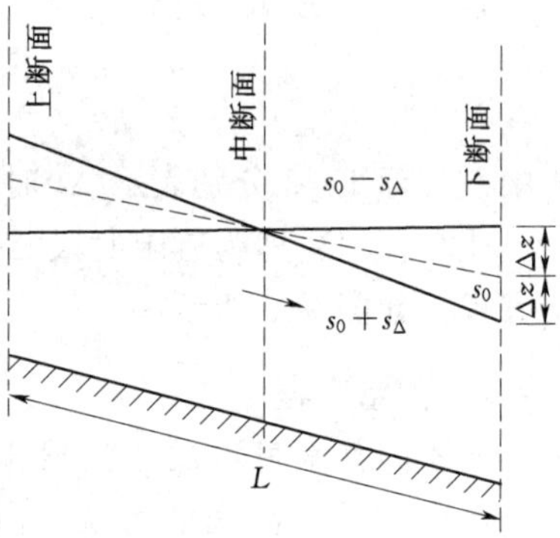

图 9.13　特征河长示意图

资源 9.4

9.4.3　特征河长

加里宁（Калинин）和米留柯夫（Милюкав）于 1958 年提出了特征河长概念。对于某一特定河长 L，在满足河段水面线呈直线且中断面水位不变条件下，在涨洪阶段，由于上断面水位较下断面水位先涨，导致下断面流量较稳定流流量减小 ΔQ_z；同时，由于附加比降 $s_\Delta>0$，下断面流量较稳定流流量增大 ΔQ_s。而在落洪阶段，情况正好相反。中断面水位不变条件下，下断面流量的减小与增大恰好抵消的河长，称为特征河长。

由水力学可知，任意断面的流量是水位 z 和水面比降 s 的函数，即 $Q=f(z,s)$。对其取全微分，有

$$\mathrm{d}Q=\frac{\partial Q}{\partial z}\mathrm{d}z+\frac{\partial Q}{\partial s}\mathrm{d}s \tag{9.55}$$

就特征河长而言，当中断面水位 z 不变时，下断面流量不变，即 $\mathrm{d}Q=0$，并且 $\mathrm{d}z=-(1/2)L\mathrm{d}s$，令 $L=2l$，代入上式，故有

$$\frac{\partial Q}{\partial z}l\mathrm{d}s=\frac{\partial Q}{\partial z}\mathrm{d}s \tag{9.56}$$

所以有

$$l=\frac{\partial Q/\partial s}{\partial Q/\partial z} \tag{9.57}$$

在稳流情况下，可应用曼宁公式计算流量，$Q_0=K\sqrt{s_0}$，对其微分有

$$\frac{\partial Q_0}{\partial s_0}=\frac{K}{2\sqrt{s_0}}=\frac{Q_0}{2s_0} \tag{9.58}$$

将式（9.58）代入式（9.57）得

$$l=\frac{Q_0/(2s_0)}{\partial Q/\partial z}=\frac{Q_0}{2s_0}\frac{\partial z}{\partial Q} \tag{9.59}$$

如上式右边取稳流时的数值，特征河长的近似计算公式为

$$L=2l=\frac{Q_0}{s_0}\left(\frac{\partial z}{\partial Q}\right)_0 \tag{9.60}$$

式中：$\left(\frac{\partial z}{\partial Q}\right)_0$ 为稳定流时水位流量关系曲线的斜率；其余符号意义同前。

式（9.60）表明，在特征河长条件下，槽蓄方程为 $W=K_lQ$，其中，K_l 为特征河长的传播时间，为常数。

综上所述，特征河长是河道水力特性的综合参数。而河道水力特性也决定了洪水波运动的特点，所以特征河长与河道洪水波有着密切关系。对于宽浅矩形河道：

$$\frac{\partial z}{\partial Q}=\frac{1}{B}\frac{\partial A}{\partial Q}=\frac{1}{B}\frac{1}{\partial Q/\partial A}=\frac{1}{BC_\mathrm{k}}$$

代入式（9.60），可得出

$$L=\frac{Q_0}{s_0BC_\mathrm{k}}$$

将扩散波波速 C_k 与扩散系数 μ 表达式代入上式，得

$$L=\frac{2\mu}{C_\mathrm{k}} \tag{9.61}$$

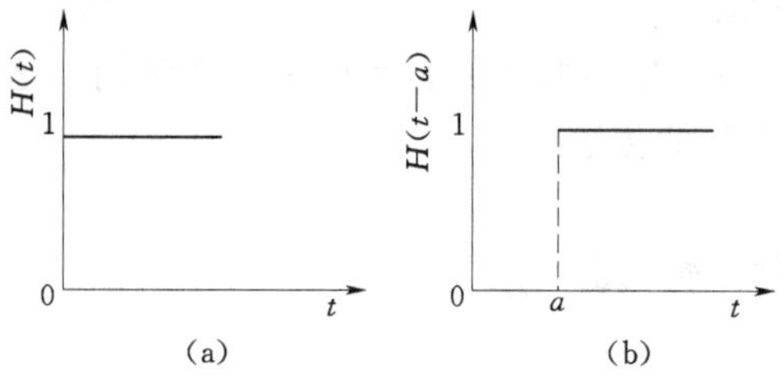

图 9.15　单位函数与单位延迟函数
(a) 单位函数；(b) 单位延迟函数

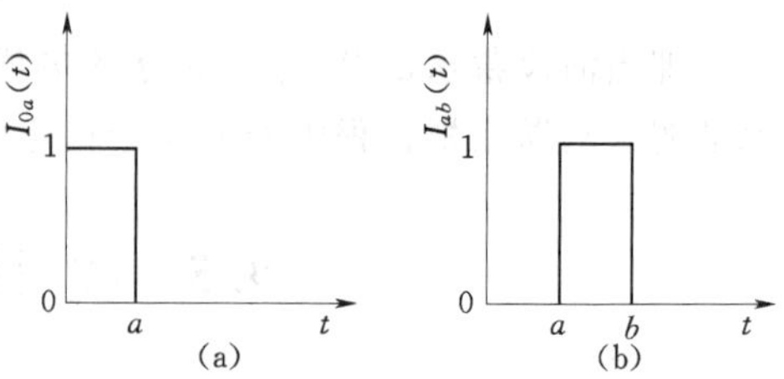

图 9.16　单位矩形入流与单位延迟矩形入流
(a) 单位矩形入流；(b) 单位延迟矩形入流

4. 单位脉冲函数与单位入流的关系

设单位时段入流函数 $\delta_{\Delta}(t)$ 为

$$\delta_{\Delta}(t)=\frac{H(t)-H(t-\Delta t)}{\Delta t}=\begin{cases}0 & (t<0)\\ 1/\Delta t & (0\leqslant t\leqslant \Delta t)\\ 0 & (t>\Delta t)\end{cases} \tag{9.74}$$

可以看出当 $\Delta t\rightarrow 0$ 时，$\delta_{\Delta}(t)$ 就是单位脉冲函数，即

$$\delta(t)=\lim\delta_{\Delta}(t)=\lim_{\Delta t\rightarrow 0}\frac{H(t)-H(t-\Delta t)}{\Delta t}=\frac{\mathrm{d}H(t)}{\mathrm{d}t} \tag{9.75}$$

此式表明，单位脉冲函数就是入流对时间 t 的一阶导数。

5. 入流过程近似描述

借助上述简单函数即可描述任意复杂的入流过程。例如图 9.17 所示流量过程，将其划分为底宽相等的若干矩形，则可用单位矩形入流表示为

$$I(t)\approx\frac{I_1}{2}I_{01}(t)+\frac{I_1+I_2}{2}I_{12}(t)+\cdots=\overline{I_0}I_{01}(t)+\overline{I_1}I_{12}(t)+\overline{I_2}I_{23}(t)+\cdots \tag{9.76}$$

单位矩形入流与单位入流和单位延迟入流的关系则可表示为

$$\begin{aligned}I(t)&=\overline{I_0}[H(t)-H(t-1)]+\overline{I_1}[H(t-1)-H(t-2)]+\overline{I_2}[H(t-2)-H(t-3)]+\cdots\\&=\Delta\overline{I_0}H(t)+\Delta\overline{I_1}H(t-1)+\Delta\overline{I_2}H(t-2)+\cdots\end{aligned} \tag{9.77}$$

式中：$\Delta\overline{I_i}=\overline{I_i}-\overline{I_{i-1}}$，$i=0$，1，2，…。

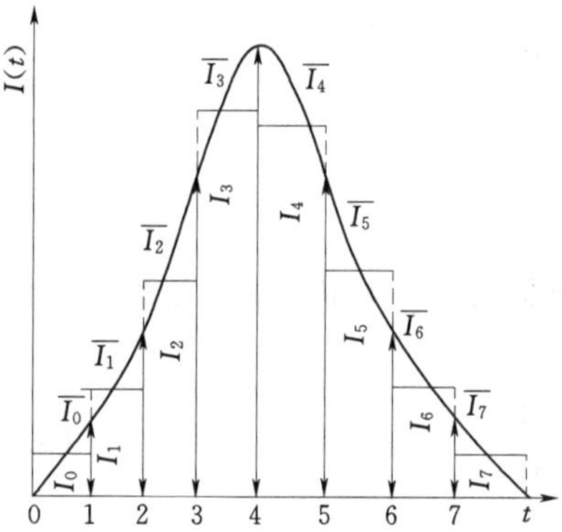

图 9.17　入流过程近似描述

从图 9.17 可知，任意入流过程均可用单位矩形入流或单位入流之和逼近。显然，逼近精度取决于矩形的底宽，Δt 越小逼近的精度越高。

9.5.2　线性运动波方程及其差分解

当运动波方程式 (9.28) 中的波速 C_{k} 为常数时，称为线性运动波方程，其通解形式为

$$Q(0,t)=Q(x,t+\tau) \tag{9.78}$$

式中：τ 为运动波在河段 x 上的传播时间；其余符号意义同前。

上式表明，上断面入流为 $Q(0,t)$，下断面洪水过程为 $Q(x,t+\tau)$，两者形状相同，仅仅出现时间延迟 τ，如图 9.18 所示，它难以反映天然河道中的洪水演进过程。若对式（9.28）作差分计算，就可以利用运动波的数值扩散来模拟洪水波的扩散过程，使方程满足洪水波传播和扩散衰减的过程。康吉（Cunge）建议采用下述差分格式，如图 9.19 所示，对应表达式为

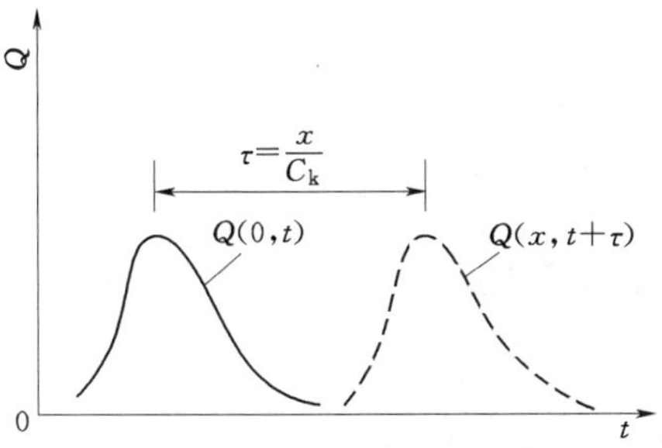

图 9.18 线性运动波传播

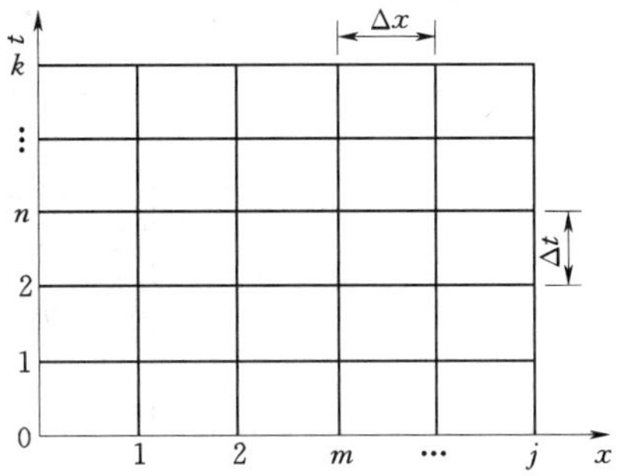

图 9.19 康吉演算的差分格式

$$\begin{cases}\dfrac{\partial Q}{\partial t}\approx\dfrac{X(Q_j^{n+1}-Q_j^n)+(1-X)(Q_{j+1}^{n+1}-Q_{j+1}^n)}{\Delta t}\\[2ex]\dfrac{\partial Q}{\partial x}\approx\dfrac{Y(Q_{j+1}^{n+1}-Q_j^{n+1})+(1-Y)(Q_{j+1}^n-Q_j^n)}{\Delta x}\end{cases}\tag{9.79}$$

式中：Q 为流量，其上标表示时间，下标表示位置；X 为用以平均 j 和 $j+1$ 点时间导数的权重系数，$0\leqslant X\leqslant 1$；Y 为用以平均 $n\Delta t$ 和 $(n+1)\Delta t$ 点空间导数的权重系数，$0\leqslant Y\leqslant 1$；Δx 为空间步长；Δt 为时间步长。

以式（9.79）形式求解式（9.28），可得出差分方程

$$L_nQ\equiv\frac{1}{C_k}\frac{X(Q_j^{n+1}-Q_j^n)+(1-X)(Q_{j+1}^{n+1}-Q_{j+1}^n)}{\Delta t}+\frac{Y(Q_{j+1}^{n+1}-Q_j^{n+1})+(1-Y)(Q_{j+1}^n-Q_j^n)}{\Delta x}=0\tag{9.80}$$

式中：L_n 为 Q 的差分算子；L_nQ 为 Q 的差分方程；其余符号意义同前。

可以证明，上述差分方程是式（9.37）即扩散波方程的二阶近似，此时扩散系数 μ 为

$$\mu=C_k\Delta x\left[\left(\frac{1}{2}-X\right)+\frac{\Delta t}{\Delta x}\left(\frac{1}{2}-Y\right)\right]\tag{9.81}$$

这表明线性运动波方程自身不能描述具有衰减的洪水波，而当差分方程满足式（9.82）时，可以近似达到这一目标。

进一步简化，令 $Y=1/2$，式（9.81）变为

$$\mu=C_k\Delta x\left(\frac{1}{2}-X\right)\tag{9.82}$$

于是，差分方程也随之变为

$$\frac{1}{C_k}\frac{X(Q_j^{n+1}-Q_j^n)+(1-X)(Q_{j+1}^{n+1}-Q_{j+1}^n)}{\Delta t}+\frac{0.5(Q_{j+1}^{n+1}-Q_j^{n+1})+0.5(Q_{j+1}^n-Q_j^n)}{\Delta x}=0 \tag{9.83}$$

若令 $K=\Delta x/C_k$，可由上式解得 Q_{j+1}^{n+1}，为

$$Q_{j+1}^{n+1}=C_0Q_j^{n+1}+C_1Q_j^n+C_2Q_{j+1}^n \tag{9.84}$$

其中

$$\begin{cases} C_0=\dfrac{0.5\Delta t-KX}{K(1-X)+0.5\Delta t} \\ C_1=\dfrac{0.5\Delta t+KX}{K(1-X)+0.5\Delta t} \\ C_2=\dfrac{K(1-X)-0.5\Delta t}{K(1-X)+0.5\Delta t} \end{cases} \tag{9.85}$$

容易证明，

$$C_0+C_1+C_2=1 \tag{9.86}$$

式（9.84）表明，下断面 $n+1$ 时刻流量由三部分构成：一是上断面 $n+1$ 时刻流量乘以 C_0；二是上断面 n 时刻流量乘以 C_1；三是下断面 n 时刻流量乘以 C_2。

式（9.83）与式（9.81）构成康吉线性运动波演算的基本公式，为了使公式能推求具有衰减特性的洪水波运动，参数 X 必须满足式（9.82）。上述分析表明，康吉演算方法以不稳定流的动力方程为基础，由差分形式导出，从而将马斯京根演算法从半经验途径提高到具有水力学理论依据的水平。

由式（9.82）可推导出 X 的表达式

$$X=\frac{1}{2}-\frac{\mu}{C_k\Delta x} \tag{9.87}$$

由上式可知，X 与洪水波波速 C_k、扩散系数 μ 以及河段长度等因素有关。因 μ 总为正值，所以 $X\leqslant 0.5$。特别是当 $\mu=0$ 时，$X=0.5$，相应于运动波情况。由 $\mu=C_kL/2$，可以导出 X 与特征河长的关系为

$$X=\frac{1}{2}-\frac{L}{2\Delta x} \tag{9.88}$$

上述差分属于显示格式，依据数值分析理论，要使显示格式稳定，必须满足 Crount 条件：$C_k\Delta t\leqslant\Delta x$。它要求时间步长 Δt 和空间步长 Δx 在恰当范围内，以保持流量的线性变化。Δt 和 Δx 既不能太长也不能太短；若 Δt 太长，对于陡涨陡落洪水在 Δt 内流量就不能保持线性变化；Δx 太长或 Δt 太短，在距离 Δx 内就不能满足流量沿程线性变化的基本假定；Δx 太短，则因计算量过大难以实现。

9.5.3 线性连续演算

1. 子河段划分

实际河段往往大于特征河长，而需要将其划分为若干段，每段长为 Δx，称之为子河段。一般依据该河段入流过程变化状况选定时间步长 Δt，再按照 $\Delta x=C_k\Delta t$ 确定子河段数目。例如，河段长为 L，子河段数 $j=L/\Delta x$。而流量演算就是依据上边

界条件（上断面的入流过程），和初始条件（$t=0$ 时刻的流量沿程分布），利用康吉演算法推求下断面流量过程。

2. 入流过程处理

差分方程是微分方程的离散化形式，故需要对入流过程作时间上的离散化处理，才能进行连续演算。这就需要引入单位脉冲序列和单位延迟脉冲序列的概念。在数学上，具有下述性质的函数称为单位脉冲序列：

$$\delta(n)=\begin{cases}1 & (n=0)\\ 0 & (n\neq 0)\end{cases} \tag{9.89}$$

式中：n 仅取离散值。

具有下述性质的函数称为单位延迟脉冲序列：

$$\delta(n-s)=\begin{cases}1 & (n=s)\\ 0 & (n\neq s)\end{cases} \tag{9.90}$$

如前所述，任意入流过程均可离散化为图 9.20 形式。依据单位脉冲序列或单位延迟脉冲序列，离散化的入流过程数学表达式为

$$I(n)=\sum_{s=1}^{\infty} I(s)\delta(n-s) \tag{9.91}$$

3. 河道汇流系数

河段上断面入流为单位脉冲序列时，所形成的下断面出流过程一般称为汇流系数，以 $P(n)$ 表示。$P(n)$ 如图 9.21 所示，且应满足条件：

$$\sum_{n=0}^{\infty} P(n)=1 \tag{9.92}$$

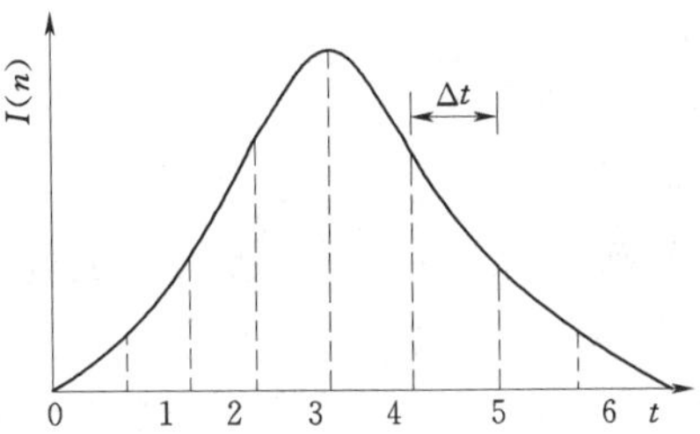

图 9.20 入流过程离散化示意图

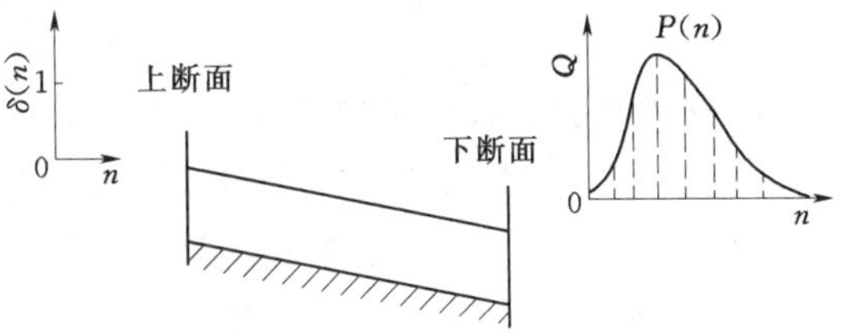

图 9.21 汇流系数意义示意图

依据线性叠加原理，某一入流过程所形成的出流过程，可用汇流系数按照式（9.93）计算：

$$Q(n)=\sum_{j=0}^{m} I(j)P(n-1) \tag{9.93}$$

式中：$Q(n)$ 为第 n 个出流序列；m 为入流序列个数；$P(n-1)$ 为汇流系数；j 为入流序列编号，$j=1$，2，3，…，m。

1962 年，华东水利学院就以马斯京根法分段连续演算为基础，推导出河槽汇流系数，并制成系数表供水文预报使用[5]。参照这一思路，假设每一子河段的参数 C_0、C_1 和 C_2 相同，且初始时刻沿河各断面流量为 0。故当河段上断面仅于 $t=0$ 时刻有一

单位脉冲入流时，可由式（9.94）求得第 1 子河段的下断面出流序列为

$$\begin{cases}P_1(0)=C_0 \\ P_1(1)=C_1+C_0C_2 \\ P_1(2)=C_2(C_1+C_0C_2) \\ \vdots \\ P_1(n)=C_2^{n-1}(C_1+C_0C_2) \quad (n=1,2,3,\cdots)\end{cases} \tag{9.94}$$

式（9.94）就是第 1 子河段的汇流系数。因为第 1 子河段出流序列，就是第 2 子河段的入流序列，再次应用式（9.94），可以求得第 2 子河段的汇流系数：

$$\begin{cases}P_2(0)=C_0^2 \quad (n=0) \\ P_2(1)=2C_0(C_1+C_0C_2) \\ P_2(2)=2C_0C_2(C_1+C_0C_2)+(C_1+C_0C_2)^2 \\ P_2(3)=2C_0C_2^2(C_1+C_0C_2)+2C_2(C_1+C_0C_2)^2 \\ \vdots \\ P_2(n)=2C_0C_2^{n-1}(C_1+C_0C_2)+(n-1)C_2^{n-2}(C_1+C_0C_2)^2 \quad (n=1,2,3,\cdots)\end{cases} \tag{9.95}$$

以此类推，可得出 m 个河段的汇流系数公式：

$$\begin{cases}P_m(0)=C_0^m \quad (n=0) \\ P_m(n)=\sum_{i=1}^{m}B_iC_0^{m-i}C_2^{n-i}A^i \quad (n>0,n-i\geqslant 0)\end{cases} \tag{9.96}$$

式中

$$A=C_1+C_0C_2 \tag{9.97}$$

$$B_i=\frac{m!(n-1)!}{i!(i-1)!(m-i)!(n-i)!} \tag{9.98}$$

4. 线性特征河长连续演算法

如果河段长度恰好等于一个特征河长，按照特征河长的定义，其下断面出流量与河段蓄水量应为单值关系。若将演算河段依据特征河长分为 n 段，则每个单元河段蓄水量与其下断面的出流量都应为单值关系，进而假定每个单元河段的这一关系均属线性，于是可将河段看作由 n 个线性水库串联系统（图 9.22），而有

$$W_i=K_iQ_i \quad (i=1,2,\cdots,n) \tag{9.99}$$

式中：W_i 为各单元河段的蓄水量，m^3；Q_i 为各单元河段的出流量，m^3/s；K_i 为各单元河段的蓄泄系数，s。

依据水量平衡原理，可得到描述各单元河段的微分方程。

对于第 1 个单元河段

$$I(t)-Q_1(t)=\frac{\mathrm{d}W_1}{\mathrm{d}t} \tag{9.100}$$

将式（9.99）代入式（9.100），有

$$I(t)-Q_1(t)=K_1\frac{\mathrm{d}Q_1}{\mathrm{d}t} \tag{9.101}$$

用微分算子 D 表示 $\mathrm{d}/\mathrm{d}t$，可解得 $Q_1(t)$

$$Q_1(t)=\frac{1}{1+K_1D}I(t) \tag{9.102}$$

对于第 2 个单元河段，其上断面入流为第 1 个单元河段的出流，仿照上述方式，有

$$Q_2(t)=\frac{1}{1+K_1D}\frac{1}{1+K_2D}I(t) \tag{9.103}$$

依此类推，可得到第 n 个单元河段的出流 $Q(t)$ 为

$$Q(t)=\frac{1}{1+K_1D}\frac{1}{1+K_2D}\cdots\frac{1}{1+K_nD}I(t) \tag{9.104}$$

若 $K_1=K_2=\cdots=K_n=K_l$，则式（9.104）成为

$$Q(t)=\frac{1}{(1+K_lD)^n}I(t) \tag{9.105}$$

式中：K_l 为洪水波在特征河长内的传播时间，s；其余符号意义同前。

如果上断面零时刻的入流为单位瞬时脉冲，应用拉普拉斯变换求解上述高阶微分方程，即可得到线性特征河长连续演算的瞬时单位线：

$$u(t)=\frac{1}{K_l(n-1)!}\left(\frac{t}{K_l}\right)^{n-1}\mathrm{e}^{-t/K_l} \tag{9.106}$$

式中：e 为自然对数的底；其余符号意义同前。

相应的 S 曲线为

$$S(t)=1-\mathrm{e}^{-t/K_l}\sum_{i=0}^{n-1}\frac{1}{i!}\left(\frac{t}{K_l}\right)^i \tag{9.107}$$

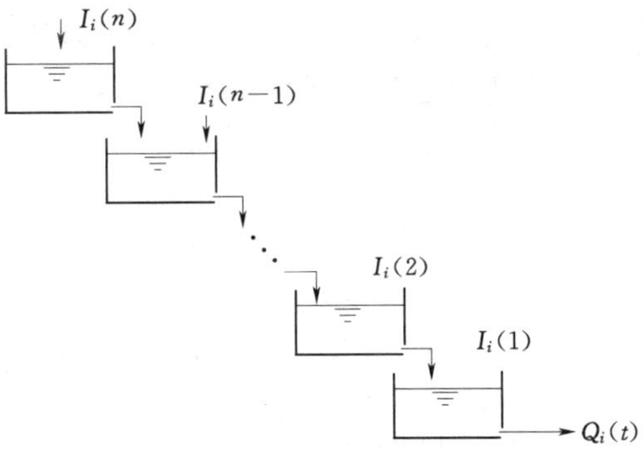

图 9.22　串联水库示意图

可利用式（9.108）将其转换为时段单位线：

$$u(\Delta t,t)=S(t)-S(t-\Delta t) \tag{9.108}$$

转换后所得的时段单位线实际上就是特征河长连续演算的汇流曲线。若所选定的计算时段 Δt 很短，$u(t)$ 在 Δt 内变化很小，式（9.106）两端同乘以 Δt，就得出特征河长连续演算的汇流系数 $P_m(n)$，即

$$P_m(n)=u(t,\Delta t)=\frac{\Delta t}{K_l(n-1)}\left(\frac{t}{K_l}\right)^{n-1}\mathrm{e}^{-t/K_l} \tag{9.109}$$

当 $\Delta t=K_l$，再令 $m=t/K_l$，式（9.109）又可转换为

$$P_m(n)=\frac{1}{(n-1)!}m^{n-1}\mathrm{e}^{-m} \tag{9.110}$$

此式称为标准汇流曲线，特指当计算时段取一个特征河长的汇流时间条件下的汇流曲线。

实际应用中为了简化计算，按照参数 n、K_l 制成 S 曲线表备用。然后通过

式（9.108）换算为时段单位线。在此情况下，两参数 n、K_l 可依据物理意义，参照式（9.111）计算：

$$n=L_0/L, \quad K_l=L/C_k \tag{9.111}$$

式中：L_0 为演算河段长度，m；L 为特征河长，m；C_k 为洪水波波速，m/s。

当河段缺乏实测水位、流量资料时，可依据河道纵断面和糙率估算，即

$$L=\frac{3}{5}\frac{A}{Bs_0}, C_k=\frac{5}{3}\frac{A^{2/3}B^{-2/3}s_0^{1/2}}{n} \tag{9.112}$$

式中：A 为过水断面面积，m^2；B 为水面宽度，m；s_0 为河底比降，无因次；n 为糙率。

习题与思考题

9.1 简述坡面漫流的特点。

9.2 河道汇流的数学方程考虑了哪些因素？

9.3 河道洪水波有哪些类型，各有何特点？

9.4 名词解释：特征河长、传播时间。

9.5 入流过程有哪些近似表示方法？

参考文献

[1] Woolhiser D A，Liggett J A. Unsteady one - dimensional flow over a plane：The rising hydrograph [J]. Water Resources Research，1967，3 (3)：753 - 771.

[2] 沈冰，沈晋. 坡地降雨漫流的有限元模拟 [J]. 水利水电技术，1988 (9)：3 - 8.

[3] 于维忠. 界面产流理论 [J]. 水利学报，1985 (2)：1 - 11.

[4] Richards L A. Cappilary conditions of liquids through porous mediums [J]. Physics，1931，1：318 - 333.

[5] 华东水利学院. 水文预报 [M]. 北京：中国工业出版社，1962.

第 10 章

流域汇流

10.1 概　　述

10.1.1 流域汇流过程

流域汇流指降落在流域内各处的雨水扣除损失后形成的净雨，沿一定方向和路径演变成为流域出口断面的流量过程。流域汇流是降雨径流形成过程的第二个阶段，包括坡面汇流与河网汇流，如图 10.1 所示。当然这种划分是为了便于理解和计算，实际上两个阶段相互交错，难以截然分开。

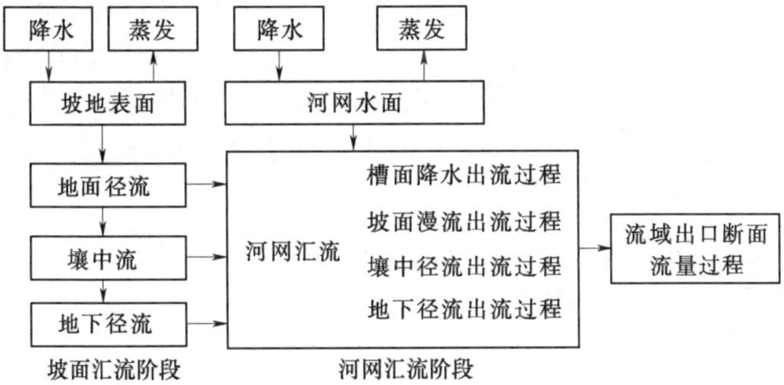

图 10.1　流域汇流过程框图

由于地面径流、壤中流和地下径流汇流所需时间不同，在流域出口断面流量过程的退水段上，各种径流的结束时刻也不同。一般而言，直接降落在河网水面的雨水所形成的出流过程最早结束，地面径流过程次之，壤中流过程再次，最晚的是地下径流过程，如图 10.2 所示。

10.1.2 汇流时间

流域内各处的净雨水质点汇集至出口断面所经历的时间称为汇流时间，记为 τ。由于净雨水质点流达出口断面的路径和所受阻力不同，导致其汇流速度和汇流时间不同。因而需要分别对地面与地下径流的汇流时间进行分析。

资源 10.1

1. 地面径流汇流时间

地面径流汇流时间 τ_s 等于坡面漫流时间 τ_l 与河网汇流时间 τ_r 之和，即 $\tau_s=\tau_l+\tau_r$。坡面地表大都为植被、土壤或岩石及其风化物覆盖，坡面漫流形态异常复杂，水流流向、流态、过水断面随时在变化；同时漫流过程中不断有净雨加入或渗入地下，受微地形影响，局地坑洼会暂时积水。坡面漫流一般呈细沟状流，仅在雨强足够

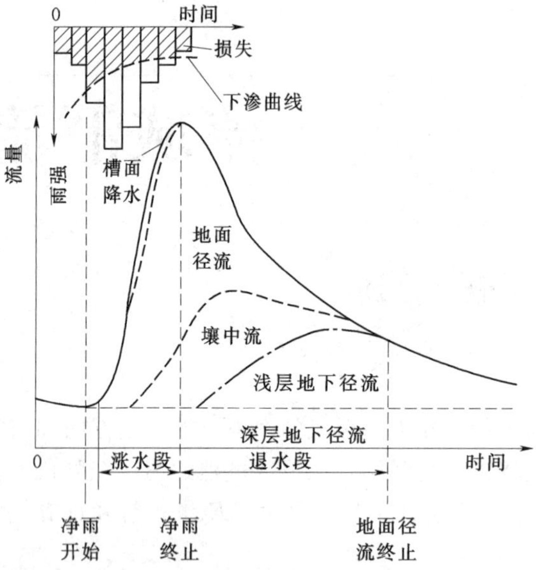

图 10.2　流域降雨径流形成过程示意图

大条件下才有可能接近片状流。由于植被或耕作等因素，坡面糙率变化相当大，故相对于河网水流来说，坡面漫流的流速较小。加之坡面漫流流程一般较短，汇流时间也短，仅数十分钟。因而，从数学物理途径详细描述坡面漫流沿程变化十分困难。

河网汇流过程实质上是河流洪水波的形成和运动过程。由于天然河网是大小不同的支流交汇构成的，降雨时坡面漫流沿各个支流相继汇入干流河道，各支流汇入处洪水波又会相互干扰。加之河网具备一定调蓄能力，可使部分水量暂时滞蓄于河网中，因而河网汇流也十分复杂。一般而言，河网水流速度远大于坡面漫流速度，其流程也长得多。通常河网汇流时间大于坡面漫流时间，仅当流域面积极小时，二者才可能接近。

2. 地下径流汇流时间

此处的地下径流指地表之下所形成的所有径流。一般而言，下渗到地表以下的雨水由于在土壤孔隙或岩石裂隙中流动，水流所受阻力大于地面径流，流速比地面径流小很多，于是地下径流汇流时间就比地面径流长很多。同时，地表以下，各层土壤质地、结构以及地质构造都有差异，故又将土壤划分为各种层次，不同层次界面上形成的径流的汇流时间存在差异。浅层土壤，特别是耕作层，较疏松，易于形成壤中流，其流速相对较大，又称为快速壤中流；而深层土壤乃至岩石裂隙中所形成的径流，即地下径流，流速比壤中流小。显然，壤中流的汇流时间比地面径流长，但比地下径流汇流时间短。应当指出，地面径流、壤中流与地下径流在汇流时间上的差异主要表现在坡面汇流阶段；在河网汇流阶段，不同径流成分的汇流路径长度不同。

3. 汇流时间的统计特性

资源 10.2

(1) 流域汇流时间。流域汇流时间 τ_m 指流域内流程最长的净雨水质点流达出口断面所经历的时间，又称为最大汇流时间，估算公式为

$$\tau_m=\frac{L}{\overline{v}} \tag{10.1}$$

式中：L 为流域长度（流域出口断面逆流而上至流域分水线的最长距离）；$\overline{v}$ 为流域平均汇流速度。

(2) 平均流域汇流时间。平均流域汇流时间 $\overline{\tau}$ 指流域内各净雨水质点流达流域出口断面所经历时间的平均值，即

$$\bar{\tau}=\frac{1}{F}\int_F \tau \mathrm{d}F \tag{10.2}$$

式中：F 为流域面积；τ 为流域内任意地点的汇流时间。

（3）流域滞时。流域滞时 τ_k 指净雨过程形心与相应出口断面流量过程形心之间的时间差，如图 10.3 所示，其表达式为

$$\tau_k=M_1(Q)-M_1(R) \tag{10.3}$$

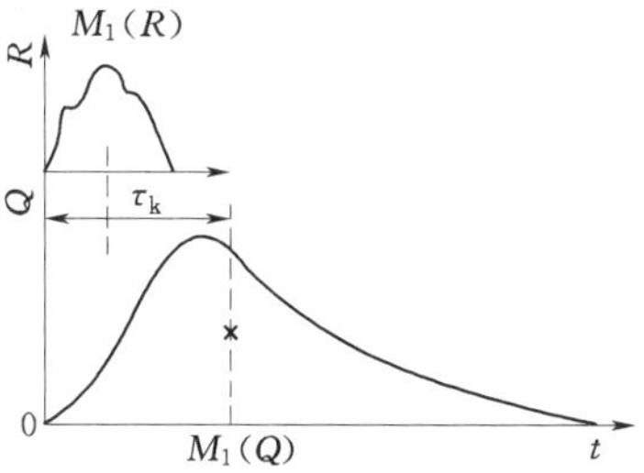

图 10.3　流域滞时示意图

式中：$M_1(Q)$、$M_1(R)$ 分别为流量过程线和净雨过程线的一阶原点矩。

当流域内各点流速变化不大时，可以用式（10.4）估算：

$$\tau_k \approx \frac{L_0}{\bar{v}} \tag{10.4}$$

式中：L_0 为流域形心至出口断面的直线距离。

10.2　流域汇流计算基础

流域汇流计算实质上是根据净雨过程推求流域出口断面的流量过程，目前常用的主要方法有系统分析法、概念性模型法和数学物理法等，其共同点在于反映流域汇流过程的基本特性。因而，了解流域内净雨过程转化为出口断面流量过程的特性是流域汇流计算的基础。

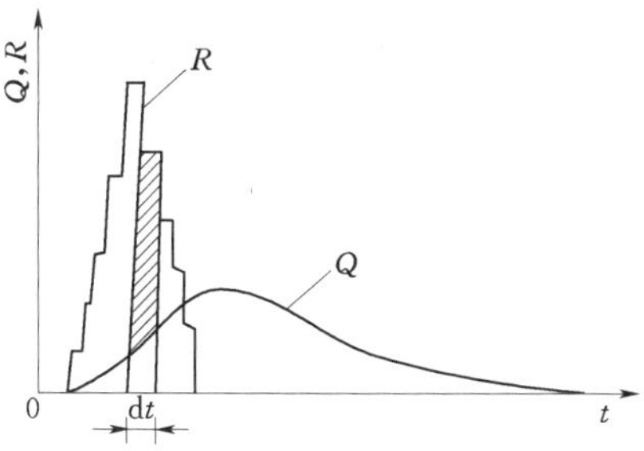

图 10.4　杏子河 1964 年 8 月雨洪过程

下面以延河支流杏子河流域 1964 年 8 月 3—6 日实测雨洪过程为例，分析该次净雨过程与之形成的流量过程之间的差异。杏子河流域面积为 820km^2，河长为 67km。图 10.4 是该次暴雨洪水的雨洪过程。由图可知，洪峰出现时间滞后于雨峰。一般把洪峰滞后于雨峰的现象称为洪水过程线的平移。由于流量过程的历时远大于净雨历时，且峰现时间滞后，流量过程均化，这种现象称为洪水过程的坦化。现有实测资料均表明，无论流域大小、气候条件和下垫面状况如何，流量过程于相应的净雨过程而言，普遍存在着平移和坦化现象。不同流域，因气候与下垫面条件的差异仅在于平移和坦化程度不同。因而，流域汇流计算需要揭示这种现象的机理，并模拟其特征。

资源 10.3

10.2.1　流域的调蓄作用

一次降雨过程中，随着净雨量的增大，坡面、河网中蓄存的水量也增大；净雨过程作为流域的输入水量使流域蓄水量增加，流量过程作为流域的输出水量使流域蓄水

化为

$$S=b_0Q \tag{10.15}$$

式（10.15）与水库的蓄泄方程式（7.13）相同，“水库”作用是流域调蓄作用的特殊情况之一。

流域的总蓄水量 S 包括地表蓄水量（河网蓄水量 S_r，湖泊、水库和洼地蓄水量 S_l，坡面滞蓄水量 S_p）以及地下蓄水量 S_g，即

$$S=S_r+S_l+S_p+S_g \tag{10.16}$$

对式（10.16）求导即可得出流域蓄水量的变化率为

$$\frac{dS}{dt}=\frac{dS_r}{dt}+\frac{dS_l}{dt}+\frac{dS_p}{dt}+\frac{dS_g}{dt} \tag{10.17}$$

通常，河网蓄水量和地下蓄水量的变化率对流域总蓄水量变化率的贡献较大，特别是在地下水蕴藏量丰富地区不可忽略；坡面滞蓄水量的变化率较小，当流域中没有大的湖泊、水库和洼地时，其蓄水变化率也不大。

10.2.3　流域汇流的面积时间曲线

假定流域内各处净雨水质点的流速相同，则其流达出口断面的时间只与出口断面的距离有关。在此假定下，流域内汇流时间相等的点连成的线，称为等流时线，如图 10.6（a）中的虚线；相邻两条等流时线的汇流时间差，称为等流时距，记为 $\Delta\tau$；相邻两条等流时线之间的面积，称为等流时面积，记为 $\Delta\omega$。如图 10.6（a）中，用等流时距 $\Delta\tau$，可将流域划分为 6 个等流时面积，分别为 $\Delta\omega_1$、$\Delta\omega_2$、…、$\Delta\omega_6$。

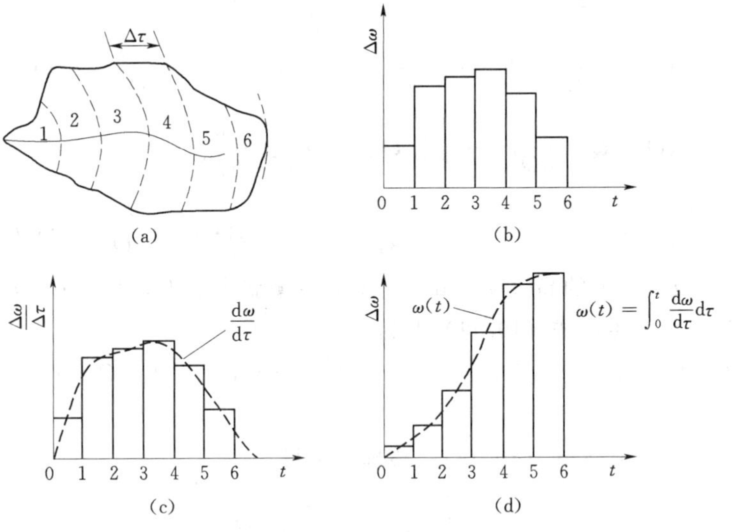

图 10.6　等流时线与面积时间曲线示意图

（a）等流时线；（b）等流时面积分配曲线；（c）面积时间曲线；（d）累积面积时间曲线

资源 10.7

以等流时面积 $\Delta\omega$ 为纵坐标、以汇流时间为横坐标，根据等流时线图可以绘出等流时面积分配曲线，如图 10.6（b）所示。当纵坐标为 $\Delta\omega/\Delta\tau$ 时，即可绘出面积时间曲线，如图 10.6（c）的柱状线。当等流时距 $\Delta\tau$ 趋于无穷小时，流域汇流的面积

时间曲线变成光滑曲线，如图 10.6（c）中的虚线。如果以累积等流时面积为纵坐标，可得到累积面积时间曲线，如图 10.6（d）中的柱状线。当 $\Delta\tau$ 趋于无穷小时，累积面积时间曲线也是一条光滑曲线，如图 10.6（d）中虚线，此曲线方程为

$$\omega(t)=\int_0^t \frac{d\omega}{d\tau}d\tau \tag{10.18}$$

在假定流域内流速分布均匀的前提下，面积时间曲线形态取决于流域形状。例如，矩形流域的面积时间曲线为水平直线；羽状流域的面积时间曲线为单峰曲线；葫芦形流域因两端大中间小，其面积时间曲线呈双峰状，分别如图 10.7（a）、（b）、（c）所示。

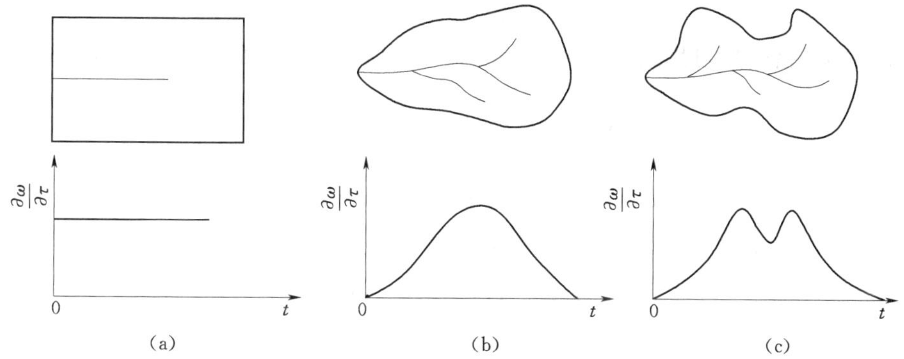

图 10.7　流域形状与面积时间曲线
（a）矩形；（b）羽形；（c）葫芦形

由面积时间曲线的物理概念可知，τ 时刻形成的净雨对 t 时刻流量有贡献的等流时面积为 $\partial\omega(t-\tau)$，于是 t 时刻的部分流量为

$$dQ'(t)=r(\tau)\frac{\partial\omega(t-\tau)}{\partial\tau}d\tau \tag{10.19}$$

积分式（10.19）得到 t 时刻的流量 $Q'(t)$，即

$$Q'(t)=\int_0^t r(\tau)\frac{\partial\omega(t-\tau)}{\partial\tau}d\tau \tag{10.20}$$

对比式（10.6）和式（10.20）可以看出，二者形式完全相同。但二者在概念上的差异表现在，对于 t 时刻流量有贡献的净雨来自不同地点。前者认为，流域内各点流速不同，在 t 时刻流达出口断面的净雨水质点在流域内的分布没有规律（图 10.5），这些点的集合构成了流量 $Q(t)$ 的汇流面积。而后者，基于流速分布均匀的假定，$Q'(t)$ 是由等流时面积上的净雨汇流形成的，而等流时面积的分布有一定规律，且与流域形状有关。

10.3　流域汇流系统分析

10.3.1　系统概念与流域汇流系统

通过某种关系将输入与输出联系起来的结构装置或者过程称为系统，其基本概念

净雨量 R_s 不是 10mm，而是 10mm 的 k 倍，则在流域出口断面形成的地面流量过程是单位线各纵坐标值的 k 倍（$k=R_s/10$）。

如单位线为 $q(\Delta t, t)$，根据倍比假定，单位时段内地面净雨量为 $10k$ 时，在流域出口断面形成的地面流量过程为 $kq(\Delta t, t)$，如图 10.10（a）中的 Q_s-t，其中，$Q_{s0}=kq_0=0$；$Q_{s1}=kq_1$。依此类推，有：$Q_{si}=kq_i$。

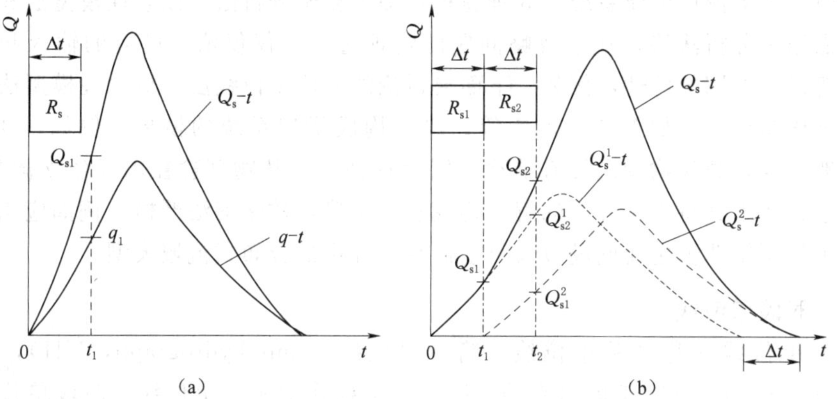

图 10.10　单位线基本假定示意图

（a）倍比假定；（b）叠加假定

（2）叠加假定。如果净雨时段数不止 1 个，而是 m 个，则流域出口断面的地面流量过程是各时段地面净雨形成的部分地面流量过程错开时段叠加而成。

假如地面净雨的时段数 $m=2$，第 1、2 时段的地面净雨量分别为 R_{s1}、R_{s2}，利用倍比假定，其倍比分别为 $k_1=R_{s1}/10$、$k_2=R_{s2}/10$，分别在流域出口断面形成的地面流量过程如图 10.10（b）中 Q_s^1-t、Q_s^2-t；在流域出口断面叠加，得到流域出口断面的地面流量过程如图 10.10（b）中 Q_s-t，其中，$Q_{s0}=k_1q_0=0$；$Q_{s1}=Q_{s1}^1=k_1q_1$；$Q_{s2}=Q_{s2}^1+Q_{s1}^2=k_1q_2+k_2q_1$；依此类推有：$Q_{sj}=k_1q_j+k_2q_{j-1}$，$j=1, 2, \cdots, n+1$。

当地面净雨时段数为 m 时，利用倍比假定和叠加假定，推出流域出口断面的地面流量过程的表示式为

$$Q_{si}=\sum_{j=1}^{m}k_jq_{i-j+1}\quad(i=1,2,\cdots,l;j=1,2,\cdots,m;i-j+1=1,2,\cdots,n)\tag{10.26}$$

式中：Q_{si} 为流域出口断面各时段末的地面流量，m^3/s；k_j 为各时段的地面净雨倍比，$k_j=R_{sj}/10$；q_{i-j+1} 为各时段末的单位线纵坐标值，m^3/s；l 为地面流量过程的时段数；m 为地面净雨时段数；n 为单位线时段数；i 为地面流量过程时段编号；j 为地面流量过程时段编号；$i-j+1$ 为单位线纵坐标值。

式（10.26）的展开式为

$Q_{s1}=k_1q_1$

$Q_{s2}=k_1q_2+k_2q_1$

$Q_{s3}=k_1q_3+k_2q_2+k_3q_1$

$Q_{s4}=k_1q_4+k_2q_3+k_3q_2+k_4q_1$

…

观察以上展开式不难发现，等号右边的第 1 列为第 1 时段地面净雨在流域出口断面形成的地面流量过程，第 2 列为第 2 时段地面净雨在流域出口断面形成的地面流量过程……由此可推出，地面净雨时段数 m、单位线时段数 n 与地面流量过程时段数 l 三者之间的函数关系为

$$n=l-m+1 \tag{10.27}$$

资源 10.10

3. 单位线的应用

如果流域内一场降雨过程，经产流计算得到时段为 Δt 的地面净雨过程 R_s-t，由已知该流域时段也为 Δt 的单位线，即可利用式（10.26）计算流域出口断面的地面流量过程。

【例 10.1】 某流域一场降雨，经产流计算所得地面净雨过程，共 2 个时段（$\Delta t=6\text{h}$），$R_{s1}=35.0\text{mm}$、$R_{s2}=25.0\text{mm}$；该流域的时段单位线见表 10.1。计算该流域本次降雨在流域出口断面形成的地面流量过程。

表 10.1　　某流域时段为 6h 的单位线

时段（$\Delta t=6\text{h}$）	0	1	2	3	4	5	6	7	8
单位线 $q/(\text{m}^3/\text{s})$	0	430	630	400	270	180	100	40.0	0

解：已知 $m=2$，$n=8$，利用式（10.27），可知 $l=n+m-1=9$。

第 1、2 时段的地面净雨的倍比分别为

$$k_1=R_{s1}/10=35.0/10=3.5$$

$$k_2=R_{s2}/10=25.0/10=2.5$$

利用式（10.26）即可计算出该次降雨在流域出口断面的地面流量过程：

$Q_{s0}=k_1q_0=3.5\times0=0$

$Q_{s1}=k_1q_1+k_2q_0=3.5\times430+2.5\times0=1505+0=1505(\text{m}^3/\text{s})$

$Q_{s2}=k_1q_2+k_2q_1=3.5\times630+2.5\times430=2205+1075=3280(\text{m}^3/\text{s})$

$Q_{s3}=k_1q_3+k_2q_2=3.5\times400+2.5\times630=1400+1575=2975(\text{m}^3/\text{s})$

$Q_{s4}=k_1q_4+k_2q_3=3.5\times270+2.5\times400=945+1000=1945(\text{m}^3/\text{s})$

$Q_{s5}=k_1q_5+k_2q_4=3.5\times180+2.5\times270=630+675=1305(\text{m}^3/\text{s})$

$Q_{s6}=k_1q_6+k_2q_5=3.5\times100+2.5\times180=350+450=800(\text{m}^3/\text{s})$

$Q_{s7}=k_1q_7+k_2q_6=3.5\times40.0+2.5\times100=140+250=390(\text{m}^3/\text{s})$

$Q_{s8}=k_1q_8+k_2q_7=3.5\times0+2.5\times40.0=0+100=100(\text{m}^3/\text{s})$

$Q_{s9}=k_2q_8=2.5\times0=0$

在实际应用中，常将以上的展开计算过程列表表示，见表 10.2。

4. 单位线的推求

利用实测雨洪资料推求单位线，一般选用时空分布较均匀、历时较短的降雨过程形成的单峰洪水过程资料。具体方法如下。

表 10.2　　流域出口断面的地面流量过程

时段（6h）	单位线 q /(m^3/s)	部分地面流量过程/(m^3/s)		流域出口地面流量过程 /(m^3/s)
		R_{s1}	R_{s2}	
0	0	0		0
1	430	3.5×430=1505	0	1505+0=1505
2	630	3.5×630=2205	2.5×430=1075	2205+1075=3280
3	400	3.5×400=1400	2.5×630=1575	1400+1575=2975
4	270	3.5×270=945	2.5×400=1000	945+1000=1945
5	180	3.5×180=630	2.5×270=675	630+675=1305
6	100	3.5×100=350	2.5×180=450	350+450=800
7	40.0	3.5×40.0=140	2.5×100=250	140+250=390
8	0	0	2.5×40.0=100	0+100=100
9			0	0

（1）选择一次实测单峰洪水过程，进行流量分割与计算，得到本次降雨形成的地面流量过程；

（2）利用实测降雨过程，通过流域面降雨过程、流域产流过程计算，求出流域地面净雨过程；

（3）根据流域地面净雨过程与地面流量过程，利用倍比假定与叠加假定推求单位线。

当地面净雨时段数 $m=1$ 时，用缩放法求单位线，即有 $q_i=Q_{si}/k$。

当地面净雨时段数 $m=2$ 时，用分析法求单位线，可列表计算。

当地面净雨时段数 $m\geqslant3$ 时，用试算法或最小二乘法等求单位线。

下面举例说明 $m=2$ 时的分析法推求单位线。

【例 10.2】 某流域面积为 820km^2，已知某年 8 月 9 日该流域一次降雨过程，经产流计算所得地面净雨过程（$\Delta t=6\text{h}$）：$m=2$，$R_{s1}=46.0\text{mm}$、$R_{s2}=7.0\text{mm}$；相应的地面流量过程见表 10.3。试用分析法推求单位线。

解：已知 $m=2$，选择分析法推求单位线。

计算倍比：

$$k_1=R_{s1}/10=46.0/10=4.6$$
$$k_2=R_{s2}/10=7.0/10=0.7$$

由式（10.26）的展开式分别计算单位线的纵坐标：

$Q_{s0}=k_1q_0=4.6\times0$，推出 $q_0=0$；

$Q_{s1}=k_1q_1=4.6\times q_1+0.7\times q_0=4.6\times q_1=69.0$，推出 $q_1=69.0/4.6=15.0$ (m^3/s)；

$Q_{s2}=k_1q_2+k_2q_1=4.6\times q_2+0.7\times15.0=4.6\times q_2+10.5$，推出 $q_2=(889-10.5)/4.6=191(m^3/s)$；

$Q_{s3}=k_1q_3+k_2q_2=4.6\times q_3+0.7\times191=4.6\times q_3+134$，推出 $q_3=(386-134)/$

4.6=54.8(m^3/s)；

$Q_{s4}=k_1q_4+k_2q_3=4.6\times q_4+0.7\times 54.9=4.6\times q_4+38.4$，推出 $q_4=(215-38.4)/4.6=38.4(m^3/s)$；

…

以上计算过程，列于表 10.3。表中第（5）列即为计算所得的单位线。

表 10.3　　某流域单位线计算表（分析法）

时段（6h）	地面流量 Q_s /(m^3/s)	部分地面流量过程		计算单位线 $q/(m^3/s)$	修正单位线 q /(m^3/s)
		$R_{s1}=46.0mm$	$R_{s2}=7.0mm$		
(1)	(2)	(3)	(4)	(5)	(6)
0	0	0		0	0
1	69.0	69.0	0	15.0	15.0
2	889	879	10.5	191	191
3	386	252	134	54.8	60.0
4	215	177	38	38.4	37.0
5	159	132	27	28.7	28.7
6	116	95.9	20	20.8	20.8
7	81.0	66.4	15	14.4	14.4
8	59.0	48.9	10	10.6	9.00
9	35.0	27.6	7.44	5.99	5.00
10	16.0	0	4.19	0.0	0.0
11	0		0		
Σ	2025			380.9（10.0mm）	380.9（10.0mm）

利用实测雨洪资料，结合倍比假定和叠加假定推求而得的单位线，在退水段上可能出现锯齿状、平台、负值等不满足单位线形状要求的现象，需要对计算单位线进行适当修正。

一条标准单位线，满足的基本条件如下：

（1）纵坐标值非负：$q_i\geqslant 0$，涨水段从 q_0 逐渐增大到 q_m，退水段从 q_m 逐渐减小到 0；

（2）形状满足：单位线是一条正偏、铃形、光滑曲线；

（3）时段满足：$n=l-m+1$；

（4）水量满足：由单位线 $q(\Delta t,t)$ 计算所得的地面径流深等于 1 个单位地面净雨量 10mm，即 $R_s=\sum q_i\Delta t/F=(10.0\pm 0.1)mm$，$\pm 0.1mm$ 为误差。

根据以上 4 个条件，对表 10.3 中第（5）列的计算单位线进行修正，结果见表中第（6）列。

单位线是满足特定条件的一条地面流量过程线，用具体数值表示，并非数学方程；而且对同一个流域，用不同场次雨洪资料推出的单位线也不同。尽管如此，单位线由谢尔曼提出（1932 年）至今[2]，实际水文分析中仍在广泛应用，但采用了必要的修正以考虑汇流的非线性。

5. 单位线的时段转换

在应用单位线计算地面流量过程时需要满足：地面净雨的时段与单位线的时段相等。如果不满足，则需要将单位线的时段转换为地面净雨的时段。

（1）S 曲线。已知时段为 Δt_0 的单位线 $q(\Delta t_0,t)$，求时段为 Δt 的单位线 $q(\Delta t,t)$，采用的方法为 S 曲线法。S 曲线的定义：流域上地面净雨持续不断，每个时段内的地面净雨量均为 10mm，在流域出口断面形成的地面流量过程线，如图 10.11（a）中的虚线。

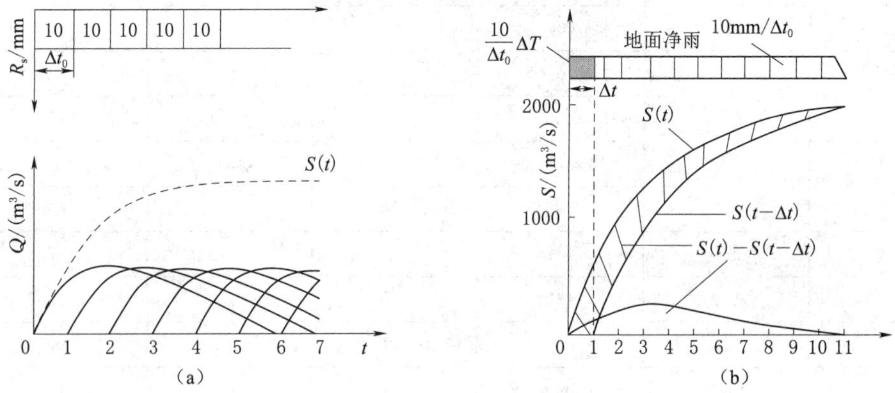

图 10.11　S 曲线示意图

（a）$S(t)$ 曲线；（b）时段转换示意图

利用式（10.26）可知，S 曲线的纵坐标值等于若干个 10mm 地面净雨所形成的单位线在该时刻的纵坐标值之和，或者说，S 曲线的纵坐标值就是单位线的纵坐标值沿时间 t 的累积曲线：

$$S(t)=\sum_{j=0}^{i}q_j(\Delta t,t)\quad (i=0,1,2,\cdots) \tag{10.28}$$

式中：$S(t)$ 为第 i 个时段末（$t=i\times\Delta t$）的 S 曲线的纵坐标值，m^3/s；q_j 为时段为 Δt 的单位线第 i 个时段末的纵坐标值，m^3/s；Δt 为单位线的时段。

当已知时段为 Δt 的单位线 $q(\Delta t,t)$，就可利用式（10.28）求出时段为 Δt 的 S 曲线。

【例 10.3】 已知某流域时段为 6h 的单位线 $q(6\text{h},t)$，见表 10.3 第（6）列，求该流域时段为 6h 的 S 曲线。

解： 根据式（10.28）计算：

$S_0=q_0=0$；

$S_1=q_0+q_1=0+15.0=15.0(m^3/s)$；

$S_2=q_0+q_1+q_2=0+15.0+191=206(m^3/s)$；

…

以上计算过程，常列表表示，见表 10.4。

表 10.4　　　　某流域时段为 6h 的 *S* 曲线计算

时段（6h）	0	1	2	3	4	5	6	7	8	9	10
单位线 $q/(m^3/s)$	0	15.0	191	60.0	37.0	28.7	20.8	14.4	9.00	5.00	0
S 曲线/(m^3/s)	0	15.0	206	266	303	332	353	367	376	381	381

由例 10.3 可知，由时段数为 n 的单位线计算 S 曲线，当 $t=n-1$ 时 $S(t)$ 达到最大值，此后的 $S(t)$ 不再随时间 t 的变化而变化。

（2）时段转换。当已知时段为 Δt_0 的单位线 $q(\Delta t_0,t)$ 及其 $S(t)$ 曲线，求时段为 Δt 的单位线 $q(\Delta t,t)$，利用单位线的倍比假定即可推求。

将时段为 Δt_0 的 $S(t)$ 曲线沿时间轴平移时段 Δt，得到 $S(t-\Delta t)$ 曲线［如图 10.11（b）所示］。$u(\Delta t,t)=S(t)-S(t-\Delta t)$是一条地面流量过程线，由时段为 Δt、地面净雨量为 $10/\Delta t_0\times\Delta t$ 汇流形成。由此，当地面净雨时段数 $m=1$，利用缩放法求单位线，即：$kq(\Delta t,t)=u(\Delta t,t)$，其中 $k=\Delta t/\Delta t_0$，推出单位线的时段转换公式为

$$q(\Delta t,t)=\frac{\Delta t_0}{\Delta t}[S(t)-S(t-\Delta t)] \tag{10.29}$$

【例 10.4】 利用例 10.3 的 $S(t)$ 曲线，求该流域时段为 3h、12h 的单位线。

解：（1）根据时段为 6h 的 $S(t)$ 曲线，沿时间轴平移 12h 求 $S(t-12h)$ 曲线，利用式（10.29）计算出时段为 12h 的单位线，计算过程见表 10.5。

表 10.5　　　　时段为 6h 的 $S(t)$ 曲线转换为 12h 单位线

时间/h	$S(t)/(m^3/s)$	$S(t-12h)/(m^3/s)$	$S(t)-S(t-12h)/(m^3/s)$	$q(12h,t)/(m^3/s)$
0	0		0	0
6	15.0		15.0	~~7.50（舍去）~~
12	206	0	206	103
18	266	15.0	251	~~125（舍去）~~
24	303	206	97.0	48.5
30	332	266	65.7	~~32.9（舍去）~~
36	353	303	49.6	24.8
42	367	332	35.3	~~17.6（舍去）~~
48	376	353	23.4	11.7
54	381	367	14.0	~~7.00（舍去）~~
60	381	376	5.00	2.50
66	381	381	0	~~0（舍去）~~
72	381	381	0	0

（2）在时段为 6h 的 $S(t)$ 曲线上，通过读数内插出时间间隔为 3h、9h、…、51h 的 $S(t)$ 曲线；再由内插后的 $S(t)$ 曲线沿时间轴平移 3h 求出 $S(t-3h)$；最后利用式（10.29）计算出 3h 的单位线，计算结果见表 10.6。

表 10.6　　时段为 6h 的 $S(t)$ 曲线转换为 3h 单位线

时间/h	$S(t)/(m^3/s)$	$S(t-3h)/(m^3/s)$	$S(t)-S(t-3h)/(m^3/s)$	$q(3h,t)/(m^3/s)$
0	0		0	0
3	2.50	0	2.50	5.00
6	15.0	2.50	12.5	25.0
9	120	15.0	105	210
12	206	120	86.0	172
15	245	206	39.0	78.0
18	266	245	21.0	42.0
21	288	266	22.0	44.0
24	303	288	15.0	30.0
27	319	303	16.0	32.0
30	332	319	13.0	26.0
33	342	332	10.0	20.0
36	353	342	11.0	22.0
39	361	353	8.00	16.0
42	367	361	6.00	12.0
45	372	367	5.00	10.0
48	376	372	4.00	8.00
51	379	376	3.00	6.00
54	381	379	2.00	4.00
57	381	381	0	0

由上述例题可知，同一流域，单位线的时段不同，单位线的三要素不同。单位线的时段越长，洪峰越小，底宽越大，峰现时间越晚。因此，在利用单位线由地面净雨过程计算流域出口断面的地面流量过程时，必须要满足地面净雨的时段等于单位线的时段。

另外，单位线的时段转换利用的依然是流域线性汇流理论，转换所得的单位线可能不满足基本条件，必要时可适当修正。

6. 单位线法存在的问题及解决方法

单位线法的推求基础是流域线性汇流系统理论，单位线的定义要求流域的地面净雨空间分布均匀，事实上并不完全符合实际。因此，利用不同场次的实测雨洪资料，结合倍比假定与叠加假定推求所得的单位线不同，有时候差别很大，主要原因如下。

（1）洪水量级大小的影响。洪水的量级一般分大、中、小 3 级。大洪水一般汇流速度快，洪水过程较尖瘦。因此，用大洪水对应的雨洪资料推求所得的单位线，洪峰较大、峰现时间较早、形状较尖瘦。用小洪水对应的雨洪资料推求所得的单位线，洪峰较小、峰现时间较晚、形状较平缓。如图 10.12 所示。

（2）暴雨中心位置的影响。单位线的定义中要求：地面净雨在流域内的分布是均匀的。实际上，全流域内降雨空间分布均匀的极少，而地面净雨的空间分布均匀就更难满足。流域越大，流域降雨和地面净雨的空间分布越不均匀，与暴雨中心的位置有关。暴雨中心在流域内的位置一般分上游、中游和下游3种。暴雨中心在流域上游的洪水，汇流路径长，受流域下垫面调蓄作用较强，洪水过程较平缓，推求所得的单位线，洪峰较小、峰现时间较晚、形状较平缓；反之，暴雨中心在流域下游的洪水，汇流路径短，受流域下垫面调蓄作用较弱，洪水过程较尖瘦，推求所得的单位线，洪峰较大、峰现时间较早、形状较尖瘦。如图10.13所示。

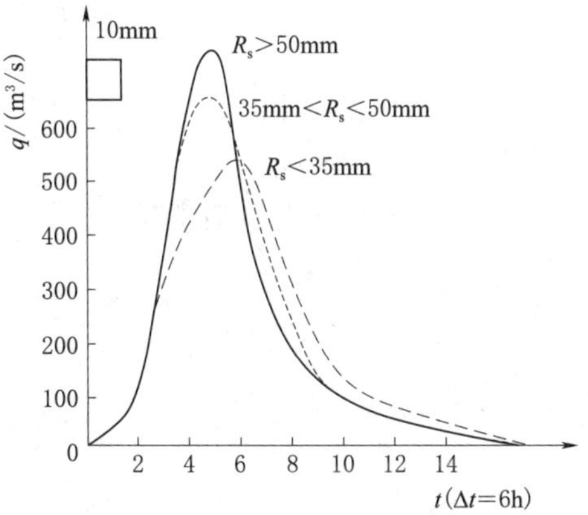

图10.12 某流域不同净雨的单位线

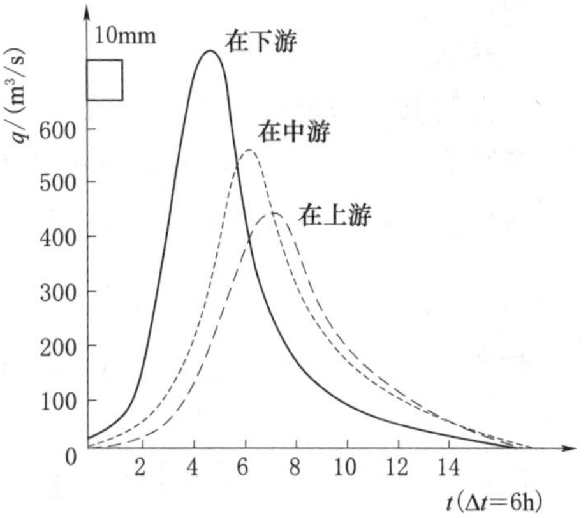

图10.13 某流域不同暴雨中心位置的单位线

对于上述出现两种情况，相应的解决方法是：根据洪水量级大小和暴雨中心位置分别确定出单位线，在工作中根据实际雨洪情况选用对应的单位线。

10.3.3 瞬时单位线

1. 概念

当系统的输入为单位瞬时脉冲函数 δ 时，系统所形成的输出称为瞬时脉冲响应函数。对于流域汇流系统，当输入为单位瞬时脉冲地面净雨时，所形成的输出则称为流域瞬时单位线（instantaneous unit hydrograph，IUH），记为 $u(0,t)$。所谓单位瞬时脉冲地面净雨指在流域上分布均匀、历时趋于零（瞬时），且强度趋于无穷大，而地面净雨量为1个单位的输入过程。依据水量平衡原理，流域瞬时单位线的总面积等于1个单位，即流域的输入水量为1个单位，则输出水量也为1个单位。

将上述定义的 δ 函数代入式（10.23）得到流域瞬时单位线的数学表达式为

$$u(0,t)=\left(-\frac{a_m D^{m+1}+a_{m-1}D^m+\cdots+a_0 D-1}{b_n D^{n+1}+b_{n-1}D^n+\cdots+b_0 D+1}\right)\delta(t) \tag{10.30}$$

当式（10.30）中的系数 $a_m(m=1,2,\cdots,m)$ 和 b_n（$n=1,2,\cdots,n$）均为常数时，所描述的流域汇流系统为线性时不变系统。若初始条件为0，式（10.30）的拉普拉斯变换为

$$L[u(0,t)]=-\frac{A(P)}{B(P)}L[\delta(t)] \tag{10.31}$$

其中 $$A(P)=a_m D^{m+1}+a_{m-1}D^m+\cdots+a_0 D-1$$

$$B(P)=b_nD^{n+1}+b_{n-1}D^n+\cdots+b_0D+1$$

式中：$A(P)/B(P)$为系统的传递函数。

由于$L[\delta(t)]=1$，所以

$$L[u(0,t)]=-\frac{A(P)}{B(P)} \tag{10.32}$$

再取式（10.32）的拉普拉斯逆变换，可得

$$u(0,t)=L^{-1}\left[-\frac{A(P)}{B(P)}\right] \tag{10.33}$$

由此可知，流域瞬时单位线就是流域汇流系统传递函数的拉普拉斯逆变换。于是，流域瞬时单位线也称为流域瞬时响应函数或核函数。

对于线性时不变系统，取零为初始条件，式（10.23）的拉普拉斯变换为

$$L[Q(t)]=-\frac{A(P)}{B(P)}L[I(t)] \tag{10.34}$$

将式（10.31）代入式（10.34），得到

$$L[Q(t)]=L[u(0,t)]\cdot L[I(t)] \tag{10.35}$$

而式（10.34）的拉普拉斯逆变换为

$$Q(t)=\int_0^t u(0,t-\tau)I(\tau)\mathrm{d}\tau \tag{10.36}$$

式（10.36）就是线性时不变系统在零初始条件下的解，又称为卷积公式。因卷积具有可交换性，式（10.36）也可写为

$$Q(t)=\int_0^t u(0,t)I(t-\tau)\mathrm{d}\tau \tag{10.37}$$

从式（10.37）推导可知，如果流域汇流系统为线性时不变系统时，当流域瞬时单位线已知，即可由地面净雨过程求得出口断面的地面流量过程。式（10.36）或式（10.37）描述了流域上均匀分布地面净雨所形成的t时刻出口断面地面流量$Q(t)$，物理概念如图 10.14 所示。

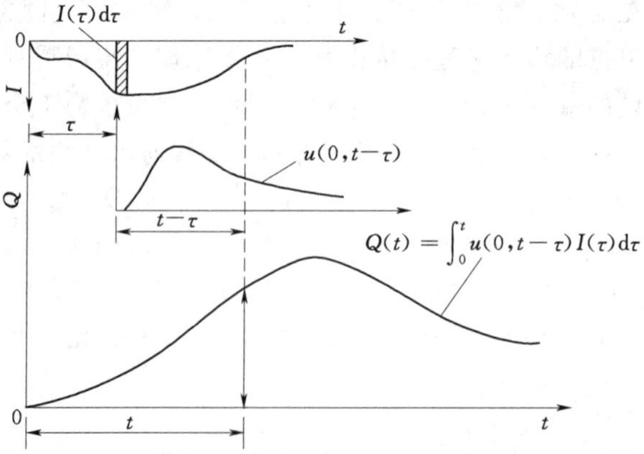

图 10.14　卷积公式的物理概念

将式（10.36）与式（10.7）、式（10.20）对比，可知

$$u(0,t)=\frac{\partial \omega}{\partial t} \tag{10.38}$$

式（10.38）表明，对于径流成因公式，流域瞬时单位线是汇流面积随时间的变化率，即：汇流面积是由散布于流域各处、具有不同运动速度但能同时流达出口断面的地面净雨水质点组成的。对于具有流域内各处净雨水质点汇流速度相同的假定情况，流域瞬时单位线为面积时间曲线。可见，流域瞬时单位线主要取决于流域地貌结构和净雨水质点的汇流条件。

目前应用广泛的流域瞬时单位线是 Nash 模型[3]，它将流域对地面净雨的调蓄作用假设为 n 个调蓄功能相同的串联的线性水库，其数学方程为

$$u(0,t)=\frac{1}{K\Gamma(n)}\left(\frac{t}{K}\right)^{n-1}\mathrm{e}^{-\frac{t}{K}} \tag{10.39}$$

式中：$\Gamma(n)$ 为 n 的伽玛函数，$\Gamma(n)=(n-1)!$；n 为线性水库的个数；K 为线性水库的蓄泄系数。

式（10.39）所示的瞬时单位线 $u(0,t)$ 又称作 Nash 单位线。

2. 参数确定

由式（10.39）可看出，瞬时单位线的形状取决于参数 n、K，它们反映了流域的调蓄作用。参数 n、K 值一般由瞬时单位线的矩来确定，而矩又与地面净雨过程和地面流量过程有关。参照图 10.15，依据式（10.40）和式（10.41）可分别计算出地面净雨过程和地面流量过程的一阶原点矩和二阶中心矩：

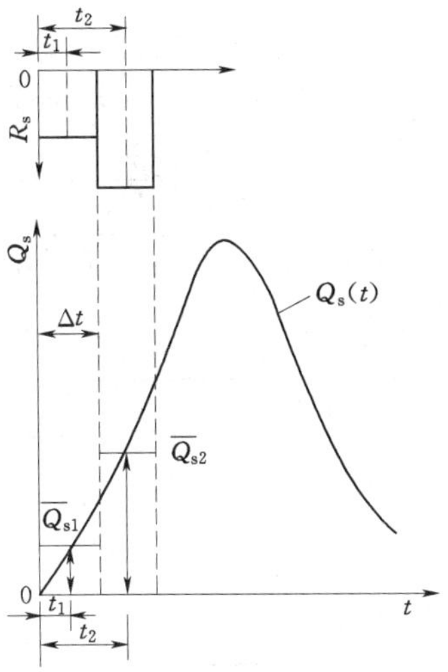

图 10.15 净雨过程和流量过程矩的要素计算示意图

$$\begin{cases} v_{Rs1}=\dfrac{\sum R_{si}t_i}{\sum R_{si}} \\ v_{Qs1}=\dfrac{\sum \overline{Q}_i t_i}{\sum \overline{Q}_i} \end{cases} \tag{10.40}$$

$$\begin{cases} \mu_{Rs2}=\dfrac{\sum R_{si}t_i^2}{\sum R_{si}}-v_{Rs1}^2 \\ \mu_{Qs2}=\dfrac{\sum \overline{Q}_{si}t_i^2}{\sum \overline{Q}_{si}}-v_{Qs1}^2 \end{cases} \tag{10.41}$$

$$t_i=(m_i-0.5)\Delta t$$

式中：Δt 为地面净雨过程、地面流量过程的时段；$m_i=1$，2，…，即 $m_1=1$，$m_2=2$；v_{Rs1}、v_{Qs1} 分别为地面净雨、地面流量过程的一阶原点矩；μ_{Rs2}、μ_{Qs2} 分别为地面净雨、地面流量过程的二阶中心矩。

瞬时单位线的一阶原点矩 v_1 和二阶中心矩 μ_2 则为

$$v_1=v_{Qs1}-v_{Rs1},\mu_2=\mu_{Qs2}-\mu_{Rs2} \tag{10.42}$$

参数 n、K 与一阶原点矩和二阶中心矩的关系为

$$n=\frac{v_1^2}{\mu_2},\ K=\frac{v_1}{n} \tag{10.43}$$

由实测地面净雨过程和与之形成的地面流量过程推求瞬时单位线参数 n、K 的步骤：

首先，选取流域上分布均匀、强度大的降雨形成的单峰洪水资料作为分析对象；

其次，计算本次降雨的地面净雨过程、地面流量过程；

最后，计算地面净雨过程、地面流量过程的一阶矩、二阶矩，推算参数 n、K。

由上述过程推求的参数还需进行还原验证，若还原的精度不满足，可适当调整参数，直到满意为止。在实际应用中，参数 n、K 经多次实测雨洪资料优化率定后选定。

【例 10.5】 求例 10.2 中地面净雨过程和地面流量过程的瞬时单位线参数 n、K 值，Δt 仍取 6h。

解： 计算步骤如下：

(1) 计算净雨过程的一阶原点矩 v_{Rs1} 和二阶中心矩 μ_{Rs2}，计算过程见表 10.7。

$$v_{Rs1}=201/53=3.79;\ \mu_{Rs2}=981/53-3.79^2=18.51-14.36=4.15$$

(2) 计算地面流量过程的一阶原点矩 v_{Qs1} 和二阶中心矩 μ_{Qs2}，计算过程见表 10.8。

$$v_{Qs1}=41241/2025=20.37;\ \mu_{Qs2}=1130841/2025-20.37^2=558.44-414.94=143.50$$

(3) 计算瞬时单位线的参数 n、K。

$$n=\frac{v_1^2}{\mu_2}=\frac{20.37-3.79^2}{143.50-4.15}=1.97,\quad K=\frac{v_1}{n}=\frac{20.37-3.79}{1.97}=8.42$$

当 n、K 确定后，瞬时单位线方程 $u(0,\ t)$ 就唯一确定了。

表 10.7　　地面净雨过程一阶原点矩和二阶中心矩计算表

时间	净雨 R_{si}/mm	时距 t_i/h	$R_{si}t_i$	$R_{si}t_i^2$
6 月 9 日 02 时				
08 时	46	3	138	414
14 时	7	9	63	567
合计	53		201	981

表 10.8　　地面流量过程一阶原点矩和二阶中心矩计算表

时间	Q/(m^3/s)	Q_i/(m^3/s)	t_i/h	Q_it_i	$Q_it_i^2$
6 月 9 日 02 时	0				
08 时	69	34	3	102	306
14 时	889	479	9	4311	38799
20 时	386	638	15	9570	143550
6 月 10 日 02 时	215	300	21	6300	132300
08 时	159	187	27	5049	136323
14 时	116	138	33	4554	150282

续表

时间	$Q/(m^3/s)$	$Q_i/(m^3/s)$	t_i/h	Q_it_i	$Q_it_i^2$
20时	81	98	39	3822	149058
6月11日02时	59	70	45	3150	141750
08时	35	47	51	2397	122247
14时	16	26	57	1482	84474
20时	0	8	63	504	31752
合计		2025		41241	1130841

3. 时段转换

瞬时单位线 $u(0,t)$ 的净雨历时趋于零，故在实际应用中需要应用 $S(t)$ 曲线将其转换为时段单位线 $q(\Delta t,t)$。流域瞬时单位线的 $S(t)$ 曲线可看作雨强为 1 个单位的地面净雨所形成的累积地面流量过程线，即瞬时单位线的积分曲线，其数学方程为

$$S(t)=\int_0^t u(0,t)\mathrm{d}t=\frac{1}{\Gamma(n)}\int_0^{t/K}\left(\frac{t}{K}\right)^{n-1}\mathrm{e}^{-t/K}\mathrm{d}\left(\frac{t}{K}\right)=\varphi\left(n,\frac{t}{K}\right) \tag{10.44}$$

式中：$\varphi(n,t/K)$ 为 t/K 的不完全伽玛函数。

$S(t)$ 曲线积分较困难，已制成表格，供查算使用，见附表 1。根据水量平衡原理，瞬时单位线的面积为 1，即有

$$S(t)=\int_0^{\infty} u(0,t)\mathrm{d}t=1 \tag{10.45}$$

将瞬时单位线 $u(0,t)$ 转换为时段单位线 $q(\Delta t,t)$，采用方法还是 S 曲线法。由式（10.45）积分或查附表 1 求出 $S(t)$，见图 10.16（a）；再由所求单位线的时段 Δt，将 $S(t)$ 沿时间轴平移 Δt，得到 $S(t-\Delta t)$；计算 $u(\Delta t,t)=S(t)-S(t-\Delta t)$，其中 $u(\Delta t,t)$ 为时段长 Δt 的无因次单位线，如图 10.16（b）所示。

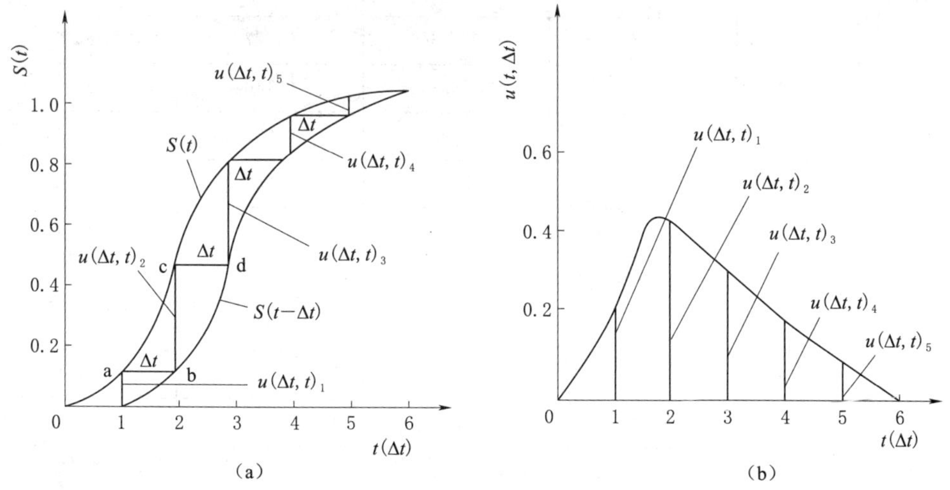

图 10.16 瞬时单位线时段转换示意图

（a）瞬时单位线的 S 曲线；（b）无因次时段单位线

对于流域面积为 $F(km^2)$，地面净雨时段数 $m=1$，地面净雨量为 10mm，时段为 Δt(h)，将无因次的时段单位线 $u(\Delta t,t)$ 转换为有因次的单位线 $q(\Delta t,t)$。由图 10.16（a）可知，$\sum u(\Delta t,t)_i=1$；由时段单位线的定义可知，$3.6\sum q(\Delta t,t)_i\Delta t=10F$。无因次时段单位线与有因次时段单位线之间的关系可用式(10.46)表示：

$$\frac{3.6\sum q(\Delta t,t)_i\Delta t}{10F}=\frac{\sum u(\Delta t,t)_i}{1} \tag{10.46}$$

由此可推出，瞬时单位线转换为时段单位线的公式为

$$q(\Delta t,t)=\frac{10F}{3.6\Delta t}[S(t)-S(\Delta t,t)] \tag{10.47}$$

【例 10.6】 应用例 10.5 的结果：$n=1.97$，$K=8.42$，求 $\Delta t=6$h 的时段单位线。

解：列表计算，见表 10.9，具体步骤如下：

（1）假定 $t=0$、6h、12h、…、84h，计算 t/K，结果见表第（1）、（2）列；

（2）由 n、t/K，查 S 曲线表，填入表第（3）列，得到 $S(t)$；

（3）将 $S(t)$ 沿时间轴平移 $\Delta t=6$h，得到 $S(t-\Delta t)$，见表第（4）列；

（4）计算无因次时段单位线 $u(\Delta t,t)=S(t)-S(t-\Delta t)$，结果见表第（5）列；

（5）将 $u(\Delta t,t)$ 转换为时段单位线 $q(\Delta t,t)$，结果见表第（6）列。转换系数为：$10F/3.6\Delta t=10\times820/(3.6\times6)=379.63$。

表 10.9　　　　由参数 n、K 求 6h 时段单位线计算表

t/h	t/K	$S(t)$	$S(t-\Delta t)$	$u(\Delta t,t)$	$q(\Delta t,t)/(m^3/s)$
(1)	(2)	(3)	(4)	(5)	(6)
0	0	0		0	0
6	0.71	0.167	0	0.167	63.4
12	1.43	0.426	0.167	0.259	98.3
18	2.14	0.653	0.426	0.227	86.2
24	2.85	0.793	0.653	0.140	53.1
30	3.56	0.874	0.793	0.081	30.7
36	4.28	0.925	0.874	0.051	19.4
42	4.99	0.961	0.925	0.036	13.7
48	5.70	0.976	0.961	0.015	5.69
54	6.41	0.985	0.976	0.009	3.42
60	7.13	0.992	0.985	0.007	2.66
66	7.84	0.996	0.992	0.004	1.52
72	8.55	0.998	0.996	0.002	0.759
78	9.26	0.999	0.998	0.001	0.380
84	9.98		0.999	0.000	0

10.3.4 克拉克模型法

1. 面积时间曲线法

流域的面积时间曲线可以用来计算地面净雨过程在流域出口断面形成的地面流量过程，该方法又称等流时线法。将式（10.20）写成差分形式，有

$$Q_{si}=\sum_{j=1}^{m}\frac{R_{sj}}{3.6\Delta t}\Delta\omega_{i-j+1}\quad(i=1,2,\cdots,l;j=1,2,\cdots,m;i-j+1=1,2,\cdots,n)\tag{10.48}$$

式中：Q_{si} 为流域出口断面各时段末的地面流量，m^3/s；R_{sj} 为各时段的地面净雨，mm；Δt 为地面净雨时段，h；$\Delta\omega_{i-j+1}$ 为各时段的等流时面积，km^2；l 为地面流量过程的时段数；m 为地面净雨时段数；n 为单位线时段数；i 为地面流量过程的时段编号；j 为地面净雨过程的时段编号；$i-j+1$ 为等流时面积编号；3.6 为单位换算系数。

式（10.48）的展开式为

$$Q_{s1}=R_{s1}\Delta\omega_1/3.6/\Delta t$$
$$Q_{s2}=R_{s1}\Delta\omega_2/3.6/\Delta t+R_{s2}\Delta\omega_1/3.6/\Delta t$$
$$Q_{s3}=R_{s1}\Delta\omega_3/3.6/\Delta t+R_{s2}\Delta\omega_2/3.6/\Delta t+R_{s3}\Delta\omega_1/3.6/\Delta t$$
$$Q_{s4}=R_{s1}\Delta\omega_4/3.6/\Delta t+R_{s2}\Delta\omega_3/3.6/\Delta t+R_{s3}\Delta\omega_2/3.6/\Delta t+R_{s4}\Delta\omega_1/3.6/\Delta t$$
$$\cdots$$

与时段单位线的展开式比较可知，面积时间曲线法进行汇流计算，二者思路相似，也可列表计算。

面积时间曲线法汇流计算，存在的问题及其相应的解决方法如下。

（1）净雨空间分布不均匀问题。各时段净雨量在流域上分布是不均匀的，而在汇流计算过程中，净雨量只作为时间的函数考虑了时程分配不均，未考虑同一时段内净雨量在流域空间上分布的不均匀问题。在使用本法时，将流域根据降雨空间分布特性不同，求出各等流时面积上的净雨量，计算精度可显著提高。

（2）流域内流速变化问题。绘制等流时线时，假定流速为定值，但实际上流域内的流速随时随地变化，与坡降、水深、糙率等有关。目前处理这个问题的办法是用实际洪水来检验所取流速是否合适，因为洪峰最为重要，如所取流速合适，则推出的洪峰与实际洪峰（量及其出现时间）符合；如不符合，可以另取其他数值。勾绘等流时线时，大体上取最大流速的 0.7～0.9 作为流速即可大致满足该要求。

（3）河槽调蓄问题。同时刻在同一等流时线上形成的净雨，通过平移同时到达流域出口断面。但由于干支流之间的干扰，漫滩、分洪、决口的影响，断面流速分布不均等原因，使这种情况并不符合实际，而是高速水质点先到达，低速水质点后到达。另外，等流时线概念中，各等流时面积之间不存在水量交换的假定，只有先后之别。实际上是快速、慢速水质点互相混杂，严格按面积出流的次序是没有的。主要原因在于该汇流方法未考虑河槽的调蓄问题。因此该方法只宜用于河槽调蓄作用小的小流域。如将本法用于大流域，需进行河槽调蓄改正。

2. 克拉克模型法

在面积时间曲线法基础上，考虑河槽调蓄作用，提出了克拉克（Clark）模型法。

而，大量室内实验、野外观测数据和分析研究表明，即使净雨空间分布均匀，流域单位线也随降雨强度而变化。1959 年朱咸等利用室内面积为 $25.25m^2$、高差 2.32m 的不透水模型，通过人工降雨实验得到不同雨强的单位线，其中历时为 10s 的单位线如图 10.25 所示[6]。从图中可知，雨强对单位线的峰形和峰现时间影响显著。朱咸等指出，当净雨历时大于流域汇流时间时，单位线假定基本符合实际；而当净雨历时小于流域汇流时间时，单位线形状差异很大。这间接解释了我国南方地区应用单位线效果较好，而北方地区因降雨笼罩面积较小、降雨历时较短，应用单位线时误差较大的原因。1960 年 Minshall 根据在集水面积为 $0.109km^2$ 的实验流域上的观测数据分析，也得出类似结论[7]。这些研究，一方面表明流域汇流系统具有非线性特征；另一方面在流域全面汇流条件下，径流过程则表现出某种程度的线性特点。由此可推理，在预报流域的洪水时，特别是大面积暴雨所形成的洪水时，将流域汇流近似作为线性系统处理还是具有一定合理性的。

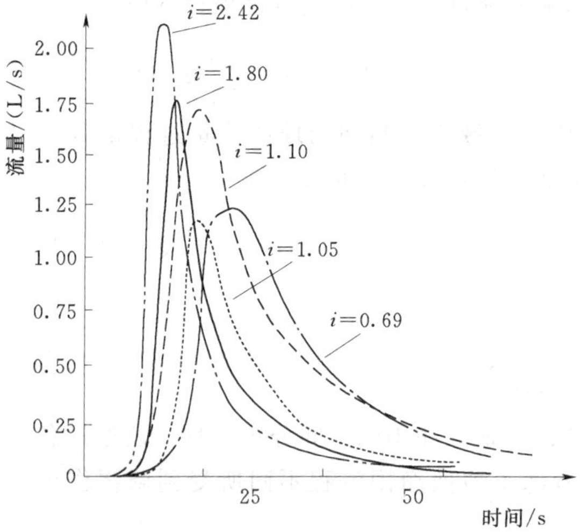

图 10.25　室内人工降雨实验所得 10s 单位线示意图

10.5.2　流域汇流的非线性处理

根据系统概念，非线性问题指满足叠加性但不满足均匀性，或既不满足均匀性也不满足叠加性。将流域汇流作为一个系统看待时，处理其非线性问题可以有多种途径，这里仅对几种方法做简要介绍。

1. 求解非线性微分方程

采用非线性蓄水量方程描述流域蓄泄关系，并与流域水量平衡方程联立，构成非线性微分方程组。如

$$S = \sum_{m=0}^{M} a_m(I,Q)I + \sum_{n=0}^{N} b_n(I,Q)Q \tag{10.58}$$

式中：S 为流域蓄水量；a_m、b_n 为系数，是入流 I 和出流 Q 的某种函数。

圣·维南方程属于非线性双曲型偏微分方程组，求解理论至今仍未完全解决，因而此类方程一般仅能得出特定条件下的解析解或数值解[7]。

2. 非线性系统识别

夏军对水文非线性系统识别做了较为全面的研究[8]。他指出，水文非线性系统识别是从 Volterra 泛函的非线性核函数开始的；芮孝芳对非线性识别问题做了进一步归纳总结，指出一般水文系统的输入、输出间的关系可用下述泛函级数表示[7]：

$$Q(t) = \int_0^t h_1(t,\tau)I(t-\tau)\mathrm{d}\tau + \int_0^t\int_0^t h_2(t;\tau_1,\tau_2)I(t-\tau_1)I(t-\tau_2)\mathrm{d}\tau_1\mathrm{d}\tau_2$$

$$+\int_0^t\int_0^t\int_0^t h_3(t;\tau_1,\tau_2,\tau_3)I(t-\tau_1)I(t-\tau_2)I(t-\tau_3)\mathrm{d}\tau_1\mathrm{d}\tau_2\mathrm{d}\tau_3+\cdots \tag{10.59}$$

式中：h_1、h_2、h_3…为系统的1、2、3…阶核函数。

式（10.59）又称作卷积的多维外延。式（10.59）右侧第1项为线性系统的卷积，第2项表示t时刻输出$Q(t)$受到输入$I(t-\tau_1)$和$I(t-\tau_2)$的影响……以此类推，项数越多其非线性程度越高。可以证明，式（10.59）既不满足均匀性也不满足叠加性，所描述的是一般非线性系统。在特定条件下，流域汇流系统可看成是一个满足叠加性而不满足均匀性的非线性系统。对于这种情况，输入与输出间的关系仿照线性系统的卷积公式，为

$$Q(t)=\int_0^t h[I(t-\tau),\tau]I(t-\tau)\mathrm{d}\tau \tag{10.60}$$

式（10.60）中的$h(I,t)$不仅是时间t的函数，还是入流I的函数，故可称作变动瞬时单位线。通常称式（10.60）所描述的非线性系统为准线性或拟线性系统。

3. 变动单位线法

1974年，J. Y. Ding从流域的非线性蓄泄关系出发，在净雨均匀假定下，推导出以净雨强度r为参数的变动单位线[9]，其方程为

$$U(r,t)=nCi^{(1-1/n)}V^{n-1}(1-V^n) \tag{10.61}$$

式中：$U(r,t)$为变动单位线纵坐标；r为净雨强度；t为时间；n、C为参数；V为哑参数。

Ding假定变动单位线与纳什瞬时单位线的一阶原点矩相等，得出了C值与纳什瞬时单位线参数n、K的关系式为

$$C=\frac{1}{nKr^{(1-1/n)}} \tag{10.62}$$

Ding提出的公式，与Minshall试验资料分析的关系式相同，可见变动单位线随净雨强度r的变化符合非线性变化规律[10]。

1984年，杨德林通过对四川省9个小流域69次实测暴雨洪水资料的分析计算，研究了变动单位线参数的物理意义、地区规律和综合途径[11]。他假定参数n、C与流域特征值间的关系为幂函数，借助优选方法得出四川省9个小流域的表达式为

$$n=5.766F^{-0.161}J_{\mathrm{LF}}^{0.054}\quad(R=0.97) \tag{10.63}$$

$$C=0.052F^{-0.618}J_{\mathrm{L}}^{0.256}\quad(R=0.88) \tag{10.64}$$

式中：F为流域面积；J_{L}为主河道比降；J_{LF}为综合比降；R为相关系数。

杨德林指出，式（10.63）、式（10.64）分别在置信度$\alpha=0.01$和$\alpha=0.05$条件下通过显著性检验。随流域面积增大和比降的减小，n有减小趋势。n是流域非线性蓄泄关系的指数，即与式（10.62）中净雨强度r的指数存在函数关系。故可将n看作流域的非线性指标。而可将$1/C$看作流域调蓄能力指标，且C随流域面积增大和主河道比降的减小而减小，物理意义明确。

陈剑天[12]则建立了适用于江西地区的变雨强单位线模型。这些工作证实了流域降雨径流非线性问题的存在，采用变动单位线进行非线性改正具有合理之处。

水量平衡原理计算：

$$Q_{gm}=\frac{2\sum R_g F}{T_g} \tag{10.68}$$

式中：$\sum R_g$ 为地下净雨总量，mm。

通常将地下洪峰流量 Q_{gm} 置于地面流量过程的结束时刻。由此绘制出地下流量过程的涨水段和退水段；地下流量过程线上各时段末的地下流量值可用线性插值计算。

10.6.2　流域出口断面流量过程叠加

一般情况下，河流中常年有水，两次降雨洪水过程之间的河川径流多属于稳定流。流域的次降雨形成的洪水过程，称作洪水波，叠加在稳定流水面上。

如果用地下线性水库演算法计算地下流量过程，则计算所得的地下流量过程中已经包含有稳定流，因此，降雨期间流域出口断面的流量过程 $Q-t$ 是地面流量过程 Q_s-t 与地下流量过程 Q_g-t 叠加而成。

如果用概化三角形法计算地下流量过程，则计算所得的地下流量过程中不包含稳定流，还需要考虑起涨点时刻的流量，一般用基流近似代替，即降雨期间流域出口断面的流量过程 $Q-t$ 是地面流量过程 Q_s-t、地下流量过程 Q_g-t 与基流过程 Q_b-t 叠加而成。

如果单纯推求某次降雨过程在流域出口断面的流量过程，则不包括降雨产流开始时刻河流中的稳定流，地下流量过程计算优先选择概化三角形法；如果选用地下线性水库演算法，需要扣除起涨点流量之后前次降雨形成的地下流量过程。

【例 10.9】 已知某流域的面积为 341km²，某次降雨过程的净雨过程见表 10.12；该流域的单位线见表 10.13，流域的基流为 20.0m³/s。试推求该次降雨期间流域出口断面的流量过程。

表 10.12　　某流域的净雨过程

项　目	时段（Δt=6h）				合计
	1	2	3	4	
地面净雨/mm	5.5	162.3	37.2	15.6	220.6
地下净雨/mm	2.4	9.0	9.0	9.0	29.4

表 10.13　　该流域的单位线

时段（Δt=6h）	0	1	2	3	4	5	6	7	8	9	10
单位线 q/(m³/s)	0	8.4	49.6	33.8	24.6	17.4	10.8	7	2.4	1.8	0

解： 首先，列表计算流域出口断面的地面流量过程，结果见表 10.14 第（1）～第（7）列。

其次，计算流域出口断面的地下流量过程。

由表 10.14 第（7）列可知，地面流量过程历时为 $T_s=13\Delta t=13\times6=78$(h)。

假定地下流量过程历时 $T_g=2T_s=2\times78=156$(h)。

地下洪峰流量：$Q_{gm}=2\sum R_g F/T_g=2\times29.4\times341\times1000/(156\times3600)=$

35.6m^3/s。

利用线性插值或等差数列概念计算地下流量过程上各时段末的流量，结果见表10.14中第（8）列。

最后，将地面流量过程、地下流量过程与基流过程三者叠加，得到本次降雨期间流域出口断面的流量过程，见表10.14第（10）列。

表10.14　　流域出口断面的流量过程计算

时段（$\Delta t=6h$）	单位线/(m^3/s)	部分地面流量过程/(m^3/s)				地面流量/(m^3/s)	地下流量/(m^3/s)	基流/(m^3/s)	流域出口流量过程/(m^3/s)
		5.5	162.3	37.2	15.6				
(1)	(2)	(3)	(4)	(5)	(6)	(7)	(8)	(9)	(10)
0	0	0				0	0	20	20.0
1	8.4	4.62	0			4.62	2.74	20	27.4
2	49.6	27.3	136	0		164	5.48	20	189
3	33.8	18.6	805	31.2	0	855	8.22	20	883
4	24.6	13.5	549	185	13.1	760	10.9	20	791
5	17.4	9.57	399	126	77.4	612	13.7	20	646
6	10.8	5.94	282	91.5	52.7	433	16.4	20	469
7	7	3.85	175	64.7	38.4	282	19.2	20	321
8	2.4	1.32	114	40.2	27.1	182	21.9	20	224
9	1.8	0.99	39	26.0	16.8	82.8	24.6	20	127
10	0	0	29.2	8.93	10.9	49.1	27.4	20	96.4
11			0	6.70	3.74	10.4	30.1	20	60.6
12				0	2.81	2.81	32.9	20	55.7
13					0	0	35.6	20	55.6
14							32.9	20	52.9
15							30.1	20	50.1
…							…	…	…
25							2.74	20	22.7
26							0	20	20.0
…								…	…

习题与思考题

10.1　名词解释：汇流时间、流域汇流时间、流域滞时、等流时线、时段单位线、瞬时单位线。

10.2　流域次降雨径流形成过程中，净雨过程和其形成的流量过程之间的主要差异有哪些？为什么会有如此差异？

10.3　时段单位线的基本假定有哪些、存在的问题及解决办法是什么？

10.4　瞬时单位线的基本理论依据、存在的问题及解决办法分别是什么？

10.5　简述时段单位线与瞬时单位线的区别与联系。

10.6　克拉克单位线的主导思想是什么？如何用面积时间曲线法计算空间分布均匀地面净雨过程与空间分布不均匀地面净雨过程的地面流量过程？

10.7　由地下线性水库演算法推求的地下流量过程中包含有前次降雨过程的流量过程，如何得到本次降雨过程形成的地下流量过程？

10.8　推求本次降雨期间流域出口断面流量过程与本次降雨过程在流域出口断面形成的流量过程两种情况下，在不同流量过程叠加时有何异同？

10.9　某流域面积为 $95km^2$，已知该流域 1h10mm 单位线见表 10.15。要求：

(1) 推求该流域的 2h10mm 单位线。

(2) 推求表 10.16 所列一场降雨的地面净雨过程在流域出口断面形成的地面流量过程。

表 10.15　　流域 1h10mm 单位线

时段 (Δt=1h)	0	1	2	3	4	5
单位线 $q/(m^3/s)$	0	106	79.2	52.8	26.4	0

表 10.16　　流域一场降雨的地面净雨过程

时段 (Δt=2h)	1	2	3	4
地面净雨 R_s/mm	3.0	19.7	9.0	4.0

10.10　已知某流域一次降雨过程的地面净雨过程见表 10.16，以及题 10.9 计算所得的地面流量过程，求该流域的纳什瞬时单位线参数 n、K 以及 2h 10mm 单位线。

10.11　某流域面积为 $105km^2$，等流时距为 2h 的等流时面积 $\Delta\omega_1$ 至 $\Delta\omega_4$ 分别是 $20km^2$、$40km^2$、$35km^2$、$10km^2$。

(1) 若该流域上一次降雨的地面净雨过程见表 10.16，试用面积时间曲线概念（等流时线法）计算地面净雨过程在流域出口断面形成的地面流量过程。

(2) 当该流域的次降雨过程的地面净雨过程为表 10.17 时，计算该次降雨过程在流域出口断面形成的地面流量过程。

表 10.17　　等流时面积的累计值

时段 (Δt=2h)	1	2	3
等流时面积 $\Delta\omega_1$/mm	5.2	6.4	5.2
等流时面积 $\Delta\omega_2$/mm	4.8	9.8	6.2
等流时面积 $\Delta\omega_3$/mm	3.1	10.3	20.3
等流时面积 $\Delta\omega_4$/mm	2.5	8.1	18.2

10.12　已知某流域的面积为 $3750km^2$，瞬时单位线参数 n、K 分别为 5.0、6.0h，地下蓄水常数 K_g=235h。流域内某次降雨过程形成的地面净雨过程：Δt=2h，R_{s1}=21.0mm、R_{s2}=18.0mm；地下净雨过程：Δt=2h，R_{g1}=7.5mm、R_{g2}=

6.8mm、R_{g3}=3.4mm；本次降雨过程对应的起涨点流量为75.0m^3/s。求：

（1）用瞬时单位线法计算该次降雨过程在流域出口断面形成的地面流量过程。

（2）用地下线性水库演算法计算该次降雨过程在流域出口断面形成的地下流量过程。

（3）该次降雨径流形成期间流域出口断面的流量过程。

10.13　某流域面积为300km^2，已知一次降雨过程及其在流域出口形成的地面流量过程为表10.18，初损I_0=10mm，平均下渗率为0.5mm/h。求：

（1）该次降雨过程的净雨过程。

（2）该流域6h10mm单位线。

（3）该流域的流域汇流时间τ_m。

（4）该流域等流时距为6h的面积时间曲线（求各等流时面积$\Delta\omega_i$）。（提示：表中的降雨量，第1时段10mm是6日6—12时产生；依此类推；共3个时段）

表10.18　某流域一次暴雨洪水的地面径流过程

时间/(日．时)	6.6	6.12	6.18	7.0	7.6	7.12	7.18	8.0	8.6	8.12	8.18	8.24
地面流量/(m^3/s)		0	30	80	100	90	70	50	25	15	5	0
降雨量/mm		10	33	6								

参考文献

[1] Chow V T, Kulandaiswamy V C. General hydrologic system model [J]. Journal of Hydrology, 1978, 37 (1-2): 47-66.

[2] Sherman L K. Streamflow from rainfall by the unit-graph method [J]. Eng. News Rec., 1932, 12 (2): 381-392.

[3] Nash J E. The form of instantaneous unit hydrograph [J]. Hydrology Science Bulletin, 1957, 3: 114-121.

[4] Clark C O. Storage and the unit hydrograph [J]. Proc. Am. Soc. Civ. Eng., 1943, 9: 1333-1360.

[5] Dooge J C I. Linear theory of hydrologic systems [J]. Technology Bulletin, 1973, 1468: 117-124.

[6] 朱咸，温灼如．利用水文模型试验检验单位线法的基本假定［J］．水利学报，1959（3）：42-52.

[7] 芮孝芳．水文学原理［M］．北京：中国水利水电出版社，2004.

[8] 夏军．水文非线性系统识别的基本研究［D］．武汉：武汉水利电力大学，1985.

[9] Ding J Y. Variable unit hydrograph [J]. Journal of Hydrology, 1974, 22 (1-2): 53-69.

[10] Amorocho J. Discussion on "Predicting storm runoff on small experimental watershed" [N]. Proc. ASCE, 1962, 87 (HY2): 887-898.

[11] 杨德林．变动单位线及综合变动单位线的探讨［J］．水利学报，1984（8）：49-56.

[12] 陈剑天．变雨强单位线法在江西地区的应用［J］．江西水利科技，1985（3）：70-79.

[13] Freeze R A, Harlan R L. Blueprint for a physically-based, digitally-simulated hydrologic response model [J]. Journal of hydrology, 1969, 9 (3): 237-258.

[14] 王光谦，刘家宏．数字流域模型［M］．北京：科学出版社，2006.

第11章

河流泥沙

随水流运动以及构成河床的固体颗粒称为河流泥沙，又称为固体径流，它不仅包括在水流中运动或相对静止的粗细泥沙，还包括河道中的砾石与卵石。泥沙运动和沉积是河流中重要的水文现象，因为泥沙对河流水文情势以及河流发育及河床演变影响极大。例如，我国的黄河因流经黄土高原，大量泥沙随洪水汇入河中，到了下游段，由于河道比降变缓，水流速度减小，泥沙就淤积下来；为了防御洪水，人们又不得不加高河堤，天长日久形成了“地上悬河”，导致黄河经常泛滥。新中国成立前，黄河曾决口上千次，其中严重决口改道 26 次，给中下游人民带来严重灾难。黄河洪水泛滥与其水流中挟带大量泥沙有极为密切的关系，所以我们在了解洪水的同时，必须了解泥沙。

鉴于我国大多数河流挟带泥沙，兴修水利工程和进行流域治理时，不仅需要研究河流水文情势，也要考虑与之相伴的泥沙运动状况。泥沙不但会磨损水工建筑物和水轮机组，泥沙淤积也会影响水库的寿命、灌溉渠系的使用、河道及港口的通航，更主要的是泥沙淤积会影响河道行洪，甚至引起洪水泛滥，造成灾害。例如，三门峡水库建成后，引起渭河淤积加重，其汇入黄河潼关处的高程抬高，也成了“地上悬河”，往往流量不大但水位很高，给渭河两岸人们带来极大损失。关于河流泥沙，已形成一个独立学科——河流动力学。故本章简要介绍与水文情势有关的产沙输沙问题。

11.1 河流泥沙来源

流域内的土壤、岩石在热力、风力、水力的长期作用下，不断被风化剥蚀、侵蚀而形成了河流中的泥沙。河流泥沙主要来源于 4 种途径。

11.1.1 坡面侵蚀

流域表层的土壤或岩石碎屑在风吹日晒、水冲以及地球重力的作用下，从原来所处状态剥离、冲刷、搬运而随径流注入河道的水土流失过程，称为坡面侵蚀。坡面侵蚀从形态上又有层状、沟状、陷穴、滑坡、塌岸等类型。当降水发生在较为平整、植被较差的坡面上所形成的漫流会将土壤或岩石碎屑成层剥蚀，即层状侵蚀。若坡面起伏较大，水流向低洼处聚集，地面出现沿坡浅沟，这时即为浅沟侵蚀；浅沟加深扩展而形成沟壑时称为沟壑侵蚀；我国西北黄土高原的丘陵沟壑就是这样形成的。黄土地区，渗入土壤的雨水会将黄土中的碳酸钙溶解形成孔洞，水流沿孔洞运动而带走土壤，使之扩展成洞穴，直至洞穴周围土体不能支撑上部重量时，就坍塌而成陷穴，这一过程即为陷穴侵蚀。坡地表面成片、成块滑落称为滑坡或者崩塌，发生的主要原因是地下潜流增加导致地面坡度超出稳定极限，也可能是坡度较陡且植被差的地表在降雨径流冲刷下失稳。

11.1.2 河槽冲刷

河道中水流冲刷河底或两岸的土壤或岩石，均称为河槽冲刷。河流上、中游因比降大，河底冲刷使河床下切是侵蚀主要形式。河流下游，水流有时失去平衡而左右摆动则会冲刷河岸，主要是冲刷岸滩，使河道断面变形。河槽冲刷增大了河水的含沙量。

11.1.3 风沙沉积

强风吹过沙源区，会卷起地表泥沙颗粒。其中，稍大沙粒因重力作用移动距离小而降落在附近的河中，稍小沙粒则会被风挟带到远处再降落到河中。这也是河流泥沙的来源之一，但比重极小。

11.1.4 泥石流

山区暴雨有时会形成挟带大量沙石等固体物质的洪流，称为泥石流。泥石流会使得河流中的泥沙量骤增。

地表径流对流域表面的冲刷以及流域内岩石土壤的风化作用对河流挟带泥沙有决定性影响。因此河流泥沙含量受气候、下垫面、河道形态以及人类活动 4 方面的影响。

(1) 气温、降水、湿度、风力等气候因素对河流泥沙影响很大。一般而言，雨强小，坡面径流小，土壤侵蚀小；反之，雨强大而集中，则侵蚀量大，河流泥沙增多；气温、湿度、风力等因素与植被状况关系密切，间接影响河流泥沙含量。

(2) 下垫面因素，如地表坡度、土壤结构、地质条件、植被状况也都影响河流泥沙。地势平缓且植被良好的流域，河流泥沙含量小；地形起伏且植被差的流域，河流泥沙含量较大。黄土区因土壤疏松又富含碳酸钙，抗侵蚀力低，易于被暴雨径流冲刷，而使河流泥沙含量大。沙质土区域则由于雨水易于下渗，坡面径流冲刷作用小，但风蚀又较为突出。

(3) 河道的纵比降、河段局部地形因为改变水流条件而使河槽冲淤发生变化，也就改变了河中水流挟带泥沙的状况。

(4) 破坏林地、陡坡开荒、开矿采油等人类活动会改变地表条件，加大侵蚀而导致河流泥沙增大；而流域治理、兴建淤地坝、植树造林等活动则可改善地表状况，减小侵蚀及河流泥沙。因而，人类必须使自己的经济活动规范化、有序化，才能与自然和谐相处，实现可持续发展。

11.2 河流泥沙特征与运动

11.2.1 泥沙特征指标

河流泥沙的特征，一般用密度、干容重、粒径、颗粒级配曲线和沉降速度等指标来描述。

1. 密度

河流泥沙的密度 γ_s 等于沙样中泥沙的质量 m_s 与泥沙体积 V 的比值，即

$$\gamma_s = \frac{m_s}{V} \tag{11.1}$$

河流泥沙由于沙粒成分不同而略有差异，但变化范围较小，为 2.60～2.70t/m^3，一般估算时可取 2.65t/m^3。

2. 干容重

河流泥沙的干容重 γ_0 指沙样烘干后的质量与原状沙样体积的比值，γ_0 与 γ_s 之间存在下述关系：

$$\gamma_0 = \gamma_s/(1+e) \tag{11.2}$$

式中：e 为孔隙比，即沉积泥沙中孔隙体积与沙粒体积的比值。

3. 粒径

河流泥沙粒径 D 指泥沙颗粒的大小。河流泥沙是由大小不一、形状各异的众多颗粒组成的。较粗泥沙因常沿河底滚动，由于相互碰撞、摩擦而呈圆形或椭圆形；较细泥沙则多属于粗颗粒破碎后的较坚硬成分，又常悬浮于水中运动，碰撞摩擦少，而呈极不规则棱角形状。由于中等以上泥沙颗粒近似于球体，故采用容积与泥沙颗粒容积相等的球体直径来表征泥沙粒径。如果沙粒容积为 V，其等容粒径 D 为

$$D = (6V/\pi)^{1/3} \tag{11.3}$$

实际分析中，常采用泥沙颗粒的长轴 a、中轴 b 和短轴 c 的均值计算 D，即

$$D = (a+b+c)/3 \tag{11.4}$$

一般而言，河流上游比降大，水流湍急，挟带泥沙颗粒较大；下游比降小，水流较缓，挟带泥沙颗粒较小。

4. 颗粒级配曲线

泥沙颗粒级配曲线用来表征河流泥沙颗粒组成特征。它的横坐标为泥沙颗粒的直径（泥沙粒径），以 mm 计；纵坐标为小于这一直径泥沙在全部沙样中所占的重量百分比，如图 11.1 所示。从图中可以看出，曲线Ⅰ的斜率陡而曲线Ⅱ较缓，表明曲线Ⅱ代表的沙样粒径较细，而曲线Ⅰ代表的沙样粒径比较均匀；还可以看出，曲线Ⅰ代表的沙样中，粒径小于 0.15mm 的沙粒占全部沙重的 77%。

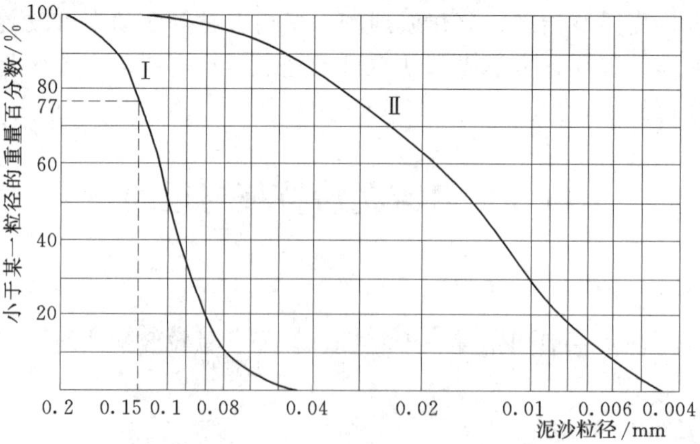

图 11.1　河流泥沙颗粒级配曲线示意图

5. 沉降速度

由于泥沙的密度大于水的密度，泥沙在静水中将向下沉降并遇到水流阻力。初始时刻，重力大于阻力，泥沙下沉具有加速度，随着下沉速度加大阻力也加大，到某一特定时刻阻力将等于重力而使泥沙以匀速下沉，这时的速度称为泥沙的沉降速度，以 cm/s 计。由于沉降速度的大小也可以表明泥沙粒径的大小，又称为泥沙的水力粗度。

11.2.2 泥沙运动特征分析

对泥沙运动进行理论分析时，通常假定运动沙粒为球体，处于成排沙粒之上，如图 11.2 所示。水流经过沙粒时，沙粒所受的作用力有：

(1) 推移力 P_x。沙粒的迎水面压力大于背水面压力而产生推移力。

(2) 重力 W。沙粒在水中受到重力和浮力作用，二者的合力即为有效重力，其方向与重力一致，一般简称为重力。

(3) 上举力 P_y。河流底部存在流速梯度，沙粒上表面流速大，压力小；沙粒下表面流速小，压力大。因而产生向上的压力差，即为上举力。

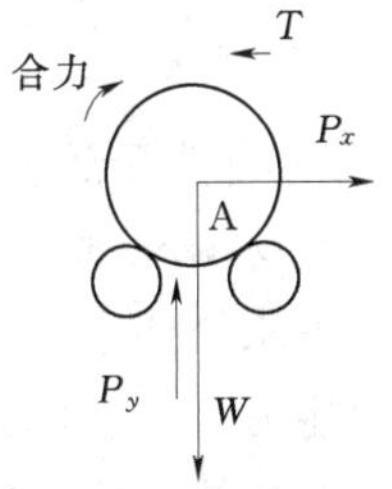

图 11.2 沙粒受力示意图

(4) 摩擦阻力 T。水向前流动时，使沙粒上表面受到摩擦阻力，与沙粒的运动方向相反。

在这 4 种力的共同作用下，河床表面的泥沙颗粒呈两种运动形态：当 $P_y > W$ 时，沙粒将悬浮于水流中；当 T、P_x 和 P_y 对图中 A 点顺时针方向力矩大于 W 对 A 点的逆时针方向力矩时，沙粒将向前滚动。

由于 P_x、P_y 和 T 都与水流速度有关，因此可以就流速变化分析泥沙运动状况。下面讨论泥沙的运动特征随流速由小变大将会发生的变化：

(1) 流速很小时，沙粒不动。

(2) 流速增大到一定程度，推移力与阻力接近，沙粒做间歇性抖动。

(3) 流速继续增大，位置突出的沙粒开始滚动，使其位置更加突出，触水面积变大，沙粒就呈沿河床移动的趋势；这类滚动或移动形态的泥沙即称为“推移质”。

(4) 流速再继续增大，由于 P_y 也加大，一些沙粒受 P_y 作用将会悬浮于水流中；另一些原来拥挤于其他颗粒之间的沙粒也会脱离河床，随水流前进。这些沙粒脱离河床后，因上下流速接近，而推移力 P_y 减小，迁移一段距离后在重力作用下又重新落回河床。这类运动轨迹呈曲线的泥沙，称为“跃移质”。

(5) 随着流速进一步加大，当其紊动垂直分速度大于泥沙的沉降速度时，沙粒就继续抬升，在相当长时间内悬浮于水中随水流运动，这类泥沙称为“悬移质”。由于跃移质属于推移质与悬移质之间的过渡状态，常将其合并于推移质之中。

河流中的泥沙，随粒径与流速大小不同，在某些河段悬浮在水中以悬移质状态运动，在另一些河段又会沿河床运动转变为推移质。

11.2.3 悬移质泥沙运动规律

悬移质泥沙常简称为悬沙，我国各大河流泥沙中悬沙占主要部分。水流紊动使泥沙颗粒悬浮，重力使之下沉，两种力的作用制约了悬沙的运动。

1. 悬沙特征指标

定量描述悬沙特征的常用指标有含沙量 ρ、输沙率 Q_s 和输沙量 W_s。含沙量 ρ 为单位体积浑水内所含干泥沙的质量，以 kg/m^3 计；输沙率 Q_s 为单位时间内通过河流某断面的悬沙质量，以 kg/s 计；输沙量 W_s 为时段 T 内通过河流某断面的悬沙质量，以 kg 计。三者分别用式（11.5）、式（11.6）和式（11.7）计算：

$$\rho=\frac{m_s}{V} \tag{11.5}$$

$$Q_s=Q\rho \tag{11.6}$$

$$W_s=Q_sT \tag{11.7}$$

式中：m_s 为干沙质量，kg；V 为浑水体积，m^3；Q 为流量，m^3/s；T 为时间，s。

2. 水流的挟沙能力

当水流挟带一定量的悬沙通过某河段时，既不冲刷也不淤积的水流挟沙量即为其挟沙能力。挟沙能力与悬沙粒径、平均沉降速度、断面平均流速和水力半径等因素有关。有关挟沙能力的经验公式较多，可参照具体条件使用。我国黄河水利委员会水科学研究所依据黄河干支流实测数据提出了下述经验公式：

$$s=1.07\times\frac{v^{2.25}}{R^{0.74}\omega^{0.77}} \tag{11.8}$$

式中：s 为水流挟沙能力，kg/m^3；v 为断面的平均流速，m/s；R 为水力半径，m；ω 为悬沙的加权平均沉降速度，m/s。

3. 悬沙的时空变化

悬移质泥沙随时间的变化及其空间分布简称悬沙时空变化。

悬沙随时间的变化以年为周期，最小含沙量通常出现在冬季，最大含沙量与输沙率发生于洪水期。初汛期因径流会将枯水期流域表层积累的岩土风化物带入河中，含沙量较大。输沙量则与雨强、径流量以及前期流域内风化物累积量有关。如果某次洪水前风化物少，即使径流量大，含沙量也可能不大。年平均含沙量的最大值与最小值之比可达数倍乃至数十倍。年内各月含沙量的变化与径流并不一定相似，而是更不均匀。我国河流的暴雨洪水集中于 7—8 月，输沙量多集中于这几个月。悬沙的年际变化远大于径流的年际变化，我国北方多沙河流输沙量变差系数可达年径流的 1.3～3.0 倍。

悬沙沿水深方向分布因重力和水流紊动作用而不均匀，一般河底大，水面小，自下而上递减，如图 11.3 所示。洪、枯水期有所不同，洪水期泥沙多来自坡面土壤侵蚀，颗粒较细，垂向分布较均匀；枯水期泥沙则主要来自河槽冲刷，分布不均匀。由于紊动流速与能量不断变化，造成同一位置不同时刻含沙量不同，称之为含沙量脉动；观测时需要维持一定时间以消除脉动影响。悬沙沿横断面的分布，一般主流以及局部冲刷位置含沙量较大，两岸较小；河底较大，水面较小；且与季节、水位涨落及泥沙来源等因素有关，如图 11.4 所示。悬沙沿河长的变化与河道比降、流速以及流域产沙条件的沿程变化有关，故因河而异。一般而言，下游河道比降变缓，断面加宽，流速降低，粒径较粗的泥沙由悬移质变为推移质乃至沉积于河底。悬沙粒径自上游向下游递减，下游级配比上游均匀，但局部冲刷河段粒径粗而淤积河段较细。

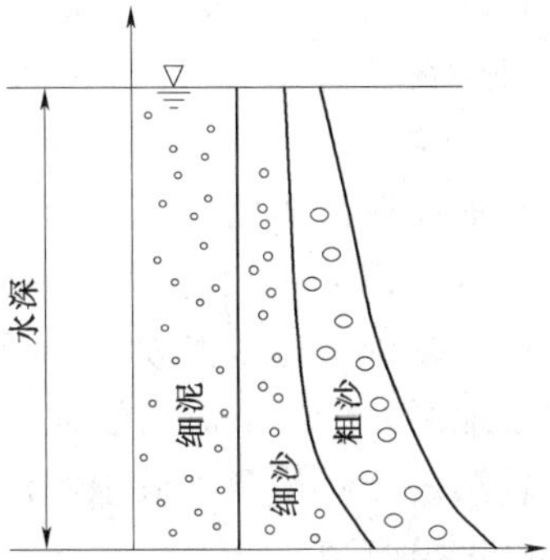

图 11.3 悬沙垂向分布

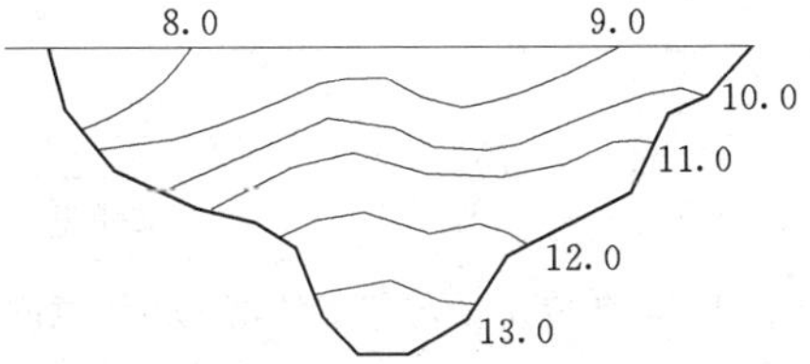

图 11.4 断面含沙量等值线示意图（单位：kg/m^3）

11.2.4 推移质泥沙运动规律

推移质常用断面输沙率表示，指单位时间内通过河流某断面的推移质重量，以 kg/s 计。

下面主要讲述河流泥沙的起动流速与沙波运动方式。

起动流速是使推移质泥沙由不动到开始滚动的临界流速。在特定水力条件下，低于这一流速时，河床不会冲刷，也称作允许流速。起动流速是河道整治、渠道设计等的基本要素。起动流速与推移质泥沙粒径、沉降速度、水深等因素有关。通常用经验公式估算，如沙玉清公式（11.9）及 Г. И. Щамов（沙莫夫）公式（11.10）。

$$v_0 = 37.7\frac{D^{0.75}}{\omega^{0.5}}R^{0.2} \tag{11.9}$$

$$v_0 = (0.01 + 4.47D)^{0.5}\left(\frac{H}{D}\right)^{\frac{1}{6}} \tag{11.10}$$

式中：v_0 为起动流速，m/s；D 为泥沙平均粒径，mm；ω 为平均沉降速度，m/s；R 为水力半径，m；H 为水深，m。

沙玉清公式适用于粗沙及细沙，沙莫夫公式仅适用于粗沙。

河流中泥沙的群体运动的主要形式像沙海中的波浪，小的高不足 1m 称为沙纹，大的高约 3～4m 称为沙丘，波长可达数十米至数百米。沙波的纵剖面呈三角形，迎水坡缓，背水坡陡。由于沙波迎水面的流速大，背水面的流速小，并带有横向旋涡，造成迎水面冲刷而背水面淤积，而使沙波缓慢向下游移动。沙波的推移过程即为推移质向下游的输沙过程。

11.3 坡 面 产 沙

河流泥沙来源于坡面侵蚀，而坡面侵蚀又源于降雨径流。因而，流域产沙量与气候、土壤类型、地形、土地利用情况、植被覆盖状况等因素有关。Langbein 和

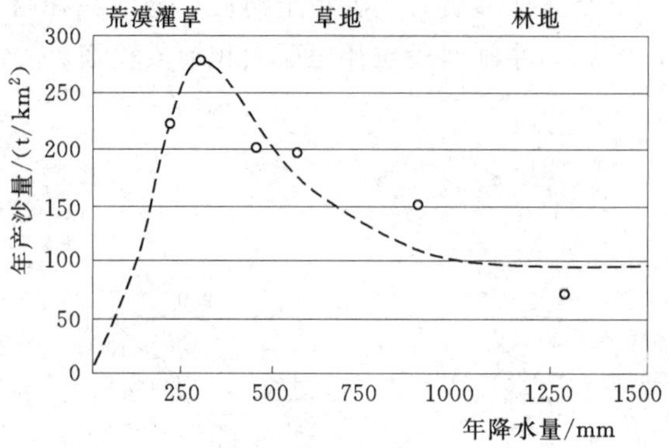

图 11.5　年降水量与年产沙量关系示意图

Schumm 曾经应用实测数据点绘了年降水量与年产沙量关系图（图 11.5）[1]。由图表明，最大产沙量发生在年降水量 300mm 左右的地区。这是由于该地区植被覆盖差，对地面保护作用较弱。降水量较大地区，因植被生长好，保护了地面，减少了降雨侵蚀；年降水量更小地区，降雨形成的侵蚀量也相对较小。产沙预测类似于产流，也有两大类模型。

11.3.1　统计模型

1960 年 Wischmeier 和 Smith 依据上万个试验场（包括天然径流场和人工降雨径流场）的实测降雨产沙资料，考虑降雨、土壤可蚀性、坡长、坡度、耕作与管理、水土保持等因素，统计归纳出通用土壤流失方程，即 USLE，形式如下[2]：

$$A = PKLSCE \tag{11.11}$$

式中：A 为土壤流失量，t/acre❶；P 为降水因子；K 为土壤可蚀性因子；L 为坡长因子；S 为坡度因子；C 为耕作及管理措施因子；E 为水土保持措施因子。

由于美国农业部给出了各种系数取值方法和查算图表，因此该方程得到了较为广泛的应用；但这一方程本质上是依据统计规律的稳定函数，难以考虑产沙的动态过程，称为“通用”方程并不严格。1991 年 Renard 等提出的 RUSLE 模型则进一步考虑了径流因子，从而对 USLE 做了修正[3]。

我国依据实测径流与泥沙资料通过统计途径建立预测方程的研究较多，王占礼等对此进行了评述[4]。例如，蔡强国等[5]依据资料条件良好的岔巴沟流域，建立了次暴雨产沙统计模型，该模型系统分析了流域产沙的降雨、径流、地貌因子的作用，进而将影响产沙因素概括为径流深、洪峰流量、流域面积、沟道密度，并作为产沙预测指标。其产沙方程为

$$M_s = 10^{2.805} H^{0.659} Q_w^{0.523} A^{-0.413} D^{1.052} \tag{11.12}$$

式中：M_s 为流域产沙模数，t/km^2；H 为次径流深，mm；Q_w 为洪峰流量，m^3/s；A 为流域面积，km^2；D 为沟道密度，km/km^2。

该模型预报本流域产沙量的相关系数为 0.973，均方差为 473t/km^2，为平均洪水产沙模数的 12.1%。将此模型用于预测同一水文相似区内的南驼耳巷流域的冯庄站（232km^2）、大理河流域的青阳岔站（662km^2）、小理河流域的李家河站（807km^2）的 19 次降雨产沙量，整体精度为 78.55%，效果较好。是否可用于整个黄土高原各种流域的产沙预测，尚待检验。此类流域产沙模型，在同一水文相似区内，

❶　1acre=4046.86m^2。

一定时期和条件下，预测效果较好，但不能模拟流域产沙过程。

11.3.2 物理模型

为了模拟产沙过程，王光谦等提出了坡面产沙理论模型[6]，他们指出，坡面产沙包括溅蚀、薄层水流侵蚀、细沟侵蚀等在内的复杂物理过程，可用图 11.6 所示。

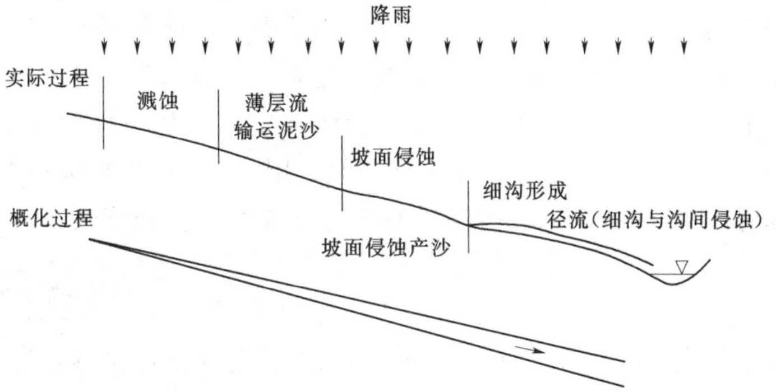

图 11.6 坡面侵蚀产沙过程及其概化图

通过上述概化，且假定坡面宽度方向上侵蚀速率相同，并采用坡面流运动波方程，首先得出单位时间单位面积上的侵蚀率 e 为

$$e=\frac{\pi}{6}mD\rho_s\alpha q_e^{2/5}x^{2/5}n^{-3/5}J^{3/10} \tag{11.13}$$

式中：e 为 x 处单位时间单位面积上的侵蚀率；m 为与水流切应力有关的参数；D 为泥沙平均粒径；ρ_s 为泥沙密度；α 为小于 1 的系数；q_e 为径流率；x 为沿坡面向下的坐标；n 为 Manning 糙率系数；J 为坡面比降。

将坡面概化为矩形，设坡面面积为 A，坡长为 L，则坡面宽度 $B=A/L$。设某时刻“坡面”流量为 Q，于是“坡面”单位面积上径流率为 $q_e=Q/A$。假设坡面宽度方向上侵蚀速率相同，则坡面单位宽度上的侵蚀量为

$$E_1=\int_0^L e\,dx=\int_0^L \frac{\pi}{6}mD\rho_s\alpha q_e^{2/5}x^{2/5}n^{-3/5}J^{3/10}dx=\frac{5\alpha\pi}{42}mD\rho_s q_e^{2/5}n^{-3/5}J^{3/10}L^{7/5} \tag{11.14}$$

整个坡面总侵蚀量 E 为单宽侵蚀量乘以宽度，有

$$E=E_1B=\frac{5\alpha\pi}{42}AmD\rho_s\left(\frac{Q}{A}\right)^{2/5}n^{-3/5}J^{3/10}L^{7/5} \tag{11.15}$$

这一物理模型通过两组实验资料得到一定程度的证明。王光谦等在分析模型计算个别点据偏离实验点据的原因时指出，实验中这些点都伴随有细沟的形成与沟壁坍塌等重力侵蚀现象，因而需要进一步考虑重力侵蚀模型，再与这一模型耦合，才能得到更为符合实际的结果。

11.4 流 域 输 沙

11.4.1 瞬时输沙单位线法

借鉴流域汇流经验，1978 年 Oswald 提出了泥沙单位线的概念和推求方法[7]，同

年 Willams 建立了泥沙瞬时单位线模型[8]。1988 年，樊尔兰将 Willams 模型应用于陕北岔巴沟支流的刘家河流域三川口站（$21km^2$）的悬移质输沙过程计算[9]，基本公式类似于 Nash 瞬时单位线：

$$u(0,t)=\frac{1}{k_s\Gamma(n_s)}\left(\frac{t}{k_s}\right)^{n_s-1}e^{-t/k_s} \tag{11.16}$$

式中：Γ 为伽玛函数；n_s、k_s 为泥沙瞬时单位线参数；其余符号与瞬时单位线相同。

分析历年实测降雨径流和泥沙数据，先依据输沙瞬时单位线滞时 m_{s1} 与流域平均产沙强度 I_{scp} 的关系［式（11.17）］优选确定 n_s、k_s，从而得到瞬时输沙单位线。用 1961—1966 年间的 8 次雨洪沙数据确定参数，用 1967—1969 年间的 4 次雨洪沙数据检验，计算时段为 2min，求得该流域的滞时与平均产沙强度关系式中的 $a=9.0$，$b=-0.2$。

$$m_{s1}=aI_{scp}^b \tag{11.17}$$

经参数优选得到：$n_s=1.5$，$k_s=6.0$。参与检验的 4 次雨洪沙过程的计算值均达到预测要求，即沙峰相对误差小于 20%，沙峰出现时间小于 $4\Delta t$，结果见表 11.1。作者指出，在流域雨洪沙过程预测中，输沙率峰值误差较易于控制在 20%以内，但沙峰出现时间误差仅能控制在 8min，即 $4\Delta t$ 以内。作者还指出，还可将 m_{s1}［或 a、b，即式（11.17）中的系数］与流域地理特征等因素建立关系，以便推广应用于无资料地区。

表 11.1　输沙瞬时单位线计算结果

序号	日　期	沙　峰			峰现时间		
		实测 /(m^3/s)	计算 /(m^3/s)	相对误差 /%	实测 /min	计算 /min	相对误差 /%
1	1967 年 7 月 17 日	21.0	23.5	−10.9	16	18	2
2	1968 年 7 月 15 日	18.5	16.8	10.5	14	14	0
3	1969 年 5 月 11 日	39.5	40.7	−3.2	20	18	2
4	1969 年 8 月 20 日	7.88	7.93	−0.6	14	16	2

11.4.2　物理概念模型

包为民等[10] 基于流域降雨径流模型提出了水沙耦合概念模型，分产流、汇流、产沙、输沙 4 个部分。由于研究流域地处旱区，以超渗产流为主，故采用变动径流系数方法以反映时段平均雨强和土壤缺水量对径流系数的影响。其基本结构如图 11.7 所示。

所建立的模型经皇甫及河口镇—龙门区间 1954—1963 年逐月水沙数据检验，依据有效性系数对模型进行评价，有效性系数定义与水文预报中的确定性系数相同，为

$$DC=1-\frac{\sum(y_i-y_{ci})^2}{\sum(y_i-\overline{y})^2} \tag{11.18}$$

式中：DC 为有效性系数；y_i、y_{ci} 为第 i 时刻实测与计算输沙率；$\overline{y}$ 为 y_i 的均值。

流量过程和输沙过程的有效性系数 DC 见表 11.2，流量和输沙过程的模拟效果良

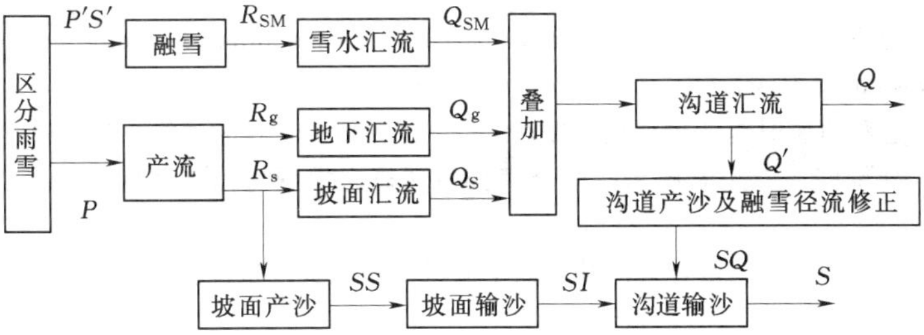

图 11.7 概念模型结构框图

好，用于估算流域侵蚀量具有实际应用价值。

此外，刘家宏等[11] 在数字流域基础上研究了多沙粗沙区的侵蚀产沙计算，这方面的研究工作正在进行，代表了现代技术在水文泥沙领域应用的方向。

表 11.2　　模型计算有效性系数 DC 统计

内　容	皇　甫	河口镇—龙门区间
流量过程	0.843	0.958
输沙过程	0.870	0.844

习 题 与 思 考 题

11.1　河流泥沙的主要来源有哪些?

11.2　定量描述悬移质泥沙的指标有哪些? 如何测定?

11.3　描述河流泥沙运动特征的指标有哪些?

11.4　简述泥沙颗粒运动所受的作用力。

参 考 文 献

[1] Langbein W B, Schumm S A. Yield of sediment in relation to mean annual precipitation [J]. Transaction American Geophysical Union, 1958, 39: 1076 - 1084.

[2] Wischmeier W H, Smith D D. Predicting rainfall erosion losses. A guide to conservation planning [S]. Washington D C: U. S. Department Agriculture, 1978.

[3] Renard G R, Foster G R, Weesies G A, et al. RUSLE revised universal soil loss equation [J]. Journal of Soil and Water Conservation, 1991, 46 (1): 30 - 33.

[4] 王占礼，黄新会，牛振华. 国内主要流域侵蚀产沙模型述评 [J]. 水土保持研究，2004, 11 (4): 28 - 33.

[5] 蔡强国，刘纪根，刘前进. 岔巴沟流域次暴雨产沙统计模型 [J]. 地理研究，2004, 23 (4): 433 - 439.

[6] 王光谦，薛海，刘家宏. 坡面产沙理论模型 [J]. 应用基础与工程科学学报，2005 (增刊): 1 - 7.

[7] Oswald, Rendon - Herrero. Unit sediment graph [J]. Water Resources Research, 1978,

的不断生长与死亡，其残体便累积在浮毯上形成泥炭。当浮毯层发展到一定厚度时，其下部的植物残体渐渐沉入湖底，形成下部泥炭层。随着时间的推移，由于上、下部泥炭层的扩大和加厚，以及湖底的填高，净水层渐渐减小，以致两者相连，湖泊就全部转化为沼泽。图 12.1 为浅水湖泊沼泽化演变示意图。

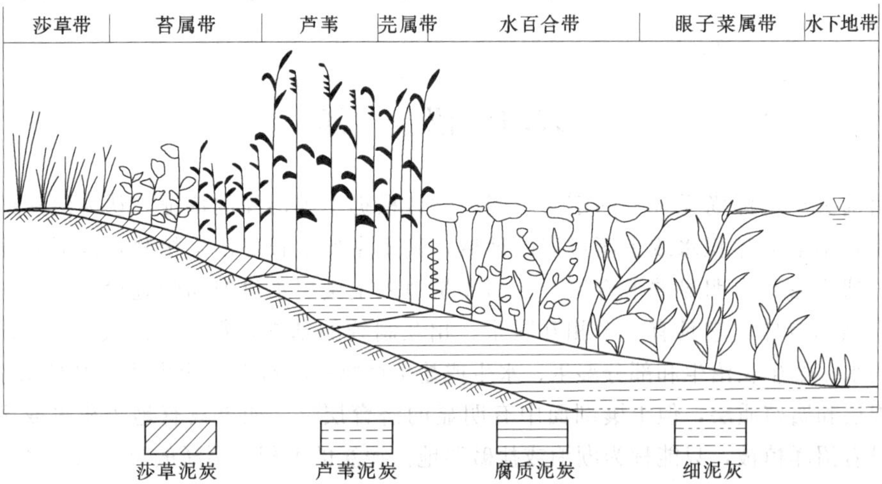

图 12.1　浅水湖泊沼泽化演变示意图

(3) 河流沼泽化。河流沼泽化发生在水草滋生、水流不畅、水浅的近岸处。由于漂浮植物和沉水植物的生长，植物残体不断堆积，缺氧分解形成泥炭，同时水中的泥沙和岸边的泥土淤积，河底不断被淤高，最终形成沼泽。

2. 陆域沼泽化

所谓陆域沼泽化是指从森林和草甸开始逐渐演化为沼泽的过程，故它包括森林沼泽化和草甸沼泽化两个方面。

(1) 森林沼泽化。在森林地区，尤其在寒温带的针叶林地区，茂密的森林阻挡了阳光和风，林内湿度较大、气温低，林下枯枝落叶层较厚，减少了地面的蒸发，又阻滞了地面的水流，再加上土壤底层有不易透水的冻土层，水分不易下渗，结果林下土壤保持了过度湿润的状态。这种土壤很适合苔藓类植物生长，苔藓就像海绵一样，保持了大量的水分，使树木根系处在缺氧的环境中，造成树木死亡。同时苔藓植物生长与不彻底分解，形成泥炭层。最终，森林因不适宜过度湿润的环境而死亡，形成沼泽。

(2) 草甸沼泽化。草甸是发育在中度湿润条件下，具有中生特性的草木植被类型。在水分条件下，它既不同于具有旱生植物的特性的草原，也不同于具有湿生植物特性的沼泽。在地势低平、排水不畅的草甸地区，土壤中水分过度湿润，空气不足，死亡的残体不易彻底分解，形成泥炭。同时，大量喜湿植物侵入，草甸植物逐渐被沼泽植物所取代，至此草甸即转化为沼泽。

12.1.1.2　沼泽的类型

沼泽类型的划分，至今还没有统一的较完善的分类系统。根据不同的目的与标准，分类方法不同。

按地貌和水分补给条件，可分为分水岭河间地沼泽、阶地沼泽、坡麓沼泽、河漫滩沼泽、湖滨沼泽和海滨沼泽；按植被类型可分为藓类沼泽、草本沼泽、木本-森林沼泽；按发育阶段，可分为低位沼泽、中位沼泽和高位沼泽。在中国根据有无泥炭划分为泥炭沼泽和无泥炭的潜育沼泽两大类。在同类沼泽中，由于形成环境和发育程度的差异，组成植物成分不同，生态环境相近的沼泽，植物群落或群落组合具有相似性，根据优势种的生活特性、群落结构和外貌特征，可进一步划分为6个亚类，见表12.1。

表12.1　中国沼泽主要类型

类	亚　类
泥炭沼泽	草本泥炭沼泽 木本-草本泥炭沼泽 木本-草本-藓类泥炭沼泽 藓类泥炭沼泽
潜育沼泽	草本潜育沼泽 木本-草本潜育沼泽

12.1.2　沼泽水文特征

1. *沼泽水的运动*

沼泽水多以重力水、毛管水、薄膜水等形式存在于泥炭和草根层中。泥炭是良好的蓄水体，按含量计，一般含有89%～94%的水分。当潜水出露地面成为地表积水或汇成小河、小湖、常年积水、季节积水或临时积水、片状积水，深度小于50cm，有草丘时，水分积于丘间洼地。沼泽水有如下基本特征。

(1) 水分横向运动缓慢。沼泽地表积水较浅，湿生植物丛生，排水不畅，水分运动十分缓慢，且上层运动速度大于下层。表层为枯枝落叶，在有降水和地面径流补给时径流速度可达30～50m/d；下层泥炭层中，孔隙较少，径流极为缓慢，一般为2～3m/d。

(2) 水分垂直运动旺盛。沼泽水的垂直运动具体表现为渗透、蒸发和蒸腾。沼泽水的渗透性主要取决于泥炭的分解程度，分解程度轻则渗透快，反之则慢。一般来说，沼泽表层为枯枝落叶，疏松多孔，渗透性强，渗透速度多数超过20cm/s；下层泥炭的渗透弱，1m深处渗透速度在0.001cm/s左右。蒸发和蒸腾是沼泽水分损失的主要途径。沼泽上层孔隙较大，当沼泽地下水与沼泽表面的距离在毛管作用范围内时，因毛管作用能将大量的水分输送到沼泽表面，供蒸发消耗，其蒸发量接近于水面蒸发量。当沼泽地下水面在毛管作用深度以下时，蒸发作用只在表层孔隙中进行，蒸发较弱。据统计，沼泽植物的蒸腾作用也是沼泽水分损失的途径之一。据计算，沼泽水蒸发和蒸腾的水分损失占循环水量的75%左右。所以，水分的垂直运动是沼泽水的主要运动形式。

(3) 沼泽径流中除部分沼泽在个别时段有表面流外，大都是孔隙介质中侧向渗透的沼泽表层流。表层流存在于潜水位变动带内，呈层流状态，可用达西定律描述。速度与水力坡度成正比，渗透系数为比例系数。通常水力坡度与沼泽表面坡降相同，渗透系数各层不一。因此，沼泽径流的大小取决于潜水位的高低、各层渗透系数和泥炭层或草根层的厚度。

2. 沼泽水量平衡

蒸发量大、径流量小是沼泽水量平衡的重要特点。在多年变化中，前者变化小，后者变化相对较大。沼泽蒸发量的大小与沼泽类型、气候条件及沼泽蓄水量有关。一般来说，潜育沼泽、低位沼泽蒸发量较大。沼泽蓄水多时，蒸发量与辐射平衡值呈正相关；在夏季，当沼泽前期蓄水量基本耗尽时，沼泽蒸发与降水量呈正相关。

3. 沼泽的温度、冻结和解冻

表面有积水或表层水饱和的沼泽，其表面温度及日变幅都小于一般地面；地表无积水而近于干燥的泥炭沼泽和干枯的潜育沼泽则相反。沼泽温度日变化波及的垂直深度一般均很小。高纬地区的沼泽有冻结现象：当潜水位到达沼泽表面时，冻结开始较晚，冻结的速度慢、深度小；当表层有机物质近于干燥时，冷却快、冻结早，但下层冻结很迟缓，冻结深度较小。同理，在高纬地区，春天解冻迟，化透时间晚。例如，三江平原，盛夏的 7 月，沼泽表面温度可高于 20℃，但有的沼泽表面以下仍有冻层存在。

4. 沼泽水水质特征

沼泽水富含有机质和悬浮物，生物化学作用强烈。水体混浊、呈黄褐色。因有机酸和铁锰含量较高，沼泽水面常出现红色。沼泽水矿化度较低，除干旱区的盐沼和海滨沼泽外，一般不超过 500mg/L，水的硬度很低，pH 值 3.5～7.5，呈酸性和中性反应、弱酸性反应多，腐殖质的含量从每升几毫克到每升上百毫克不等。

12.1.3　沼泽的作用与变化

沼泽在维持区域生态平衡中具有积极的作用。

1. 径流调节库

沼泽土壤，特别是泥炭沼泽有巨大的持水能力。沼泽持水能力取决于沼泽体的组成、泥炭的分解度和灰分含量。草根层较厚的潜育沼泽，持水能力多为 200%～400%；泥炭沼泽的持水能力较强，其中草本泥炭为 400%～800%，藓类泥炭一般大于 1000%。随着灰分含量和分解程度的增强，持水能力减弱。如低灰分、弱分解的藓类泥炭，具有较高的持水能力，能保持大于本身绝对干重 15～20 倍的水量；灰分中等，中分解或强分解的草本和草木-藓类泥炭，能保持大于本身重量 3～9 倍的水量。沼泽植物增加了地表糙率，可减缓洪水流速，降低下游洪峰水位。如三江平原挠力河中游菜咀子站，夏季洪峰为上游宝清站的一半，汛期滞后。

2. 气候调节器

沼泽地植被茂密，其反射率小，辐射平衡值高。沼泽区强烈的蒸发与蒸腾，使大量水分排入空中，影响周围环境的温度和湿度。

在沼泽水平衡中，沼泽蒸发和植物蒸腾消耗水量所占的比例较大，而径流的比例则较小。如三江平原的别拉洪河，属沼泽性河流，该流域年均蒸散发量占 79%，年均径流量仅占 21%。根据三江平原沼泽小气候分析，蒸散发耗热相当于辐射差额的 80%左右。

据试验研究，沼泽化草甸生长季的蒸散发量可达 7415t/hm^2，而沼泽的蒸散发比沼泽化草甸还要大，由此可见沼泽调节气候的巨大功能。

3. 物种基因库

沼泽湿地是生物多样性最丰富的地区之一。1992年国际资源和自然保护联合会（IUCN）、联合国环境规划署（UNEP）、世界野生生物基金会（WWF）联合制定的世界自然保护大纲中，将湿地与农业、林业并列为三大生态系统，把淡水湿地列为受威胁物种最重要的集结地。1993年，美国生态学会在生态研究纲要中指出："地球上生物多样性大部分分布于半自然的森林、牧地、河流与沼泽中"[3]。生物多样性的丰富程度通常以某类型的物种数来表达。我国沼泽植物密度为0.0056种/km^2，是我国植物密度（0.0028种/km^2）的2倍。我国已记录到高等植物1600余种，沼泽湿地濒危高等植物100～150种，其中包括第三纪孑遗植物水松、水杉等都是世界上著名的珍稀濒危植物。我国已记录到沼泽高等动物约1500种（脊椎动物），其中有"古生物化石"之称的扬子鳄。另有水禽约250种，其中包括生动亮丽的丹顶鹤、白鹤等珍稀濒危鸟类31种。因此，沼泽湿地在国际上受到普遍重视。

4. 环境滤清器

沼泽具有净化环境的功能，是生态系统的重要组成部分。根据资料，地球上的沼泽植被每年向大气圈释放1.6亿t氧气，并且少排了与其相当的CO_2，减缓了陆地生态系统中CO_2浓度的提高。沼泽有很大的生物生产效能，植物在有机质形成过程中，不断吸收CO_2和其他气体，特别是一些有害气体。沼泽还能吸收空气中粉尘及其携带的各种病菌，从而起到净化空气的作用。有人把森林比作净化空气、消除污染的工厂，沼泽同样起到这种作用。另外，沼泽堆积物具有很大的吸附能力，污水或含重金属的工业废水，通过沼泽能吸附金属离子和有害成分。所以，一些国家把沼泽作为消除城市污水、净化环境的重要途径。

5. 高效资源库

具有半水半陆过渡性质的沼泽是一个高生产力的自然生态系统。年初级生产量是衡量植物生产力的指标。沼泽植物的年初级生产量远高于其他植物，纸莎草高达100t/hm^2，香蒲达70t/hm^2，沉水植物眼子菜为40t/hm^2。我国南方红树植物海蓬30t/hm^2，不及纸莎草生产量的1/3；农业高产作物玉米为60t/hm^2，而且还需要投入化肥、农药和大量的人力才能达到高产。因此，沼泽湿地中获得的效益，就单位土地面积而言，比其他生境（包括排水后农用）要高得多。

12.1.4 沼泽的变化

沼泽是许多自然地理条件相互影响和相互制约形成的。形成条件包括气候、地质地貌、水文和人类活动等，沼泽的变化也同样受到这些因素的影响。

1. 气候与沼泽变化

土壤表层经常过湿是沼泽形成的直接原因，而土壤水分状况主要决定于气候。在降水丰富的过度湿润地带，地表水分过多，空气湿度大，蒸发弱，除地表切割程度大，河网发达的地区外，沼泽几乎占据整个地面，不仅在低洼地貌中，在山坡，甚至分水岭也有沼泽发育。沼泽成为这类地区自然景观的主要特征。在湿润程度不足和不稳定地带，沼泽分布面积减少，只分布在闭流洼地、湖滨、河漫滩以及地下水位接近地表的地方。在降水量少、气候干燥、水分不足地带，很少遇到沼泽，只在河流泛滥或地下水出露地域才有沼泽发育。

泥炭沼泽的形成和变化与热量状况也有很大的关系。每年沼泽植物死亡后增加的新有机体，大于每年腐烂的物质数量，泥炭才能形成和累积。大气和土壤温度，一方面影响生长期内植物生长速度，另一方面也制约着死亡植物残体的分解强度。在寒冷气候条件下，生长期内气温低，不利于植物的生长，每年植物体增长缓慢，但分解掉的也很少；在热带及亚热带气候条件下，生长期内气温和年平均气温高，植物体增长快速，有机质分解速度较大，甚至超过增长的数量。

2. 地质地貌与沼泽变化

新构造运动对地表形态的影响直接而明显。一个地区长期下沉，造成四周高、中间低洼的地貌结构，并堆积有深厚的疏松物质，地表坦荡低平，侵蚀能力弱，河流蜿蜒曲折，排水能力低，有利于水分的汇集和停滞。可见地质构造和地貌条件，为沼泽的形成提供了良好的空间场所。

3. 水文与沼泽变化

水分条件是沼泽形成和发育的主导因素，水文特征对于沼泽的形成与变化也有重要作用。地表水和地下水是沼泽补给的直接水源，而补给量的大小与径流条件有直接关系。

4. 人类活动与沼泽变化

人类经济活动也会对沼泽的形成与变化产生作用。东北林区，在日伪统治时期，森林资源遭到残酷掠夺和严重破坏，在一些砍伐迹地和被火烧的迹地上，常演变发育成沼泽，大中型水库周围和回水范围内，因抬高了地下水位而逐渐沼泽化。人类采取人工排水的方式控制沼泽的发展，也可加速沼泽疏干。人为因素对沼泽的影响比自然演化要快得多。

我国的沼泽类型繁多，生物多样性最丰富，沼泽面积也很大，在世界沼泽中占有重要地位。进入 20 世纪 80 年代，正当国际上保护沼泽湿地的呼声越来越高时，人们惊奇地发现我国的沼泽面积大幅度减少，由于不合理的人类活动，使沼泽面临围垦、污染和过度猎取等严重威胁，沼泽面积日益缩小，沼泽的环境保护功能显著下降，并危及人类和社会的可持续发展。因此，研究沼泽湿地的动态变化及其生态效应具有重要意义。

12.2　冰　　川

冰川是一种由多年降雪不断积累变质形成的、具有一定形状和运动着的、较长时期存在于地球寒冷地区的天然冰体。这种冰体不同于一般天然或人工冻结的冰，它能够在自身重力作用下，沿着一定的地形向下滑动，如同缓慢流动的河流，故名冰川。一般而言，冰川具有以下 4 个特点。

1. 冰川的发育与存在有长期性

冰川是一种在若干年内较长时期存在的冰雪体。它的形成和积累，需要数十年、数百年，甚至更长的时间。冰川不会因短期的气候波动而消亡。

2. 冰川具有运动性

运动性是冰川区别于其他任何自然冰体的最显著的特点。冰川的运动，是由于冰川冰的黏塑性决定的。任何不能运动的或被搬动的冰堆积体，都不属于冰川范畴。

3. 冰川冰的特殊性

冰川是由大气降落的积雪经过一系列的物理过程演变而成的。冰川冰是一种特殊的变质冰。冰川的这个特点，使许多普通积雪和冰体不能列入冰川之列。例如，多年冻土地区的地下冰也可以长期存在，但因为它不是积雪变成的，就不能称为冰川冰。地球南北两极的海面上，漂浮着许多冰块，其中一部分是海水冻结形成的，它们在结构和成分上与冰川冰有很大的不同，也不能称作冰川冰。

4. 冰川的形态和规模

冰川是在大陆上形成、具有一定形态和一定规模的冰体。它的形态因地域不同而异，有呈带状的，如山谷冰川；有呈片状或不规则的圆形的，如冰帽或平顶冰川。冰川的冰体必须有一定的厚度和相当的规模。冰川规模的差别很大，国际上通常把面积至少超过 $0.1km^2$ 的冰川列入统计对象。

根据*World Glacier Inventory*和《中国冰川目录》的最新统计，全球的冰川面积为 $1.59\times10^7km^2$，占地球陆地面积的11%，主要分布在地球的两极和中、低纬度的高山区（表12.2），冰川总储水量为 $2.406\times10^7km^3$，占地表淡水资源总量的69.5%。假定冰川全部融化，将会使洋面上升60m以上，全球陆地则要被淹没 $150\times10^4km^2$，约减少现有陆地面积的1%。中国的冰川主要分布在西部高山地带，共有46298条，总面积为 $5.94\times10^4km^2$，冰储量为 $5590km^3$。中国冰川面积占全球冰盖和冰川总面积的0.4%，为国土面积的0.6%，仅次于加拿大、俄罗斯和美国，位居世界第四。在全球和亚洲山地冰川中，中国冰川面积分别占其总量的14.5%和47.6%，是中低纬度山地冰川最发育的国家。

表12.2　　世界冰川分布

地区	面积/km^2	所占总分布的比例/%	地区	面积/km^2	所占总分布的比例/%
北美洲（格陵兰除外）	276100	1.7	冰岛	11260	
加拿大（包括北极区诸岛）	200806		其他	3343	
美国（包括阿拉斯加）	75283		南美洲	25908	0.2
其他	11		巴塔哥尼亚高原	18500	
亚洲（包括北极区诸岛）	189201	1.2	其他	7408	
中国	59406		大洋洲	860	
俄罗斯	58711		非洲	10	
巴基斯坦、印度	40000		南极洲（包括南极区诸岛）	1359331	85.7
其他	31084		格陵兰	1726400	10.9
欧洲（包括北极区诸岛）	53967	0.3	总计	1586575	100
挪威	39360				

加大，就会导致冰川流速变快，并以动力波的方式向下传播，冰舌末端向前推进；反之，若冰川补给量减少或消融量增加，则冰川流速相应减小，冰川后退。

2. 冰川的分类

冰川的分类依据有形态、地理、物理性质等多种，但多不完善。最早的分类是根据冰川的形态划分的，虽不够完备，但能在野外的实际考察中直观地进行初步划分，简单又方便，至今仍被较广泛采用。地理分类是按冰川形态的区域特征划分的，属形态分类法的派生，如分为阿尔卑斯型、斯堪的那维亚型、土耳其斯坦型等。根据冰川的物理性质分类较为科学，但是它必须要有足够的实际观测资料。下面仅就常用的形态分类和物理分类分别加以简介。

（1）冰川的形态分类。按照冰川的形态和规模，分为大陆冰川和山岳冰川两大类。

1）大陆冰川。大陆冰川又称大陆冰盖，是补给区占优势的冰川，特点有：面积大，冰层巨厚；分布不受下伏地形的限制；冰川呈盾形，中部最高，冰体向四周辐射状挤压流动；冰盖边缘往往伸出巨大的冰舌，断裂后入海，成为巨大的海洋漂浮冰；形成的年代很古老，在第三纪时就存在了。

国际上习惯把面积超过 $5\times10^4\text{km}^2$ 的冰川当作冰盖，世界上主要有南极和格陵兰两大冰盖。南极冰盖最大，包括边缘分布着的冰架在内，总面积达 $1380\times10^4\text{km}^2$；平均厚度为 720～2200m，最大厚度达 4267m。整个南极大陆几乎都被永久冰雪所覆盖，只有极少数山峰突出于冰面之上，称为冰原石山。冰盖边缘有一些没有脱离冰盖的大冰流伸向海中，并漂浮于海上，有的可延伸几百千米，虽然冰体是运动着的，但其范围基本是稳定的，称为冰架或冰棚。比较著名的大冰架有罗斯冰架、菲尔希内尔冰架和罗纳冰架等。在冰盖边缘的其他地方也常有一些冰舌伸入海上，这就是流动速度较快的溢出冰川。冰架和溢出冰川都是陆缘冰，它们的前端由于消融而崩解，使大小不等的冰块在海上漂流，称为冰山。格陵兰冰盖面积 $170\times10^4\text{km}^2$，由南北两个大冰穹组成，冰盖最大厚度 3411m，其边缘没有大冰架，而溢出冰川甚多。另外，在南北极地区的一些岛屿上，还形成许多比冰盖规模小得多的所谓冰帽或冰原。如北极地区的斯瓦巴德群岛、新地岛、北地岛、加拿大极地岛和冰岛，以及南极地区的克尔格伦岛、布维岛等都有冰帽或冰原存在。

2）山岳冰川。山岳冰川也称山地冰川，是运动占优势、积累与消融大致平衡的冰川。山岳冰川是完全受地形约束而发育的冰川，主要分布于地球的中低纬高山地带，其中，亚洲山区最发达。山岳冰川发育于雪线以上的常年积雪区，沿山坡或槽谷呈线状向下游缓慢流动。根据冰川形态、发育阶段和地貌特征的差异，山岳冰川进一步可分为以下几种。

a. 悬冰川，这是山岳冰川中数量最多但体积最小的冰川，成群见于雪线高度附近的山坡上，像盾牌似的悬挂在陡坡上，其前端冰体稍厚，没有明显的粒雪盆与冰舌的分化，厚度一般只有 10～20m，面积小于 1km^2。对气候变化反应敏感，容易消退或扩展。

b. 冰斗冰川。冰斗冰川分布在河谷源头或谷地两侧围椅状的凹洼处，冰斗底部平坦，而壁龛陡峻。冰体越过冰坎呈短小冰舌溢出冰斗，悬挂在斗口。冰斗冰川面积一般小于 10km²。

c. 山谷冰川。山谷冰川是山岳冰川中发育最成熟的类型，具有山岳冰川的全部功能，是冰川研究的主要对象。山谷冰川具有明显而完整的粒雪盆和伸入谷地中的长大冰舌，冰川长数千米至数十千米，厚数百米。如喀喇昆仑山的希亚臣冰川，长75km，最厚处达 950m；帕米尔的费德钦科冰川，长 71.2km，最厚处达 900m。以雪线为界，山谷冰川具有明显的冰雪积累区和消融区，分别表现为粒雪盆和长大冰舌。它像河流那样顺谷而下，沿途还可接纳支冰川汇入，组合为规模更大的复式山谷冰川、树枝状山谷冰川。

d. 山麓冰川。巨大的山谷冰川从山地流出，在山麓地带冰舌扩展或汇合成大片广阔的冰体，称为山麓冰川。现代山麓冰川只存在于极地或高纬地区，如阿拉斯加、冰岛等。阿拉斯加的马拉斯平冰川由 12 条支冰川汇合而成，山麓部分的冰川面积达 2682km²，冰川最厚达 615m。

e. 平顶冰川。平顶冰川是山岳冰川与大陆冰盖的过渡类型，发育在起伏平缓的高原和高山夷平面上，故又名高原冰川或高山冰帽。有时，在平顶冰川的周围常伸出若干短小的冰舌。这类冰川规模差别大，其面积自数十平方千米至数千平方千米不等。如我国祁连山最大的平顶冰川土尔根达坂山的敦德冰川，面积为 57km²；斯堪的纳维亚半岛上的约斯特达尔冰帽，长 90km，面积达 1076km²；冰岛东南部的伐特纳冰帽规模更大，面积达 8410km²。

（2）冰川的物理分类。根据冰川活动层（由冰川表面以下至 15～20m 深度内）以下的恒温层所特有的热力特征，将冰川分为 3 类：暖型、冷型和过渡型。

1）暖型冰川。冰川上部的活动层受气温变化而升高或降低，而下部的恒温层则不受气温变化的影响，使冰川至底部的温度具有压力熔点的等温状态，只有冬季上层几米处于负温。此类冰川主要分布在温带海洋性气候区，如欧洲阿尔卑斯的现代冰川。我国西藏东南部山地及横断山区，受印度洋西南季风影响下发育的冰川也属此类。

2）冷型冰川。在极地或温带某些山岳冰川中，不仅冰川活动层的温度很低，恒温层内温度也明显低于冰熔点温度。冰体直到很大深度都是负温，主体温度常在－10℃以下。此类冰川主要分布在极地和温带大陆性气候下的中、低纬山地。我国西部和中亚高山冰川大多属此类型。

3）过渡型冰川。冰川表层为低温，而底部为相应的压力熔点温度。

12.2.2 冰川的状态

冰川上各种相态水的收入和支出之间的关系，称为冰川的物质平衡。冰川水体的收入也就是冰川的积累，冰川水体的支出主要指其通过消融形式脱离冰川。冰川的积累与消融是冰川参与水循环过程的两个主要环节，冰川积累与消融的平衡状态直接反映了冰川地区的气候变化，影响着冰川的运动，更决定了冰川动态，即是处于增长（即冰川前进）、稳定，还是消减（即冰川后退）状态。

1. 冰川的积累与消融

冰川积累主要来自粒雪盆的降雪；其次为周围山坡峰岭上的风吹雪和雪崩；还有

少量来自表面水汽的凝结和冻结在雪内的雨水。冰川消融主要是指在太阳辐射、暖湿气流及其他有关热源的作用下，冰川发生融化或蒸发。因此，决定冰川积累的因素是冰川区的降水量，影响冰川消融的因素是冰川区的温度，反映冰川消融量的标志是冰川径流。冰川积累的年内变化可分冷季补给型和暖季补给型两类。欧洲的阿尔卑斯山和北美洲的阿拉斯加地区，冬季多降雪，故属冷季补给型。我国多数冰川受季风和内陆夏季热对流的影响，冬季虽然温度低，但降水量很少，故冷季积累微弱，而夏季降水量可占全年的 60%～80%，故我国冰川多属暖季补给型，夏季既是主要的积累期，又是主要的消融期。

冰川区内积累和消融的空间分布与海拔高度、冰川朝向、坡度等有密切的关系。同一冰川，年最大积累区分布在粒雪盆后壁的中下部，海拔较高的背阳缓坡处也较多，陡峭的山顶则很少积累；而冰舌末端的消融强度最大。此外，朝阳南坡的冰川分别比东、西坡大 9.4% 和 26.8%，北坡消融最弱。世界各地的冰川，由于其规律不一，所处地理环境不同，故消融强度也各不相同。极地冰盖每年消融水深仅 20～80cm，格陵兰平均为 100cm；中纬度地区，如天山冰川冰舌最大消融水深为 2cm，阿尔卑斯冰川为 3cm，西藏阿扎冰川为 8cm，巴托拉冰川由于冰川面积大、流程长、冰舌下伸低，已伸至海拔 2500m 左右的干旱高温的半荒漠地区，因此年消融水深可达 18.4cm，消融期长达 315d。

冰川的消融，在其各部位同时或先后发生。气温一旦上升，冰川的冰面、冰内孔道和空穴以及冰体和山体岩床接触的部位等，都会发生消融现象。冰川底部与岩床接触处的消融量很小，只占整个冰川消融量的 2%左右。冰内消融量一般忽略不计。

冰川的融水量，随着气温的不同而变化，有季节性变化和昼夜变化等。在我国西北高山冰川区，每年 5 月下旬冰川开始消融，即有微量的径流产生。6 月以后，随着气温的上升，冰川消融逐渐强烈，融水径流不断增大。6—8 月是冰川融化最强烈时期。大量冰川融水，从冰川末端排泄出来，汇流入山下的河流中。9 月以后，冰川区开始进入冷季，冰川消融逐渐减弱，乃至停止。大陆型冰川一般到此时即断流，但海洋型冰川因气温变化较温和，冰内和冰下仍有轻微的消融，产生微量融水。因此，海洋型冰川一般不断流，只是融水量明显减少而已。冰川融水量在每天 24h 内，特别是在暖季，随着气温的升降有明显的日变化。一般冰川的最大融水量，出现在每日午后。

2. 冰川物质平衡

冰川物质平衡是指某时段内冰川固、液态水的收支状况。冰川物质平衡直接受大气降水和气温等因素影响。冰川年总积累与年总消融的差额，也就是冰川物质平衡量，如果为负值，则冰川退缩、减薄；如果为正值，则冰川前进、增厚。冰川物质平衡的年变化与降水和气温基本一致。

以我国资料系列最长的乌鲁木齐河源 1 号冰川为例，自 1959—1986 年的 28 年中，多数年份该冰川出现负平衡状态，从多年总和看，负平衡值大于正平衡值，特别是 1977 年以来，除 1982—1983 年出现弱正平衡外，其他年份均为负平衡，从而导致该冰川自 1962—1980 年主流线长度缩短 80m，冰川面积减少 $0.11km^2$。这主要是由于气温上升及降水减少所致。

3. 冰川的前进与后退

冰川的类型、地理位置不同，冰川的进退变化也就不同。但就全球来看，在相同的时间尺度内，冰川对气候波动的响应趋势是基本相似的。20 多年来，冰川状况有着明显的改变，由 20 世纪 60 年代初期的强烈退缩向缓慢退缩乃至出现相当数量冰川转向前进的变化。由表 12.4 可见，这种变化以阿尔卑斯山区、中国和美国的喀斯喀特山的冰川尤为明显。

西藏高原现代冰川进退与气候变化的模式是：长期的高温高湿和低温低湿气候，伴随而来的是冰川的大幅度前进，如 17—19 世纪的小冰期；短期的高温高湿和低温低湿气候，则造成冰川进退中的小波动～小前进；长期的高温低湿气候，造成冰川强烈衰退，如 19 世纪中叶以后的冰退期。

表 12.4　　世界中、低纬度主要冰川区冰川变化比较

时期	地　区	统计条数	前　进		后　退		稳　定	
			条	%	条	%	条	%
1959—1965 年	阿尔卑斯山	266	26	9.8	190	74.8	41	15.4
	高加索山	11	4	36.4	7	63.6	0	0
	苏联天山	14	5	35.7	8	57.1	1	7.1
	中国西部	72	6	8.3	58	80.6	8	11.1
1965—1970 年	阿尔卑斯山	300	68	22.7	190	63.3	42	14.0
	高加索山	27	9	33.3	18	66.6	0	0
	苏联天山	18	7	38.9	11	61.1	0	0
	中国西部	192	52	27.1	81	42.9	59	30.7
	美国喀斯喀特山	18	14	77.8	4	22.2	0	0

注　国外资料根据 *Permanent Service on the Fluctuation of Glaciers of the IUGGFAGS/ICSU*（1967，1973，1977）统计。

12.2.3　冰川径流及其利用

冰川径流包括冰川融水、永久积雪融水、季节性积雪融水和冰川区的降雨径流。冰雪融水径流占总径流量的比重与水文站控制流域中的冻结系数（流域中冰川面积与流域总面积之比）有关。冻结系数越大，冰雪融水径流所占比例越大。

1. 冰川径流的时间变化特点

不同类型的冰川，自然环境、水热条件及冰川性质等不同，冰川径流的特征值相差很大。大陆型冰川的多年平均径流模数为 19.3L/(s·km^2)，多年平均径流深为 608.7mm；而海洋型冰川分别为 99L/(s·km^2)、3126.5mm，约为大陆型冰川径流的 5 倍。

（1）冰川径流的日变化。气温和辐射平衡有明显的日变化过程，因此冰川径流也具有日变化特点（图 12.2）。日出后，流量随气温升高而逐渐增高；午后，逐渐降低；夜间，当气温降到 0℃以下，消融停止，流量最小或断流。径流的日变化过程相应于气温的日变化过程略为滞后。不同类型冰川的径流日变化过程和幅度不同。大陆型冰川径流过程的峰形尖而低，流量小而稳定，持续时间长；海洋型冰川，峰形浑圆而低，流量大，峰谷较对称。大陆型冰川径流主要来自冰面融水，产流排泄迅速，径流滞后时间较短；而海洋型冰川，除冰面消融外，融水下渗及冰内消融增加了汇流时间，滞后时间较长。

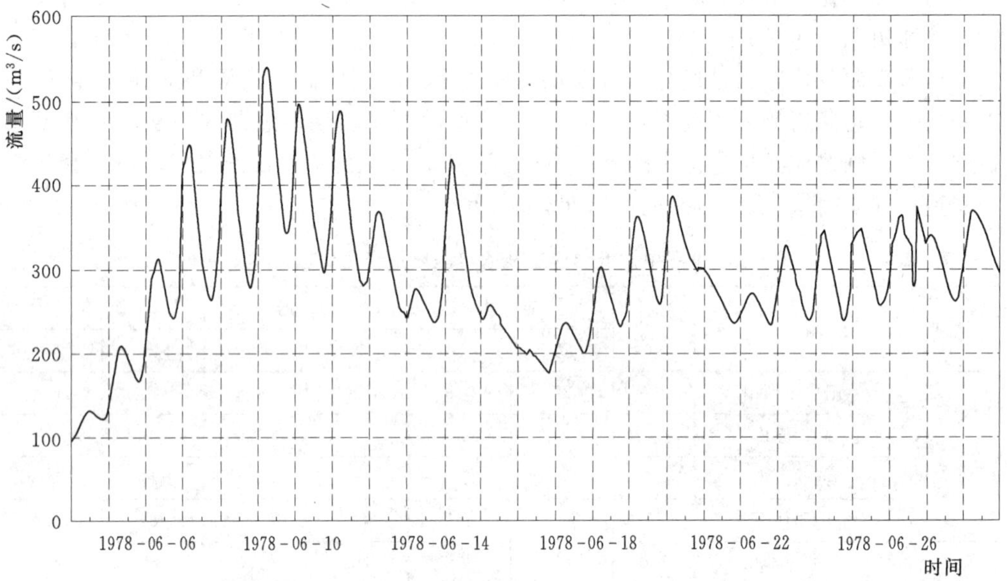

图 12.2　新疆喀什河径流过程每日峰谷交替示意图

（2）冰川径流的年内变化。不同类型冰川径流的年内变化特性也不同。海洋型冰川消融期长，径流年内分配较均匀；大陆型冰川消融期短，径流年内分配极不均匀，流量高度集中在 7—9 月。例如，中国西北高山区，年融水量的 80%集中在 7—8 月，高温及多雨期同在夏季，年降水也有 60%～70%集中在夏季，因此径流的年内变化较大。

（3）冰川径流的年际变化。冰川径流的年际变化一般较小，在低温湿润年份，因热量不足，冰川消融减弱，积累增加；而在干旱少雨年份，晴天多热量大，冰川消融量大，因此，冰川作为高山固体水库，具有多年调节河川径流量的作用。所以，中国西部山区有冰川融水的河流，丰、枯水年的水量变化幅度小于东部降雨补给的河流，为当地的灌溉农业提供了有利条件。

2. 冰川融水对河流的补给作用

中国冰川融水径流约为 $616\times10^8\,m^3$，占全国河川径流总量的 2%左右，接近于黄河入海的多年平均径流量。我国西部山区的内陆河流，冰川融水量约占其河川径流量的 23%，冰川融水补给比重在 25%以上的河流有 30 条以上，比重在 50%以上的有 12 条，其中天山南坡的木扎提河融水比重高达 81%以上。所以，冰川径流是西部发展经济的重要淡水资源。

冰川是大多数河流的发源地。长江和黄河发源于冰川，冰雪融水的补给百分比，由青藏高原边缘的11%向高原腹地递增至30%～40%。

冰川像一座“固态水库”起着多年调节河川径流的作用。在高温干旱年份，冰川释放大量冰雪融水，补给河流水量的不足；而在冷湿年份，天然固态降水储存于冰川。冰雪融水可以调节河流水量的丰枯变化。这种调节能力主要取决于冰雪融水占河川径流量的比例。例如，中国天山西段台兰河，冰雪融水补给约占50%，1962年降水量比正常年少19.6%，而河川径流量却比正常年大23.2%；1971年降水量比正常年大46.5%，而河川径流量却小9.9%。

3. 冰川径流的利用

我国是世界上最早利用冰川固体水库的国家。在唐代，敦煌就已经利用祁连山的冰雪融水灌溉农田。新中国成立前，到祁连山里去淘金的工人、河西走廊和天山山麓的群众，在干旱缺水年份，会到祁连山和天山的冰川上去，通过撒黑土人工黑化冰川以降低冰雪反射率，增大冰雪表面的太阳辐射热，从而加快冰川的消融，增加河川径流。

上游山区有冰川调节的河流，其径流量的年际变化相对较小，在年内分配又集中在夏秋季，与农作物生长需水的同步性较好，利于农业供水，形成了保证率较高的荒漠绿洲和灌溉农业，如新疆的叶尔羌绿洲、吐鲁番绿洲等。

自20世纪以来，全球变暖，气温波动上升，冰川的蒸发和消融增强，冰川退缩的幅度急剧增大，原来前进或稳定的冰川转入了退缩状态。随着冰川的加速消融，对冰川补给性河流而言，虽然短期内增加了径流，但最终会导致河流枯竭、水荒发生。因此，气候变化下的冰川水文响应研究是我们面临的重要课题。

12.3　融　雪　径　流

12.3.1　积雪

积雪是覆盖在陆地和海冰表面的雪层，又称雪被或雪盖。中国气象部门规定，雪掩盖的面积达到该地可见面积一半以上的称积雪，按积雪保持的时间分为长年存在的永久积雪和冬季形成夏季消融的季节积雪。

12.3.1.1　积雪的形成及空间分布

空中的水分在水汽张力小于4.58mm水银柱高时，可以形成雪、霰等固态降水。但是，只有在低层空气很冷、雪花通过此层不致全部融化的情况下，才能降落至地面。降至地面的雪花也并非各处、更非经常都能形成积雪。热带和亚热带除高山外，皆属不形成积雪地区；在中纬度地带，只有较长时期保持0℃以下气温的地区才能形成积雪，而且属于每年寒季积雪、暖季融化的季节性积雪。在这些地区，积雪的基本特征值，如积雪时间、积雪厚度、密实度、雪的含水量等，在不同地区和不同年份都是不相同的。在两极地带和某些高山地区，则是常年积雪，在暖季结束后的剩余部分积雪逐渐聚积成永久积雪。

在观测地点向四周眺望时，如视野内大半被雪覆盖，此时可作为积雪形成日期。

形成积雪需要相当长的时间。观测表明，有时很厚的一层雪，也会很快消失；时融时积可能重复发生数次才能形成积雪。但积雪一旦形成，即使气温暂时高于 0℃仍能继续存在，因为融雪需要大量的热量，故融化是一个过程。

积雪在流域上的空间分布往往极不均匀，这主要是由于各处风速、风向、地势起伏和植被条件不同。

在无风或微风时，降雪可堆积成均匀平坦的一层，但不稳定。当风速大于 2m/s 时，雪就被吹走，当风速很大时，除了地面上层新雪被吹走外，还会掀走下层较紧密的积雪，造成有的地方雪堆很大，有的地方无积雪的现象。下垫面条件影响风的强度、吹程等，从而影响积雪的分布。如风向正对直立的墙壁、篱笆及山谷或壕沟的斜壁，则在此障碍物前会出现一条雪堤。风在障碍物边缘可产生旋涡，把雪卷走，形成雪沟。

地形切割程度对积雪分布也有一定影响。切割越剧烈，积雪分布就越不均匀。山区的积雪分布最不均匀。在山顶及地形突出处受风的影响几乎无积雪；山谷洼地及其他凹陷地区则都有雪堆积。在丘陵起伏和高山耸立地区，风从迎风面把雪吹向背风面，故较厚的积雪出现在背风面。在平原地区，积雪分布一般也是不均匀的。

森林使风速减弱，即使在暴风雪时，也能形成平整的积雪。在森林边缘处的灌木丛林地区积雪较厚，越向森林中心越薄，这是由于大量积雪被风从田野吹到森林边缘所致。所以这些地区的积雪厚度较邻近田野为大，而在没有草的空旷地区则可能无雪。

大量的观测资料证明，在一定的气候条件下，大区域的积雪分布与微地形无关，积雪厚度大体相近。由于这个重要发现，使得在推求区域平均积雪厚度时不需定位测量积雪，而只要采用分布均匀的测点，然后取其平均值即可。

在中等强度的降雪情况下，每昼夜的积雪厚度一般不大于 2～4cm；极强烈的降雪，每昼夜达到 10～15cm；在特殊情况下，可达 25cm。在障碍物附近如森林边缘、灌木林、背风坡、山谷、路堤、篱笆、围墙等处，每昼夜的积雪厚度可能还要大些。

12.3.1.2　积雪的物理性质

1. 积雪的结构

由于降雪类型有鹅毛状、碎片状、针状、粒状之区别，降落到地面以后又受外界环境的影响，所以雪的结构是比较复杂的。不管积雪表面的起伏程度如何，在积雪存在的全部时间内，由于太阳辐射、风及积雪层上下温度差异等原因，在积雪的表面可形成比较坚硬的薄层，称为冻雪外壳。另外由于雨滴的冲击作用，也可形成一种多孔的冰壳，如再降新雪，则冰壳保持在积雪内部。这种在积雪内部的冰壳，一个冬季可形成几层，使积雪层成为层状结构。积雪的结构将影响积雪的融化过程。

2. 积雪的密度

密度是积雪最重要的物理特性，它不但影响其他物理特性，而且关系融雪出水量的大小。积雪的密度变化范围很大，介于 0.01～0.70g/cm^3 之间，见表 12.5。积雪密度的变化主要受以下因素的影响：由对流、凝结、辐射而引起的热量变化以及来自地面的热流，上面雪的压力，风，积雪内温度和水分的变化，融雪水的渗漏等。

表 12.5 积雪的密度

雪的类型	新雪	陈雪	降雪后有微风压实	降雪后有中等强度的风压实
密度/(g/cm^3)	0.01～0.065	0.05～0.30	0.063～0.08	0.28
雪的类型	降雪后有强风压实	新雪冰	老雪冰	消融雪冰
密度/(g/cm^3)	0.35	0.40～0.55	0.55～0.65	0.60～0.70

积雪层内密度各处不同，随着深度增大而增大。艾贝尔斯（Abels）提出如下积雪密度随深度变化的经验公式：

$$\lg\rho_s = \lg 0.1854 - 0.0054z \tag{12.1}$$

式中：ρ_s 为积雪的密度，g/cm^3；z 为积雪的深度（向上为正），cm。

但积雪表面因受解冻天气影响，密度可能较大。解冻时积雪密度随时间增长而增大，在稳定的天气情况下，每昼夜密度的增长主要与雪的初始密度有关。解冻时雪的密度变化可按表 12.6 经验值估算。

表 12.6 解冻时雪的密度变化经验值

积雪初始密度/(g/cm^3)	0.2	0.3	0.4
每昼夜密度增长率/%	6～7	2～3	1

积雪表层因为与空气接触，密度及结构变化最快。以最不稳定的鹅毛状雪为例，如初始密度为 0.05g/cm^3，密度增速为 0.01g/cm^3；在风速较大的情况下，甚至经历若干小时后，就会从密度为 0.05～0.12g/cm^3 的鹅毛状雪变成密度为 0.20～0.25g/cm^3 的碎片状雪。强烈持续的风会在积雪表面形成坚硬的冰壳，能承受人体的重量。

在非解冻期，由于在蒸发或凝结过程中雪的结构会发生变化，密度也会改变。因为较厚的积雪层内存在温度梯度，水汽分子在严寒时不断地进入积雪内，当温度低于露点时，因水汽凝结释放的潜热引起粒雪晶体融化，使积雪密度增大；蒸发时则相反。

3. 积雪的热性质

冰的融化潜热为 334.94J/g，而雪的融化潜热取决于液态水的含量，积雪的其他热性质与雪的结构、温度及液态水的含量有关。实验表明，可以用积雪的密度作为影响积雪比热和导热率的指标，表 12.7 列出了积雪的热性质与积雪密度的关系。雪的导热率较小，冻结的雪为 0.00167J/(cm·s·℃)，湿雪为 0.00033J/(cm·s·℃)。这是积雪使其下面土壤免于冻结、植物免于冻死的主要原因。

4. 积雪的反射率和辐射

雪的反射和辐射性质与雪的蒸发和融化过程有很大的关系。反射率是被表面反射的太阳辐射量（或有时为可见光辐射）与入射太阳辐射量之比值，以百分数表示。积雪的反射率很大，随积雪的表面情况和太阳高度不同而不同，见表 12.8。

表 12.7　　积雪的热性质

密度 ρ_s /(g/cm³)	比热 C_s /[J/(g·℃)]	导热率 k_s /[J/(cm·s·℃)]	密度 ρ_s /(g/cm³)	比热 C_s /[J/(g·℃)]	导热率 k_s /[J/(cm·s·℃)]
1.000（水）	4.187	0.00544	0.34	2.093	0.00314
0.907（冰）	2.093	0.02240	0.33	2.093	0.00297
0.54	2.093	0.00854	0.25	2.093	0.00201
0.5	2.093	0.00657	0.15	2.093	0.00084
0.44	2.093	0.00540	0.05	2.093	0.00025
0.365	2.093	0.00385	0.001（空气）	1.005	0.00017
0.351	2.093	0.00339			

表 12.8　　雪的反射性质

雪的状态	太阳高度角 /(°)	反射率 /%	雪的状态	太阳高度角 /(°)	反射率 /%
密实、干燥、清洁	30.3 29.7 25.1	86 88 95	疏松（多孔）、很湿、浅灰色	35.3 36.3 37.3	47 46 45
清洁、湿、细颗粒状	33.1 34.5 35.3	64 63 63	非常疏松、灰色、充满水	32.8	43
			非常疏松、浅棕色、饱含水分	29.7	43
湿、清洁、颗粒状	33.7 32.0	61 62	非常疏松、肮脏、饱含水分	37.3	29

积雪对长波辐射的吸收与黑体相似，即吸入大部分（99.5%）入射的长波辐射，并服从 Stefan 辐射定律：

$$R=\sigma T^4 \tag{12.2}$$

式中：R 为全部波长的总辐射，J/(s·m²）或 W/m²；T 为温度，K；σ 为斯蒂芬-波尔兹曼常数，$\sigma=5.67\times10^{-8}\,\mathrm{W/(m^2\cdot K^4)}$。

因为新雪的反射率高，陈雪的反射率低，所以，相同的辐射条件下，陈雪比新雪获得的能量多，更容易消融。

12.3.2　融雪

12.3.2.1　融雪出水的物理过程

形成融雪的原因有 3 个：暖气团来临、太阳辐射和降雨。当暖气团挟带大量的热量来临时，气温剧烈升高，使积雪迅速融化。融雪期间全部热量中的 70%来源于暖气团，这是融雪的主要原因。太阳辐射在十分晴朗的天气情况下，对融雪有影响。依靠太阳辐射的能量可使 30%～35%的积雪融化，但太阳辐射作用与雪的颜色和空气中含尘量有关，当大气很清洁和积雪含尘量很小时，其作用较小。降雨对融雪的影响不仅在于它带来的热量，还在于它能破坏雪原来的结构，引起积雪物理特性的变化（如孔隙扩大），加速融雪过程。融雪通常是以上 3 种原因综合作用的结果，纯属

某 种原因的融雪，只能在局部地区发生。

地形、森林等对融雪也有一定的影响。阳坡积雪的融化比阴坡快；在相同气候条件下，森林地区积雪的融化比无森林地区缓慢。

最初融化的雪水在雪中形成薄膜水和悬着毛管水。积雪继续融化，雪粒间孔隙继续充水，毛管力不断减小，重力水出现并向下流至土壤表面。单位时间从单位面积积雪层内流到地面的水量称出水强度。融雪出水过程可分为两个阶段，即融雪水分渗入并浸润积雪下层的停蓄阶段和下层含水量达到饱和积雪内部开始有水流出的外流（出水）阶段。初期的融雪水耗于下渗及填洼，满足后才开始往外流泄。因此，融雪径流并非与融雪同时开始，在时间上要滞后一些。

必须指出，积雪的结构在融化过程中也发生变化。在融化处，构成积雪的冰晶和来自雪花碎片的冰晶会合并而失去棱角成为椭圆形；之后，冰晶继续合并结成冰块。积雪中具有许多含有空气的间层，当冰晶逐渐紧缩时，空气间层减少，而逐渐充满水分。在融雪初期，雪下的地面温度与地面雪水温度接近于 0℃，当融雪径流开始时，雪水温度上升到 0.5～1.5℃，此时会有相当显著的蒸发。

由上述可知，从积雪融化到出水，积雪层起着蓄积融雪水的作用，造成积雪融化过程与出水过程不同步。积雪层的蓄积水量的能力，称为持水能力，可用下式表示：

$$\alpha = \frac{C}{H} \tag{12.3}$$

式中：α 为积雪层的持水能力；C 为截留在积雪中的融雪水的水当量，mm；H 为积雪层的总水当量，mm。

雪的持水能力与其密度和再结晶有关。密度越小，孔隙越大，持水能力越大。在密度相等时，细粒雪持水能力较粗粒雪大。在融化过程中，细粒雪再结晶过程较快，持水能力递减很快。因为雪的再结晶及密度在融雪过程中是变化的，因此雪的持水能力也随融化程度而变。据研究，在融雪初期（细粒雪）积雪的持水能力在 35%左右，而到了融雪末期（粗粒雪）则降到 10%左右，甚至更低。

郭夫热里根据实测资料，得出积雪持水能力 α 与积雪密度 ρ_s 之间的经验关系为

$$\alpha = \frac{11}{\rho_s} - 11 \tag{12.4}$$

式（12.4）适用于积雪密度为 0.18～0.42g/cm^3 的情况，其计算误差平均为±5%。

此外，下垫面条件（如地形、植被、土壤等）对融雪出水也有调蓄作用。

12.3.2.2 融雪量的估算

融雪量估算有根据积雪测量资料估算和根据公式估算两类。

积雪测量资料估算途径是指根据在特定区域内定期沿特定路线所测资料或遥感资料，利用下式计算融雪量：

$$M_e = M_1 - M_2 + P \tag{12.5}$$

式中：M_e 为 T_1 到 T_2 时段内融雪的水当量，mm；M_1、M_2 分别为 T_1、T_2 时刻的积雪的水当量，mm；P 为 T_1 到 T_2 时段内的降水量，mm。

因测雪所需时间较长，一般难于每隔一天或每隔两三天进行一次，故此法只能用

12.3　冰川有哪些特点？

12.4　在气候变化与人类活动影响下，冰川将会发生哪些变化？

12.5　融雪径流的模拟方法有哪些？各有何优缺点？

参考文献

[1] 牛焕光，马学慧，等. 中国的沼泽 [M]. 北京：商务印书馆，1995.

[2] 郎惠卿，祖文辰，金树仁. 中国沼泽 [M]. 济南：山东科学技术出版社，1983.

[3] 赵魁义. 中国沼泽志 [M]. 北京：科学出版社，1999.

[4] 芮孝芳. 水文学原理 [M]. 北京：中国水利水电出版社，2004.

[5] 黄锡荃. 水文学 [M]. 北京：高等教育出版社，1993.

[6] 中国科学院长春地理研究所. 中国沼泽研究 [M]. 北京：科学出版社，1988.

[7] 卜兆君，王升忠，谢宗航. 泥炭沼泽学若干基本概念的再认识 [J]. 东北师大学报（自然科学版），2005，37（2）：105-110.

[8] 王毅勇，宋长春. 三江平原典型沼泽湿地水循环特征 [J]. 东北林业大学学报，2003，31（3）：5.

[9] 郭大本，王清. 三江平原沼泽湿地开垦前后下垫面水理性质变化研究 [J]. 黑龙江水专学报，1995（2）：1-8.

[10] 尹喜霖，初禹，杨文. 三江平原沼泽与降水、地表水、地下水的关系 [J]. 中国生态农业学报，2003，11（1）：157-158.

[11] 宋长春，阎百兴，王毅勇，等. 沼泽湿地开垦对土壤水热条件和性质的影响 [J]. 水土保持学报，2003，17（6）：144-147.

[12] 丁永洁，邓伟，等. 扎龙湿地芦苇恢复与生态补水分析 [J]. 林业调查规划，2005，30（5）：27-30.

[13] 孙砺石. 气候变化对扎龙湿地生态环境的影响 [J]. 黑龙江气象，2001（1）：32-34.

[14] 严登华，王浩，何岩，等. 中国东北区沼泽湿地景观的动态变化 [J]. 生态学杂志，2006（3）：249-254.

[15] 孙志高，刘景双，李彬，等. 中国湿地资源的现状、问题与可持续利用对策 [J]. 干旱区资源与环境，2006，20（2）：83-88.

[16] World Glacier Monitoring Service. World Glacier Inventory（status 1988）[R]. IAHS（ICSI）-NEP-UNESCO，1989.

[17] 刘潮海，施雅风，王宗太，等. 中国冰川资源及其分布特征：中国冰川目录编制完成 [J]. 冰川冻土，2000，22（2）：106-112.

[18] 王宗太，刘潮海. 中国冰川分布的地理特征 [J]. 冰川冻土，2001，23（3）：231-237.

[19] 王宗太，苏宏超，等. 世界和中国的冰川分布及其水资源意义 [J]. 冰川冻土，2003，25（5）：498-502.

第13章 湖泊、水库与河口水文

13.1 湖　泊

湖泊是陆地表面具有一定规模的天然洼地的蓄水体系，是湖盆、湖水以及水中物质组合而成的自然综合体。由于湖泊是地表的一种交替周期较长、流动缓慢的滞流水体，加之它深受其四周陆地生态环境和社会经济条件的制约，因而，与河流和海洋相比，湖泊的动力过程、化学过程及生物过程均具有鲜明的个性和地区性的特点。在地表水循环过程中，有的湖泊是河流的源泉，起着水量储存与补给的作用；有的湖泊（与海洋连通的外流湖）是河流的中继站，起着调蓄河川径流的作用；还有的湖泊（与海洋隔绝的内陆湖）是河流终点的汇集地，构成了局部的水循环。

地球陆地表面湖泊总面积约 $270\times10^4\text{km}^2$，占全球陆地面积的 1.8%，其水量约为地表河流溪沟所蓄水量的 180 倍，是陆地表面仅次于冰川的第二大水体。世界上湖泊最集中的地区为古冰川覆盖过的地区，如芬兰、瑞典、加拿大和美国北部。我国也是一个多湖泊的国家，面积在 1km^2 以上的天然湖泊有 2800 余个，总面积达 80600km^2，湖泊率为 0.8%。我国湖泊的分布以青藏高原和东部平原最为密集[1]。

13.1.1 湖泊的形态特征

湖盆的成因不同，其形态也不同。如坝造湖的形态似溪谷，湖岸为不规则的弯曲线，湖底向坝体处倾斜，水深向坝体处渐增。风蚀湖底较平坦，深度较浅。冰川湖的形状较为复杂，呈三角形，岸坡较陡，深度较大。构造湖中的断层大多是狭长形，湖岸几乎呈直立状。湖泊在发展过程中不断改变着自己的形态，当发展到一定阶段时，湖岸形态基本具有共性。图 13.1 为一般湖岸形态[2]。湖岸形态可以由以下几部分组成。

（1）湖岸。湖岸是湖泊边坡上的水上部分，通常坡度陡直，受近岸的浪击作用而形成。

（2）沿岸地带。沿岸地带包括水上部分和水淹部分。水上部分只在高水位时才受浪击的作用，水淹部分受湖水位涨落的影响而被湖水淹没。沿岸地带又称湖滨。

（3）岸边浅滩。岸边浅滩可分为侵蚀浅滩和沉积浅滩两部分，靠近湖滨部分因受湖水冲刷而形成侵蚀浅滩，其底部大多是岩石或坚硬土壤。在侵蚀浅滩以外则是因沉积作用而形成沉积浅滩，大多是由粗粒泥沙淤积而成。整个岸边浅滩的表面都为砂砾石覆盖。

（4）水下斜坡。水下斜坡是湖底和岸边浅滩之间的过渡地带，其倾斜角可达 $20°\sim30°$，坡脚为淤泥覆盖，其他部位为砂砾覆盖。

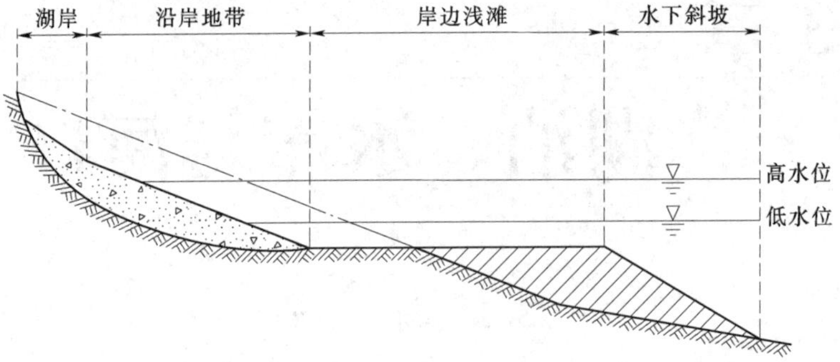

图 13.1　湖岸形态

(5) 湖盆底。湖盆底指水下斜坡的坡脚至湖泊中央部分，因泥沙和生物的沉积而较平坦。

湖泊形态对湖水理化性质、湖水运动、湖泊演变、水生生物的分布规律等都有较大影响，因而对湖泊形态的研究，可以推断湖泊的成因、大小、水文情势、水产以及发展趋势等，有利于合理地开发利用湖泊资源。

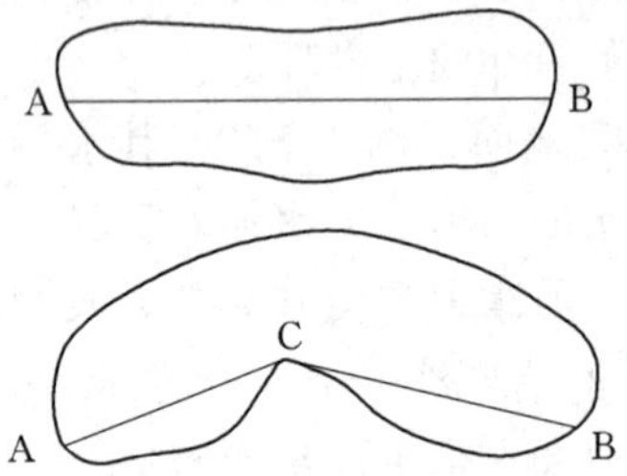

图 13.2　湖泊长度示意图

湖泊的形态特征主要包括湖泊的形状、长度、宽度、深度、面积、容积等。以定量的方法表示湖泊几何形态的指标称为湖泊形态度量参数，简称湖泊形态参数。一般采用具有等深线或等高线的湖泊地形图来确定。

(1) 湖泊长度 L。L 是指连接湖面外边界两个相距最远点之间的最短距离，根据湖泊形状，湖泊长度可能是直线，也可能是折线，如图 13.2 所示。

(2) 湖泊宽度 B。B 分为湖泊最大宽度和平均宽度。湖泊最大宽度是指垂直于湖泊长度线方向的两岸间的最大距离；平均宽度是湖水面积 F_L 除以湖泊长度 L，即

$$\overline{B}=\frac{F_L}{L} \tag{13.1}$$

(3) 湖泊深度 H。H 可分为湖泊最大深度和平均深度。湖泊最大深度是指湖泊的最高水位减去湖底最深点的高程；平均深度是湖泊的容积 V 除以湖水面积 F_L，即

$$\overline{H}=\frac{V}{F_L} \tag{13.2}$$

(4) 湖泊水面积 F_L。F_L 随水位（或水深）变化。湖泊处于最高水位时的水面面积为其最大面积。不同水位时的水面面积可由地形图量出。

(5) 容积 V。湖泊的容积也随水位变动，可采用下式计算：

$$\begin{aligned} V &= h\left(\frac{F_1+F_2}{2}+\frac{F_2+F_3}{2}+\cdots+\frac{F_{n-2}+F_{n-1}}{2}+\frac{F_{n-1}+F_n}{2}\right) \\ &= h\left(\frac{1}{2}F_1+F_2+F_3+\cdots+F_{n-2}+F_{n-1}+\frac{1}{2}F_n\right) \end{aligned} \tag{13.3}$$

式中：h 为地形图上等高线的高差，m；F_1、F_2、…、F_n 为各等高线所包围的面积，底部等高线所包围的面积 F_n 常作为零，m^2；n 为等高线数目。

为了研究湖泊的水文特征，常绘制出水位 Z -容积 V 曲线和水位 Z -水面面积 F_L 曲线，如图 13.3 所示。它是水利计算、水文预报必备的基本资料。

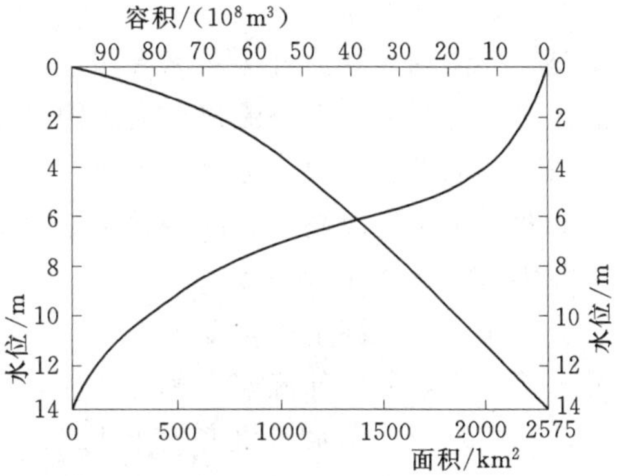

图 13.3 湖泊水位与面积、容积关系图

(6) 湖底的平均坡度 $\overline{J}$。计算方法与流域平均坡度的计算方法相同。相邻两等高线间的坡度 J 由式 (13.4) 推算：

$$J=\tan\alpha=\frac{l_1+l_2}{2}\cdot\frac{h}{f} \quad (13.4)$$

式中：l_1、l_2 分别为两等高线的长度；h 为两等高线间的高差；f 为两等高线间包围的面积。

湖底的平均坡度 $\overline{J}$ 可用式 (13.5) 计算：

$$\overline{J}=\frac{h\left(\frac{1}{2}l_0+l_1+l_2+\cdots+l_{n-1}+\frac{1}{2}l_n\right)}{F_L} \quad (13.5)$$

式中：l_0 为湖岸线的长度；l_1、l_2、…、l_n 为各等高线长度；n 为等高线的数目；h 为等高线间的高程差，为常数；F_L 为湖泊水面积。

13.1.2 湖泊的分类

湖泊是多种多样的。研究湖泊的分类，有助于了解湖泊的形成和演变。

1. 按照湖盆的起源分类

(1) 堰塞湖。谷岸山坡的崩塌物质、火山喷出物等阻塞河谷而形成湖盆，河水被阻塞、壅水而为坝造湖。如台湾省嘉义境内清水河上游在 1941 年及 1942 年由于阿里山的草岭发生两次山崩将河水堵塞，形成深达 120m 的湖泊。

(2) 盆地湖。盆地湖的湖盆是由于各种原因造成的，按湖盆形成的原因可分为下列 5 类。

1) 火山湖。由于火山喷发，火山口成为湖盆，潴水成湖，湖盆近似为圆形或马蹄形，较深，如长白山的天池，最深达 373m，平均为 204m。

2) 风蚀湖。侵蚀湖的湖盆是由侵蚀作用而形成的。侵蚀作用有风蚀和水蚀等。如青海东部的居延海就是风蚀作用形成的。

3) 构造湖。构造湖是因地壳变动形成洼地而蓄水成湖，其湖岸平直而狭长，岸坡陡峻，深度较大，如我国云南的滇池、洱海等。

4) 冰川湖。冰川湖是由于冰川的侵蚀或沉积作用而形成的。我国西藏、新疆境内多冰川湖，如天山的天池。

5) 沉积湖。沉积湖可以是因河流冲淤作用而形成的，如长江中游监利附近河段因截弯取直而形成的牛轭湖。也可以是因堤外排水不畅、在低洼处积水而形成的，如江汉平原上的众多湖泊。另外，在河口三角洲地区，因河流和海水的相互作用，海湾被泥沙淤积而与海洋隔离而形成湖泊，如我国的太湖、西湖等。这种湖泊又称潟湖。

2. 按湖水的进出情况分类

（1）外流湖。湖泊直接与河流相连，间接与海洋相通，既有河水的流入，又有湖水的流出，并多分布于外流河干支流的沿岸地区，如长江沿岸的洞庭湖和鄱阳湖。

（2）内陆湖。湖泊不与海洋相通，通常位于河流的尾闾，也可能形成独自的集水区，如罗布泊和青海湖等。内陆湖又称闭口湖，湖水主要消耗于蒸发和渗漏。

3. 按湖水的矿化度分类

（1）淡水湖。湖水矿化度小于 1g/L 为淡水湖。外流湖的湖水不断变换，水中的盐分不易聚集，所以外流湖大多是淡水湖。

（2）咸水湖。湖水矿化度大于 1g/L、小于 35g/L 为咸水湖。内陆湖水中的盐分容易聚集，湖水的含盐度较高，故内陆湖大多是咸水湖。

（3）盐湖。湖水矿化度大于 35g/L 为盐湖，如青海茶卡盐湖与察尔汗盐湖、山西运城盐湖、新疆巴里坤盐湖等。

4. 按湖水的营养状况分类

依据湖水所含溶解性物质的状况，可将湖泊分为以下几种。

（1）贫营养湖。多分布于贫瘠的高原或山区，水深大，湖底有机物少且不易分解，生物生长受到限制。

（2）富营养湖。多分布于肥沃的平原，水深较小，养分较多，生物数量多但种类少，易于放养。

（3）腐殖质贫营养湖。多分布于林区，常含有外来腐殖质。这类物质以胶状形式分散于水中，它有吸收溶解无机盐类的作用，使水中养分贫乏，从而使生物种类、数量较少。

13.1.3　湖泊水的运动

湖泊虽属流动缓慢的滞流水体，但是，在风力、水力坡度力、密度梯度等的作用下，湖泊中的水总是处于不断运动之中。湖水的运动可以分为两种形式，即升降运动和进退运动。前者包括波浪、波漾现象，后者包括混合、湖流和增减水现象。一般这两种运动是互相结合发生的。这些运动有的是周期性的，有的是非周期性的；有的在湖面，有的在湖水内部。湖水的运动方式决定于作用力的形式、历时、周期性和空间分布、湖水成层结构、内部密度分布、湖盆形状和大小等因素。此外，由于局部湖区气压突变或地震作用也会引起湖水运动。当外力停止后，由于黏滞力与紊动摩擦作用使湖水运动最后停止。

湖水运动是湖泊最重要的水文现象之一，影响着湖盆形态的演变、湖水的物理性质、化学成分和水生生物的分布与变化，因此，研究湖水的运动具有重大意义。

13.1.3.1　湖水的混合

湖水的混合是湖泊中的水团或水分子在水层之间相互交换的现象。湖水混合过程中，湖水的热量、动量、质量及溶解质等，从平均值较大的水域向较小的水域转移，使湖水表层吸收的辐射能及其他理化特性传到深处，并使湖底的营养盐类传到表层。

湖水混合使湖水的理化性质在垂直及水平方向上均趋于均匀，从而有利于水生生物的生长。

湖水的混合方式有紊动混合和对流混合。前者也称紊动扩散，是由风力和水力坡度力作用产生的；后者也称对流扩散，主要是由湖水密度差引起的。湖水混合的速度还受到各水层阻力的影响。各水层的密度差异越大，阻力就越大，这种阻力称为湖水的稳定度。当湖水密度随水深增大而增大时，就比较稳定，反之就不稳定。湖水的稳定度一般可用垂直密度梯度来表示，即

$$E=\frac{d\rho}{dZ} \tag{13.6}$$

式中：E 为湖水垂直稳定度的密度梯度，g/cm^2；ρ 为湖水密度，g/cm^3；Z 为水深，cm。

还有一种表示湖水稳定度的方法是以要改变水团稳定度所需做的功来表示。在一个湖泊内，成层的湖水处于稳定的平衡状态时，水团的重心位置必低于湖水处于均匀状态时的水团重心位置，因此，所需做的功为

$$S_y=Mg\sigma \tag{13.7}$$

式中：S_y 为湖水稳定度；M 为整个湖水的重量，t；g 为重力加速度，m/s^2；σ 为成层湖水重心与均匀状态湖水重心的间距，m。

13.1.3.2 波浪

波浪是湖水中发生的一种波动现象，即水质点在外力作用下，在其平衡位置附近做周期性振动。波浪发生时，波形向前传播，水质点并未向前推进。湖泊中的波浪主要是风引起的，即风对表层湖水的作用，又称风浪。其他因素，如地震、局部湖面气压突变以及轮船航行等也会引起风浪，但发生较少，属于次要因素。风浪大小取决于风速、风向、吹程及其作用的持续时间，还与水深和湖盆形态有关。此外，湖水的理化性质、水中悬浮和漂浮物也对风浪有一定影响，但作用较小。

1. *波浪要素*

波浪要素如图 13.4 所示，主要包括以下几点。

(1) 波高 h。波高是指波峰与波谷间的垂直距离，m。

(2) 波长 λ。波长是指两相邻波峰或波谷间的水平距离，m。

(3) 波速 c。波速是指波形中任一点在单位时间内的传播距离，m/s。

(4) 周期 T。周期是两相邻波峰或波谷通过空间同一点所需时间，s。

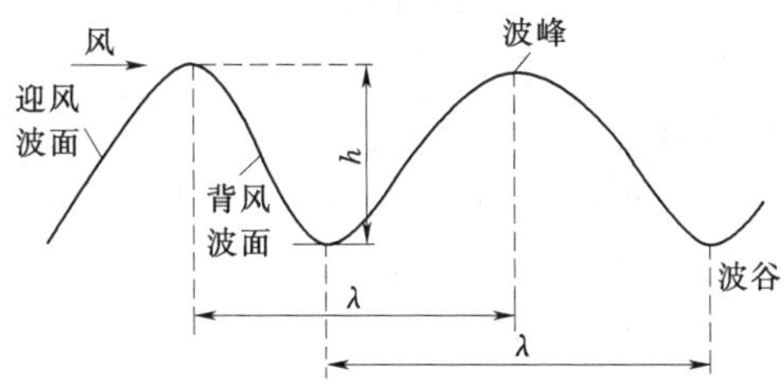

图 13.4　波浪要素示意图

(5) 波陡 m。波陡是波高与波长的比值。

波长、波速、周期之间存在着下述关系：

$$c=\lambda/T \tag{13.8}$$

风浪要素可用仪器直接测定，也可用公式计算。我国湖泊的波浪要素观测值见

表 13.1。

表 13.1　　我国湖泊波浪要素观测值

湖泊名称	最大浪高/m	波长/m	波速/(m/s)	周期/s
呼伦湖	2.05	13.7	3.50	3.9
青海湖	1.65	15.0	4.15	3.8
鄱阳湖	1.50	—	—	—
洪泽湖	0.86	10.5	3.90	3.5

通过实测资料建立的经验公式，一般都考虑影响风浪的 3 个主要因素：吹程 D、风速 ω 与水深 H。

适用于青海湖（浅水波）的经验公式（适用范围 $D\leqslant 100\text{km}$，$\omega\leqslant 16\text{m/s}$）为

$$\left.\begin{aligned}H&=0.155\omega^{3/2}D^{2/9}\\ \lambda&=0.542\omega D^{2/9}\\ T&=0.692\omega^{1/2}D^{1/9}\end{aligned}\right\}\tag{13.9}$$

适用于鄱阳湖的经验公式（适用于 $D\leqslant 60\text{km}$）为

$$\left.\begin{aligned}h&=0.015\omega^{1.6}-0.01\omega D^{-1/2}\quad(h\geqslant 0.61\omega,\text{深水波})\\ h&=0.017\omega^{1.35}-0.01\omega D^{-1/2}\quad(h\leqslant 0.61\omega,\text{浅水波})\end{aligned}\right\}\tag{13.10}$$

式中：D 为吹程，km；ω 为风速，m/s；H 为水深，m；λ 为波长，m；T 为周期，s。

2. 风浪的发展与影响因素

起风不久，湖面上就会产生波浪，其周期短（小于 1s）、规模小（波高不足 1cm），称为涟波。这时，表面张力使水质点恢复到平衡位置，故又称张力波。随着风力的加大和作用时间的增长，波浪逐渐增大，波高迅速达到最大值，此时恢复力主要是重力，故又称重力波。同时，由于风的不稳定性，波峰线杂乱，又称不规则波或三向波。当风力足够强时波峰会被风掀倒，加之空气的侵入，形成白色的浪花，称为“白浪”。当风力减小到零时，风浪停止发展。但由于水质点受惯性力的作用，风浪仍继续存在并传播，称为余波或自由波。余波所具有的能量，在其传播的过程中，慢慢地消耗于内摩擦和底部摩擦，波浪也就消失，湖面恢复平静。

3. 拍岸浪及近滨波

当风浪或余波传播到岸边时，由于湖底摩擦作用和水深的变化，波峰逐渐赶上波谷，产生波浪前倾现象，称为“拍岸浪”或“近滨波”，如图 13.5 所示。

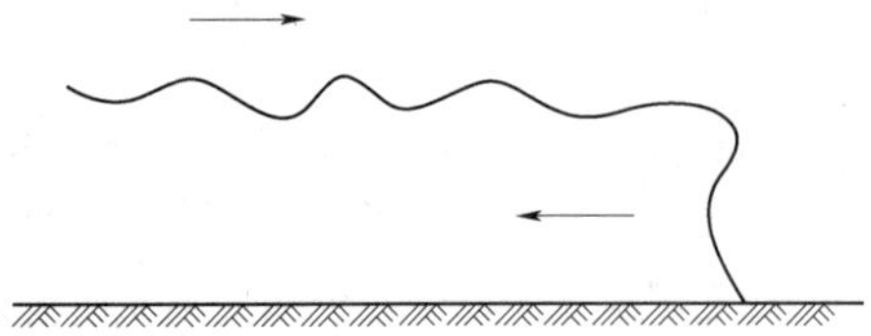

图 13.5　近滨波示意图

我国的湖泊类型比较复杂，故湖中风浪的状况也各不相同，同一湖泊的不同湖区，风浪性质也相差很大。在浅水湖，因受湖底影响，风浪发展和停止的时间都不

长，波高达到最大值较快，消失也快。一般在风停后1～2h，湖面恢复平静，个别需3h以上。在深水湖，随水深增大而风浪减弱，在湖底不产生波浪，风浪的发展和停息常需相当长的时间。对于中小型湖泊因湖面积或水深均较小，故风浪亦小。

4. 波浪近岸时的变化

波浪传播到近岸地带，由于水深变浅，受到湖底摩擦阻力的作用，当波峰逐渐赶上波谷时，使部分波能消耗于摩擦做功，故波速、波高、波长都随水深减小而减小。但当水深减小到一定程度以后，波能反而集中，波高随水深的减小而增大，就产生波浪的倾覆现象。在一定的水深下，波浪发生破碎，此时的水深称为临界水深。无风时，临界水深等于波高；顺风时，临界水深大于波高；逆风时，临界水深小于波高。波浪在顺风时，发生破碎的地方较之逆风时离湖岸远。

由于波浪破碎，破碎波打击湖岸或淘刷湖边底坡释放出巨大的能量，使湖岸受到强烈侵蚀，此时，波浪水质点在波峰处指向岸边，而在波的下部形成离岸的补偿流，如图13.5所示。此时，水中如果有漂浮物，将被抛向岸边。波浪在接近岸边时，其方向也将发生变化。如果在离岸较远处，波浪的方向与岸线斜交，而当波浪接近岸边时，波浪逐渐弯曲，波向逐渐与岸正交，这种现象称为波浪的折射，如图13.6所示。折射发生的原因是近岸的一段因水深较小，受到摩擦阻力较大，而离岸较远的一段水深相对较大，受到的摩擦阻力相对较小，这样，当波浪向前传播时，离岸远的一段就能逐渐赶上离岸近的一段，从而使波峰线与岸线平行。

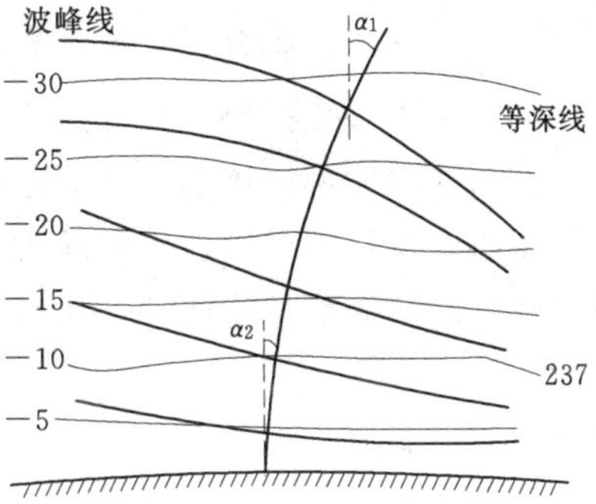

图13.6 岸边波浪折射示意图

13.1.3.3 波漾

1. 波漾现象

湖水中水位发生有节奏的垂直变化称为波漾或定振波。产生波漾的主要原因是风力或局部湖区气压突变，少数情况下是地震。这些外力引起湖中水体周期性震动，使水位有节奏地升降。湖底的摩擦阻力和水体内部的紊动作用，使波漾衰减直至停息。

湖中发生波漾时，水体摆动，水面交替出现顺向或逆向倾斜。但总有一个或几个点的水位不发生变化，这些点称为节或振节。波漾多为单节，但也有双节和多节的。两振节间的水位变化幅度称为变幅，最大变幅称为波幅，如图13.7所示。

2. 波漾要素

波漾可视为两种波长、周期相同而方向相反的波浪相互干涉的结果。波漾的波高为原波浪的两倍但波长不变。波峰和波谷在波腹处交替出现，但在波节处只是湖面倾斜方向变化，水质点自身只作水平往复运动而无升降变化。单节与多节波漾周期的计算公式分别为

$$T_d = \frac{2L}{\sqrt{gH}} \tag{13.11}$$

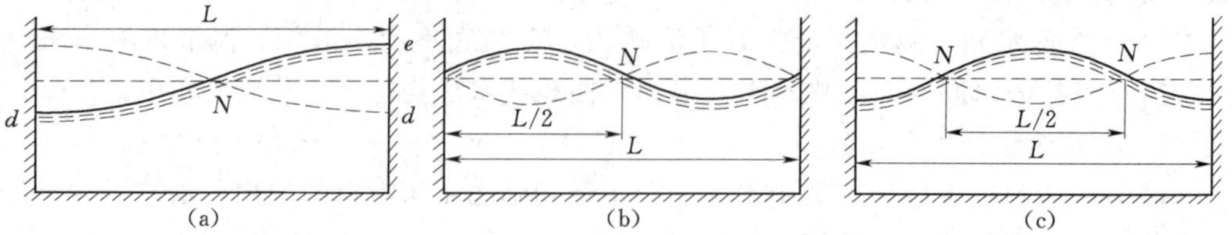

图 13.7　波漾示意图

(a) 单节波漾；(b) 双节波漾；(c) 多节波漾

$$T_m = \frac{2L}{n\sqrt{gH}} \tag{13.12}$$

式中：T_d、T_m 分别为单节和多节波漾的周期，s；L 为湖泊长度，m；g 为重力加速度，m/s^2；H 为湖泊平均水深，m；n 为振节数目。

影响波漾大小、周期、长短最突出的因素是湖盆形态。例如，水深相同、长度较短的湖泊，或长度相同而水深较大的湖泊，波漾周期短；反之，长度较长或水深较浅的湖泊，波漾周期长。此外，风向、水位涨落、湖岸形状、湖底起伏等也影响波漾的特征。

13.1.3.4　湖流

湖水在水力坡度力、密度梯度力和风力作用下沿一定方向运动，称为湖流。依据形成湖流的动力，可分为风成流、梯度流、惯性流、混合流和密度流。湖流可促进湖水在水平和垂直方向上的混合作用。

1. 风成流

风成流又称为漂流，它是由湖面上大气运动的风力将动量传给湖水，引起的水质点运动。风成流的流向因受地球自转偏转力的影响，与风向不完全一致，在北半球一般偏于风向右侧。在大湖中，风成流使湖水向一岸聚集，造成水位上升，另一岸水位下降；于是又形成沉降流和上升流来补偿使湖水平衡，这样就形成了风成环流，如图 13.8 所示。风成流是大湖中最显著的湖水运动方式，具有全湖性的规模，湖泊开敞区的流速大于沿岸区。风成流是临时性的水体流动，风停后逐渐平息。

2. 梯度流

梯度流又分为重力流与密度流。重力流是由于湖面倾斜产生重力的水平分力所引起的湖水流动。由于进出湖泊的河水使湖面倾斜生成的重力流又称吞吐流。存在吞吐流时，湖中水位有变化。由于风所形成的水面倾斜引起的湖流称为常量流，因为风使湖水从一岸流向另一岸，但湖中水量并未发生变化。密度流是由于水温、湖水含沙量、含盐量等的差异产生水平压力梯度力所引起水质点运动而形成的流动。当有垂直梯度时，就引起密度环流。当湖水温度变化时，湖中将产生密度环流。在增温期，沿岸水温较湖中间增加快，因此沿岸湖水密度相对要小，密度的压力梯度从湖心指向沿岸，湖中形成两个方向相向的环流（表层水流反向），如图 13.9（a）所示。而在降温期，沿岸水温较湖中间降温快，沿岸湖水密度相对较大，压力梯度由岸边指向湖心，湖中形成两个方向相背（表层水流相向）的环流。密度环流如图 13.9（b）所示。

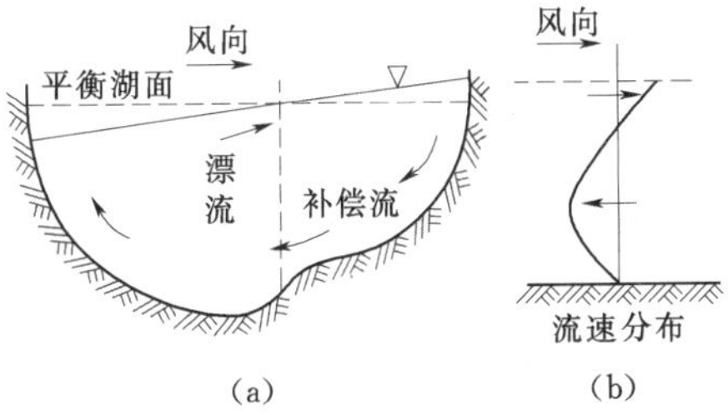

图 13.8 风成环流示意图

（a）剖面图；（b）风速

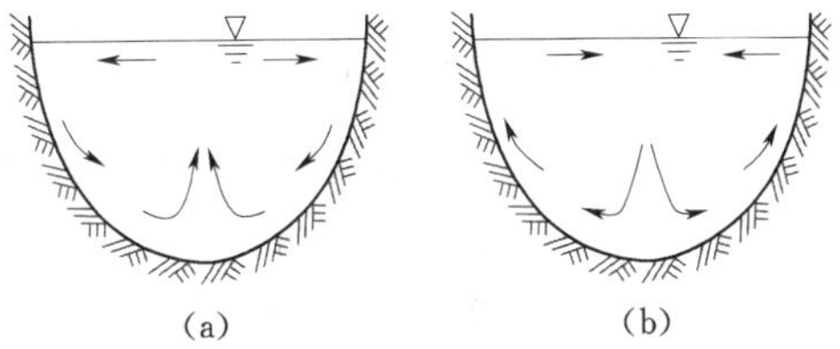

图 13.9 密度环流示意图

（a）相向环流；（b）相背环流

3. 惯性流

惯性流是指在外力作用停止后，湖水在惯性影响下仍沿一定方向运动而形成的湖流，又称为余流。

4. 混合流

两种以上因素引起的湖流称为混合流。实际上湖水运动往往是混合流，只是在一定条件下常以某一因素为主。

5. 密度流

密度流是由于湖泊水体中不同区域的密度差异所引起的水流运动。

13.1.3.5 增水与减水

强风形成的漂流使湖泊逆风岸水量积聚、水位上升，称为增水；背风岸水位下降，称为减水。两岸水位差使湖面倾斜，倾斜的湖面反过来阻碍漂流作用，并在水下形成与漂流方向相反的补偿流，如图 13.10 所示，形成了全湖性的垂直环流系统。在深水湖中，补偿流的范围可超过漂流的厚度。如果湖盆平缓，水的密度差别不大，补偿流的范围可达湖底。

增减水有稳定与不稳定之分。当湖面风速稳定时，增减水位、水面坡度、漂流和补偿流均稳定，称为稳定的增减水。当湖面风速随时间变化时，增减水位、水面坡度、漂流和补偿流也随时间变化，称为不稳定的增减水。

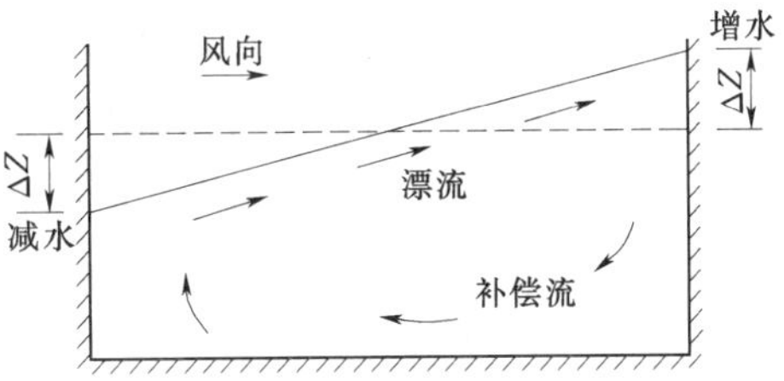

图 13.10 增减水示意图

增减水的主要特征是水位的变化，影响水位变化大小的因素有：风力的强弱、湖盆的形态、湖水深度及吞吐流等。风速大，持续时间长，增减水现象明显，这是因为大量的水向增水岸转移，而补偿流来不及将相等的水量送到减水岸。多狭窄港湾的浅水湖较深水湖增减水现象强烈，低水位期增减水现象较高水位期明显，这些都是由于底部摩擦作用，补偿流规模不及表面流所致。吞吐流大的湖泊增减水现象也较明显。

式（13.14）实际上是略去了水库的蒸发、渗漏、库面降水等项，且将地面、地下来水统归于入流；地面、地下出水以及工农业用水统归为出流。此平衡方程是水库调节计算的基础。

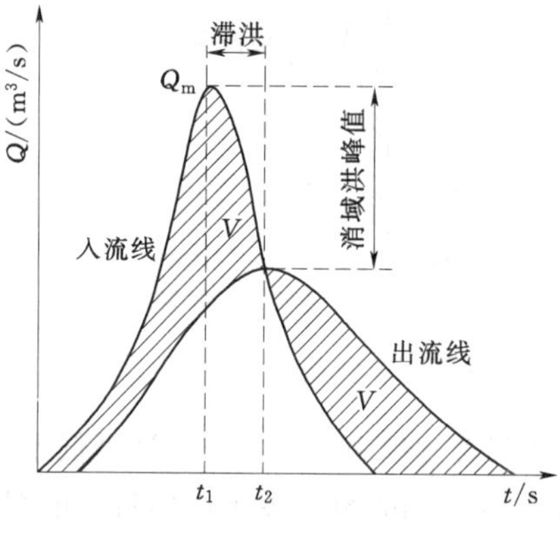

图 13.12　水库调洪示意图

图 13.12 为水库对一次洪水的调节过程。假定水库溢洪道无闸门控制，且水库汛前水位与溢洪道顶高程平齐。在 t_2 时刻前，入库流量大于出库流量，水库水位持续上升，与此同时，出库流量也随之相应增大，直到 t_1 时刻，入流量达到最大值 Q_m，随后入流量开始减少。在 t_1 到 t_2 的时段内，入流量仍大于出流量，但因入流量已逐渐减少，而出流量在水库水位上升的情况下仍在不断增加，最后，必然会出现入流量等于出流量的时刻即 t_2，此时水库水位达到最大值，相应的水库下泄流量也达到最大值。t_2 时刻以后，入流量小于出流量，水库水位逐渐下降，出库流量也逐渐减小，直到水库水位又与溢洪道顶高程平齐为止。由图可知，图中两块阴影部分的面积应相等。设单块阴影的面积为 V，即为暂时滞蓄在水库中的水量，在 t_2 时刻以后，又逐渐流出，这种调蓄结果必然使出流过程的洪峰减小、峰现时间延后、洪水过程拉长，这种作用就是水库的调洪作用，也称洪水调节。同样，如果利用水库的有效库容蓄水，以满足枯水期或枯水年的供水需要，称为兴利调节。

13.2.3　水库泥沙

水库在对河流水量进行拦蓄调节的同时，也对水流挟带的泥沙进行拦截，对于多沙河流，泥沙问题往往成为修建水利工程的关键问题。其中最为突出的课题有异重流、库岸演变、水库泥沙的冲淤规律等。

1. 异重流

异重流的概念已在湖水运动中做了简单的介绍。在含沙量较大的河流上修建的水库，常存在异重流问题。这不仅因为水流挟沙量大，而且由于水库多是原河流的河槽变成，河槽一般较狭窄，不如天然湖泊开阔，因此含沙多、比重大的来水是一股浊流，不易分散，与水库中已沉淀的清水，完全是两种不同的水流，于是容易产生异重流。异重流产生的条件可归纳如下。

（1）入库水流含沙量大于库中水的含沙量的 1‰时，产生异重流，且来水含沙量需要达到 10～15kg/m^3 时，产生的异重流才稳定。

（2）组成异重流的泥沙颗粒必须很细，其粒径临界值与流速有关，一般为 0.01mm。

（3）入流量必须超过一定数量且持续一定的时间。根据我国官厅水库的实测资料，当入流量大于 200m^3/s 时，开始产生异重流。而当入流量小于 50m^3/s 时，异重流即消失。异重流在水体内运动的距离和持续时间，取决于产生异重流的入流量的持续时间。

(4) 浑水与清水的交界面沿运动方向必须有一定的坡度。

(5) 异重流潜没点(图 13.13)必须有一定的水深,否则交界面以上的紊动可影响到异重流的表面,从而影响异重流的密度。

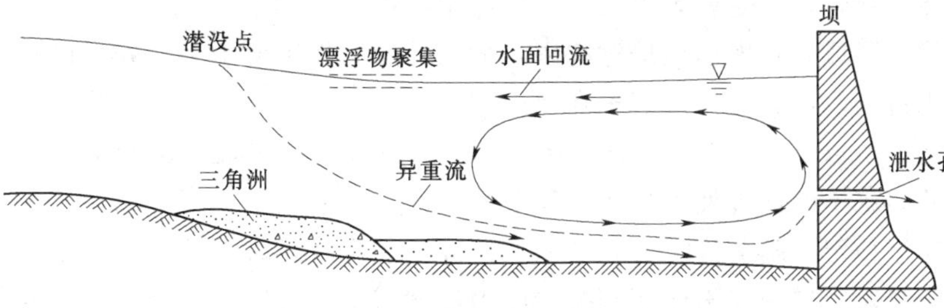

图 13.13 水库异重流示意图

根据实验,上述条件可得综合为判别系数 Fr,或称为密度 Froude 数:

$$Fr=\frac{v_0^2}{\frac{\Delta\gamma}{\gamma'}gH_0}\leqslant 0.6 \tag{13.15}$$

式中:v_0 为异重流潜没点处的平均流速,m/s;H_0 为潜没点处水深,m;γ'为下层异重流的重度,N/m^3;$\Delta\gamma$ 为清水与浑水重度之差,N/m^3;g 为重力加速度,m/s^2。

Fr 值具有临界值。当 Fr 大于临界值,交界面才不致被破坏而混合,但若 v 太小,泥沙发生沉积,异重流会消失。

异重流一旦形成后可在水库下层运行很长距离,也可较快消失,这取决于入库流量持续的时间、库底地形以及库底比降。

2. 库岸演变

天然湖泊的湖岸是经过长时期的演变而形成的,虽然它仍在不断地演变,但是进程是比较缓慢的。而水库则不同,未建水库时的天然河流的岸坡,在一定的外力作用下,具有相对稳定的岸坡,但在修建水库后,岸边土壤浸水破坏了土体的原有结构,同时作用于原有岸坡上的外力也相应发生变化,破坏了原来相对稳定的平衡条件,从而引起库岸的崩塌或滑坡。库岸的演变过程一般可分为 3 个阶段,如图 13.14 所示。

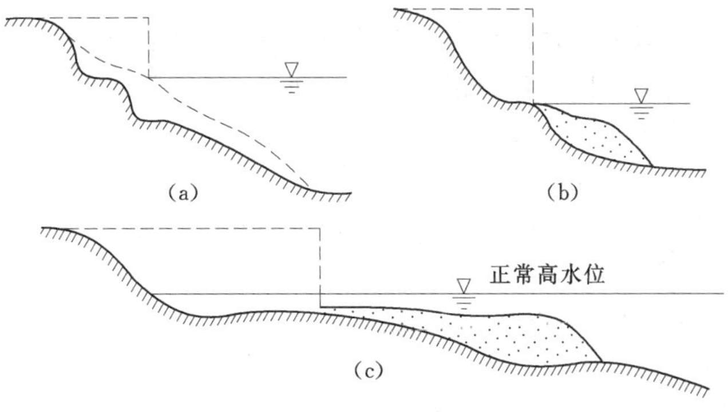

图 13.14 库岸演变过程示意图

(a) 库岸崩塌;(b) 浅滩形成;(c) 库岸稳定

（1）库岸崩塌。水库蓄水后，一方面岸边土壤浸水，破坏了土体内部结构；另一方面，波浪冲击岸边淘刷岸脚，使岸边水上部分失去支持，从而发生崩塌或滑坡。崩塌和滑坡的土石堆积于岸脚，有的构成新岸的扶壁，增加新岸的稳定性；有的又被波浪或湖流逐渐带走，于是新岸再次崩塌，库岸继续变动。

（2）浅滩形成。在库岸崩塌过程中，大块的崩塌物滚落于岸脚处，粗颗粒的泥沙淤积于岸脚近处，细颗粒泥沙沉积在离岸较远处。由于波浪作用在水面以下有其一定的影响范围，所以岸线不断后退，结果在原来岸线位置处形成侵蚀浅滩，淤积在岸脚附近的泥沙，则不断向外发展形成淤积浅滩。

（3）库岸稳定。随着浅滩的逐渐增长，波浪经过浅滩时消耗于克服摩擦阻力的能量加大，于是对库岸的冲击作用和挟沙能力逐渐减小。最后，当浅滩的长度足以消耗传至岸边波浪的全部能量时，波浪已不能再冲击库岸，此时库岸重新达到了稳定阶段。

3. *水库泥沙的冲淤规律*

挟沙水流进入水库后，流速减小，挟沙能力下降，泥沙便在水中沉降。水库淤积的主要方式是壅水淤积，其纵向形态有 3 类。

（1）三角洲淤积。水流入库后流速减小，挟沙能力沿程递减，泥沙落淤量递增。水流推进到一定距离后，含沙量逐渐减少，淤积量也逐渐减少，这样就在纵向形成一个三角洲，如图 13.15 所示。这种淤积形态常发生在库水位比较稳定、水深较大、库容比入库洪量大的水库中，如我国的官厅水库。

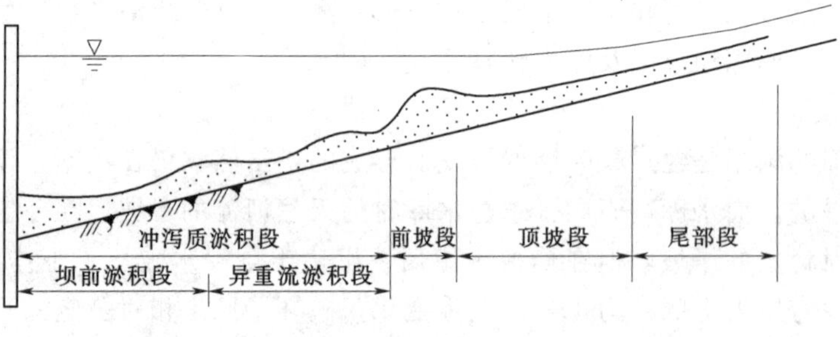

图 13.15　三角洲淤积纵剖面图

（2）带状淤积。当河流含沙量小、颗粒较细且水库水位变幅较大时，淤积沿纵向成带状均匀分布于整个库区，称为带状淤积，如图 13.16 所示。这主要是因为水库水位变幅大，故淤积分布广；泥沙颗粒细，有利于均匀沉积；水流含沙量小，显示不出锥体特性，如东北丰满水库的淤积。

（3）锥体淤积。当水库水位不稳定，随流量而升降，或淤积量相对于库容而言比较大时，淤积会一直扩展至坝前，形成上游厚度小而下游厚度大的锥体淤积，如图 13.17 所示。锥体淤积多发生在来沙较多、库区较短、水深不大的水库。如黄河中游地区的许多中、小型水库。

水库纵向淤积的一般规律是：粗颗粒泥沙沉积在水库的尾段（入库处）和直接入湖的入流河口，形成扇形或锥形，在大中型水库中，只有颗粒很细的泥沙才能淤积到

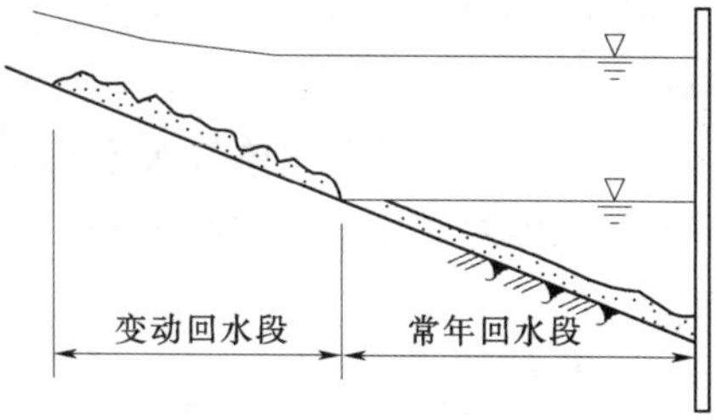

图 13.16 带状淤积示意图

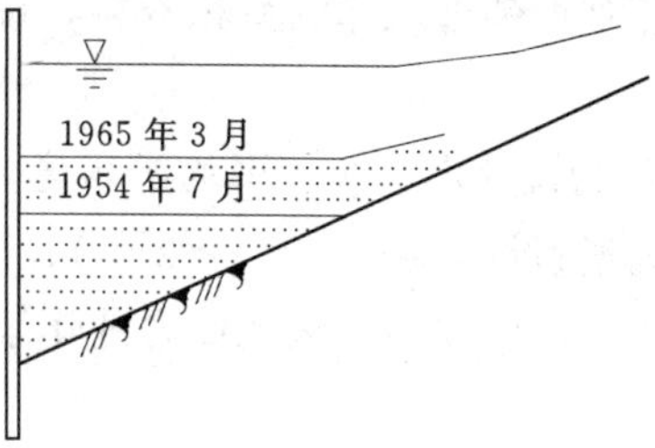

图 13.17 锥体淤积纵剖面图

坝前深水处，形成薄层的淤泥。水库淤积的形式还与来水条件、库底地形以及水库运行方式有密切关系。如按水库的水位变化情况，库区纵断面可划分为 3 段。

(1) 变动回水段。最高、最低水位回水末端的范围。在此区内泥沙淤积成三角洲或冲积扇。

(2) 常年回水段行水段。最低库水位回水末端向大坝方向的库段。此库段水流具有一定的流速，流速沿程逐渐减小，泥沙淤积较均匀，粒径也由粗到细，呈带状分布，没有明显的三角洲。在有异重流产生的水库，此段常是异重流过渡区，异重流流速很小，可一直流至坝前，若不及时排放，异重流可被迫沿坝面上升至水面，利用此特点可减少水库淤积，如近年来黄河中游的调水调沙。

(3) 常年回水段静水段。接近坝址的库段，流速很小，有时甚至为零，粒径很细的泥沙也逐渐沉淀，成为坝前淤积层。

水库的淤积方式还取决于水库的运用方式，尤其在汛期水库蓄水、泄水频繁，水库水位变幅大，从而对泥沙的淤积形态影响较大。当水库水位下降时，因水深减小，水面比降增大，流速就增大，又会对原来已淤积的泥沙进行冲刷，水库水位变动频繁时，水库内的冲淤会反复进行。

4. 水库泥沙淤积量

由于水库泥沙淤积是逐年增加的，所以泥沙淤积量可决定水库的寿命。一般可利用沙量平衡方法和实测的库区水下地形资料分析计算泥沙淤积量。在水库的死库容和取水高程已确定的情况下，可以从水库淤积角度估算水库的寿命（或使用年限）。

根据沙量平衡原理，其计算公式为

$$T=\frac{V_{死}}{G_1+G_2+G_w+G_p-(G_1'+G_2'+G_g)} \tag{13.16}$$

式中：T 为水库淤满年限，a；$V_{死}$ 为水库死库容，m^3；G_1、G_1'为入流与出流所带来和带走的悬移质泥沙年平均输沙量，m^3/a；G_2、G_2'为入流与出流所带来和带走的推移质泥沙年平均输沙量，m^3/a；G_w 为风力带入水库的年平均输沙量，m^3/a；G_p 为库岸崩塌进入水库的年平均沙量，m^3/a；G_g 为工农业用水从水库取水所带走的年平均输沙量，m^3/a。

式 (13.16) 中的出库沙量必须考虑水库运用情况，当水库不外泄时 G_1'、G_2'为零；当工农业停用水时期 G_g 也为零。

当水库所在的河流无实测资料时，可采用下垫面条件（植被、水土流失、地质地貌等）相似的邻近水库的淤积资料，按式（13.17）粗略估算：

$$W=GF_{流} \tag{13.17}$$

式中：W 为设计水库多年平均淤积量，$10^4m^3/a$；G 为参照水库单位水土流失面积上多年平均淤积量，$10^4m^3/(a \cdot km^2)$；$F_{流}$ 为设计水库的流域水土流失面积，km^2。

水库寿命以泥沙淤满死库容的年限估算：

$$T=\frac{V_{死}}{W} \tag{13.18}$$

13.3　河　　口

河口是指河流注入海洋、湖泊和其他河流的交接地段，所以广义的河口应包括支流河口、入湖河口和入海河口。本节讨论的是指入海河道下游受潮汐影响的河段，即着重讨论的是入海河口。

入海河口是指河流注入海洋的交接地段，因受到海洋潮汐的影响，也称为潮汐河口。由于河流流入海洋时受到海水的顶托作用，流速大大减小，大量的泥沙淤积在交接地段，所以入海河口地区普遍发育有肥沃的三角洲和冲积平原，其物产丰富，人口稠密，政治、经济、文化发达，水陆交通方便，世界上许多重要的港口都建在河口地区；入海河口区是咸水和淡水的交汇之处，是水生生物生活和繁殖的优良场所。而这种河段由于流量大、比降小，更受到海洋潮汐影响及台风暴雨的侵袭，容易发生海潮倒灌、河水漫滩，使工农业生产遭受损失。但是如果掌握了河口段的水文规律，并采取有效的措施，可以变害为利。例如，利用潮汐规律航行船只，引潮灌溉或开闸排水（低潮时），还可以发电。所以研究河口段的水文规律，掌握河口段水情变化，对发展当地的工农业生产有着重要的意义。如长江河口就是这样。

我国河流众多，入海河流也很多，其中最主要的有长江、黄河、珠江和钱塘江等，而较著名的河口和三角洲有长江三角洲、黄河三角洲、珠江三角洲及钱塘江河口。

13.3.1　河口的分类

根据河口的平面形态和水流情况，可分为河道型河口和海湾型河口两大类。

1. 河道型河口

（1）单道河口。河口平面几何特征具有单一河道，且一直维持到出海口为止，中、小型平原河流的河口多属于此类。例如辽河、甬江和灌河等河口都属于这一类型。而在河口外海滨地区，由于水流分散、流速变缓、泥沙落淤，所以常有一片扇形浅滩，称为河口拦门沙。

（2）多汊河口。当河床中出现心滩或江心洲时，河床水流分汊成两股或数股水道，形成多汊河。此外，涨落潮流流路的不一致，也是河口分汊的主要原因。在分汊河口区，由沙岛、沙洲、沙嘴等发展而形成的冲积平原称为三角洲。在河口三角洲上常有几条支汊，支汊出口后，通常有拦门沙。例如珠江三角洲就属于多汊河口。

2. 海湾型河口

（1）三角港河口。径流量大的河流，在其本身造成的冲积平原上出口，如海口的潮差很大，常形成十分宽阔的出口段。如长江口，被崇明岛分成南、北两支；南支又被长兴岛、横沙岛分为南、北两港；南港再被九段沙浅滩在水下分成南槽和北槽。南、北港河宽几千米或十几千米，南、北槽出口处宽度可达近百千米，终年为茫茫大海，已成一个海湾，故称为海湾型河口。

（2）喇叭形河口。河口宽度由外向内逐渐收缩，口大里小，呈喇叭形，宽深比远远超过一般河道的范围，如钱塘江河口。钱塘江上游带来的泥沙多为无黏性粉沙，抗冲性能差；洪水期上游最大洪峰流量可达 29000m^3/s，枯水期最小流量只有几百立方米每秒。由于流量变幅大，洪水和潮水流路不一，从而形成广阔的海湾河口，湾内不易生成沙洲、心滩，并有涌潮现象。

13.3.2 河口区的分段

河口区是河流与海洋之间的过渡地带，其上界是潮汐影响最终消失的地方，下界是河川径流排泄扩散作用停止的地方，所以应根据河流情势和海洋情势的强弱来分段。通常分为河流近口段、河流河口段、口外海滨段，如图 13.18 所示。

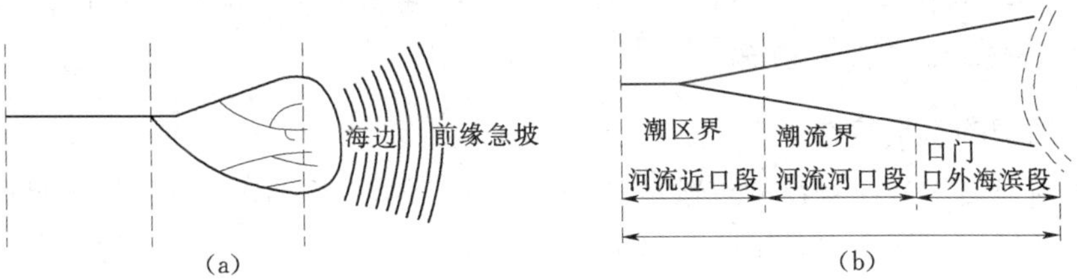

图 13.18 河口区分段平面图
（a）三角港河口；（b）喇叭形河口

1. 河流近口段

河流近口段是从潮区界至潮流界之间的河段，又称河流感潮区。潮流是由潮波沿河上溯形成的逆向水流。潮流因受河床阻力和河水下泄的顶托，能量逐渐消耗，上溯到某点，潮流流速与河水流速正好抵消，于是潮流停止前进，该点称为潮流界。在潮流界以上的河段，潮波继续上涌，而潮波的振幅（潮差）急剧减小。在潮差为零的地方，潮汐影响已完全消失，此点称为潮区界。在枯水大潮时，潮波上溯的距离较大，相应的界限称为潮区上界和潮流上界；而在洪水小潮时，潮汐上溯的距离较小，相应的界限称为潮区下界和潮流下界。例如，长江口的潮区上界可抵安庆，下界为大通（距口门 650km）。潮流上界在镇江附近，下界在江阴以下。

2. 河流河口段

河流河口段指潮流界至河口口门之间的河段，又称河流潮流区。河口口门是指多年平均中潮位水面纵坡降与平均海平面交点所在位置。这一段往往呈喇叭口状，出现三角洲，河口的汊河就在这里分出。该段的下界是三角洲岛屿的水边线或围绕着水下三角洲的某一假定分界线，在这条线以外，汊河水流的流速急剧下降。

3. 口外海滨段

口外海滨段指从河口段下界（即河口口门）至淡水界或海上沿岸浅滩的外边界为止的区域。这些浅滩是河流泥沙沉积而成的。在边界以外，海水深度急剧增加，海水含盐度已趋于一致，河流对这里的海水已无明显的影响。海水含有盐分，密度较大，随涨潮海水向河口推挤，它的前锋形成楔形，插到河流淡水的下部，淡而轻的河水在表层向海洋流动，这样就形成一个淡水和盐水的楔形交界带，称盐水楔。

所谓江河径流排泄扩散作用消失，是指江河向海洋泄水，并向外扩散，使海水含盐度降低。常将含盐度小于1.0‰的称为淡水界。枯水大潮时，淡水界在口门附近，称为淡水内界；洪水小潮时淡水界远离陆地称为淡水外界。如长江的淡水外界可达东经125°（距口门约340km）。

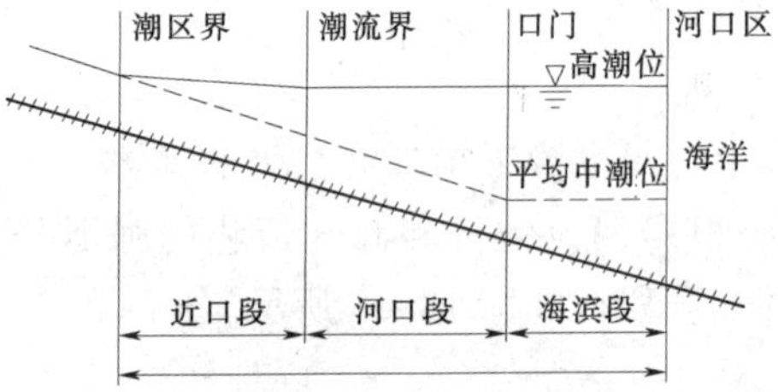

图 13.19　河口区的范围

入海河口区的 3 种界线，从陆地向海洋依次为：潮区界、潮流界、淡水界。因河川径流具有洪枯季节变化，海洋潮汐又有大潮和小潮之分，3 种界线经常在一定范围内变动，因而河口区也随之移动。如图 13.19 所示。

13.3.3　河口的水文特性

入海河口是河流与海洋的过渡地带，是河流与海洋两种动力相互作用与影响、互相消长的区域。河流动力是指径流（液体径流和固体径流——泥沙）的下泄；海洋动力主要是指潮汐的作用（潮位升降和潮流运动）。这两种动力在时间和空间上都有各自的运动、变化和分布规律。两种动力中各因素的不同组合，使河口区的水文情势较河流和海洋都要复杂，并明显地具有独特性。

13.3.3.1　潮汐现象

地球上各处的海水，受到月球和太阳的吸引力而产生的周期性的上升下降运动称为潮汐。在一般情况下，每昼夜海水有两次涨落运动，一次在白天，一次在夜间，白天的涨落称为潮，夜间的涨落称为汐，合称为潮汐。

如果将某地的潮水位与其出现的时刻点绘成曲线（即潮水位随着时间的变化过程线）称为潮汐曲线或潮位过程线。如图 13.20 所示。

常用下列术语描述潮汐：海水水位不断上涨的过程称为涨潮，上涨到最高的位置称高潮或满潮；然后水位下降，称为落潮，下落到最低的位置称低潮或干潮；在高潮和低潮之间，海水不涨也不落，称为平潮；相邻的高潮位与低潮位之差称为潮差。从高潮到前一相邻低潮之差称为涨潮潮差；从高潮到下一相邻低潮之差称为落潮潮差。潮汐的变化可用潮位过程线表示，如图 13.20 所示。

潮汐现象是在月球引潮力和太阳引潮力的作用下产生的。其中以月球引潮力为最大，而太阳、月球是处于不断的运动之中。所以地球、月球、太阳三者的相对位置会发生变化，因而月球引潮力、太阳引潮力也会发生不断的变化。地球、月球、太阳三者的相对位置变化具有周期性，所以潮汐的变化也具有一定的周期性，而潮汐的周期主要与月球运行的周期有关。

(1) 中天。在一天当中，天体有两次经过观察者子午圈的时刻，一次在观察者地面以上经过，称为上中天，另一次在地面以下经过，称为下中天。月球连续经过上（下）中天的时距平均值为 24h 50min，称为平均太阴日。大部分地区在一个平均太阴日中有两次涨落潮过程，也有些地区在一个平均太阴日中只有一次涨落潮过程。根据周期情况，潮汐可分为半日潮、混合潮、全日潮，如图 13.20 所示。

(2) 半日潮。每一个太阴日中有两次高潮和两次低潮，而且相邻两高潮或低潮的潮高几乎相等。

(3) 混合潮。又可分为不规则的半日潮、不规则的日潮。

(4) 全日潮。在一个太阴日中只有一次高潮和一次低潮。

(5) 不规则的半日潮。在一个太阴日中有两次高潮和两次低潮，但是两相邻的高潮或低潮的潮高不等。

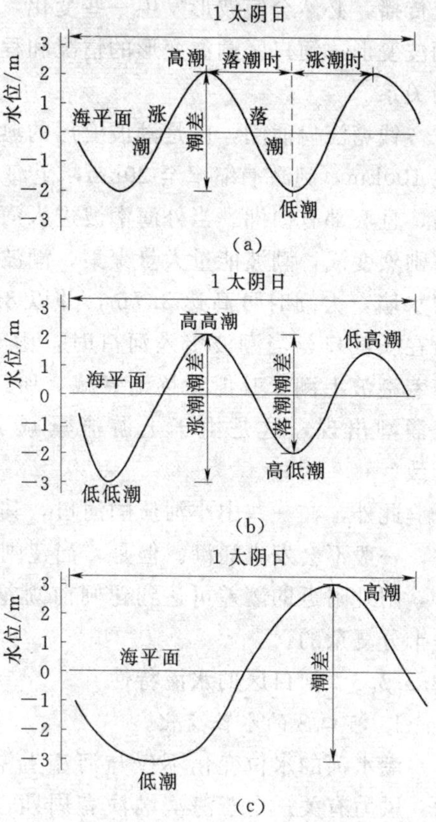

图 13.20　潮汐涨落的 3 种类型

(a) 半日潮；(b) 混合潮；(c) 全日潮

(6) 不规则的日潮。有时出现一天一次高潮和一次低潮，但在半个月中这种天数不超过 7d，其余的天数为不规则的半日潮。在一日两次高潮和两次低潮的不规则半日潮的潮水位过程线上，能看出同一天的第一次高潮（低潮）与第二次高潮（低潮）的高度不等的现象，通常称较高的一次高潮为高高潮，较低的一次高潮为低高潮，较低的低潮为低低潮，较高的低潮为高低潮。一日内两次高潮和两次低潮的高度不等现象称为日潮不等。

潮汐不仅有半日周期、日周期的变化，而且还可以见到每月朔（农历初一）、望（农历十五）附近海水位涨得最高，落得最低，潮差最大，称为大潮，因为此时地球、月球、太阳三者位于同一条直线上，引潮力达到最大。朔以后到农历初八、望以后到二十三左右，潮差最小，称为小潮，因为此时三者的位置成直角关系，引潮力最小。这样的大潮与小潮以半月为周期交替变化。

13.3.3.2　河口潮波变形

河口是河流与海洋的连接段，河道底坡向海底倾斜，河水面具有向海洋方向的水面比降和一定的水流速度，而河口两侧又有河岸的约束。多数河口区水面宽而浅，故河底摩擦作用相对较显著。外海的潮波进入河口后，要在逆坡、逆流的水域中继续向上传播，必然会使波形发生一些变化，并且与外海的潮波有所不同，这一现象称河口潮波变形。河口区潮波变形的情况和程度与河口的地理位置、水文和地质条件有密切的关系。

钱塘江口涌潮，就是潮波变形的典型实例[4]。钱塘江口，呈喇叭形，杭州湾湾口宽 100km，到澉浦缩窄至 20km，至海宁变为 2～3km，河底也由湾口至内陆逐渐抬高，且底部有沙洲。当外海潮波进入河口后，由于河口平面缩窄和底部抬高造成的水深剧烈变浅，潮波能量大量聚集，潮波急剧变形，前坡几乎呈直立状，宛如一堵白色的水墙，大潮时可高达 3.7m，并以 8m/s 的高速怒吼而上，排山倒海，极为壮观。而在长江口，当潮波传入河口时，由于水深相对较深，水面宽阔，河宽收缩缓慢，随着潮波上溯，其能量逐渐衰减，所以一般不能形成涌潮。但长江口崇明北支也常有涌潮出现，这是由于上游流量减少，淤积严重，水深变浅，出口形如喇叭状所致。

此外，在一些中小河流的河口，其断面的宽深比具有河道的性质，即河宽收缩不大，一般不会发生涌潮。但是，当建闸后，河口潮波向上传播，受闸门阻挡而发生反射，闸址附近的潮差可达到建闸前潮差的 1.6～1.8 倍。由上可见，河口的潮波变形是十分复杂的。

13.3.3.3　河口区的水流特性

1. 河口区的水位变化

潮水河的水位变化不仅与河流上游的下泄流量有关，也与海滨的潮汐现象及风向、风力有关。由于海滨潮汐有周期性的变化，所以潮水河的水位变化也具有周期性。潮水河中各站的潮水位过程线，通常可以体现出沿河上溯的潮波形态。从低潮至高潮部分为潮波的波前，从高潮至低潮部分为潮波的波后。当潮波沿河上溯时，因河面变狭窄或水深变浅，潮波速度减慢，加上河水下泄的阻力，所以潮波变形的结果是波前坡度变陡，波后坡度变缓。因而越向上游，涨潮历时越短，落潮历时越长，潮差越来越小。对潮水河中某一特定地点的水位进行长期的观测和资料积累，就可以找出该地点在一个潮期内包括高低潮位、涨落潮历时及涨落过程特征的典型潮型，这是在河口区规划设计水利工程的必要依据。

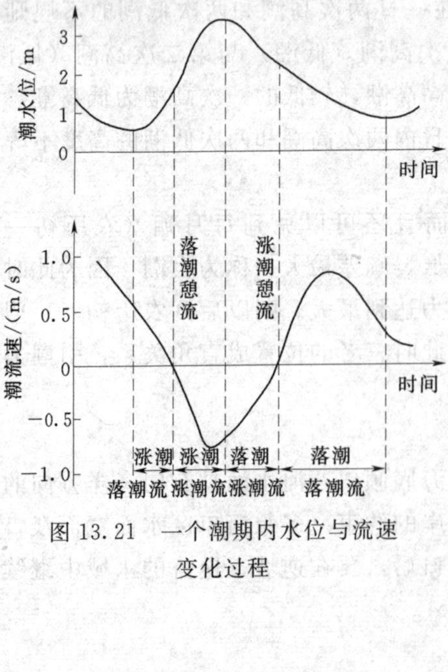

图 13.21　一个潮期内水位与流速变化过程

2. 河口区的流速变化

因受潮汐与河流下泄水量的共同影响，潮水河的流向是顺逆交替的，与潮汐相应约以 12h 25min 为一个周期，因此潮水河的流速变化是十分频繁的。它的变化并不完全取决于水面比降的变化。潮水河口一个潮期内水位与流速的变化过程，如图 13.21 所示。因为流速是有方向的，以水流流向海洋为正。由图可见，在一个涨落潮周期中，根据水位涨落和流速的方向，可分为4种潮流。

(1) 涨潮落潮流。潮水位开始上涨后，潮波上溯对河水下泄开始产生顶托作用，使流速减小，但河水水面比降比较大，此时水流仍流向海洋，故将这种涨潮阶段流向海洋的水流称为涨潮落潮流。

(2) 涨潮涨潮流。涨潮阶段，随着水位的继续上涨，正向流速逐渐减小，当潮流与河流流速均衡时，流速为零，而后，随着潮波继续向内陆推进，使流速转为负向，即水流流向内陆，把这种涨潮阶段由海洋流向内陆的水流称为涨潮涨潮流。

(3) 落潮涨潮流。潮水位达到高潮后，开始落潮，但流向并不能立刻转向海洋，负流速仍继续一段时间，把这种落潮阶段由海洋流向内陆的水流，称为落潮涨潮流。

(4) 落潮落潮流。在落潮阶段，随着水位的降落，负向流速逐渐减小到零，而后随着潮流的继续减弱，流向又转为正向，即流向海洋，把这种落潮阶段由内陆流向海洋的水流称为落潮落潮流。

在落潮流转为涨潮流及涨潮流转为落潮流的过程中，存在一个断面平均流速为零的短暂时刻，这时的流速称为“落潮憩流”和“涨潮憩流”。潮水河的水位与流速变化过程虽有一定的周期，但在海洋潮汐和上游来水的双重影响下，有时也会遇到失常现象，例如憩流时间有时出现在高、低潮位附近。

正是因为有上述的水流流向的顺逆变化，所以潮水河的断面流速分布是比较复杂的。一般总是水浅和流速小的部位先转向，水深和流速大的部位转向较晚。因此，从平面上看，岸边先转向，中泓后转向；从垂线上看，河底先转向，水面后转向。在憩流前后可测得水面与河底流向相反的垂线流速分布，如图13.22所示。同时也能测得中泓与两岸流速异向的横向流速分布。

河口区流速、流向的周期性变化规律，对于河口区的流量测量和进、出水量计算，具有重要的意义。

3. 河口区的流量变化

潮水河的水流属于不稳定流，流量不断随时间变化，而且流向也有顺逆变化。水位与流量之间没有稳定关系，一个潮流期（自落潮憩流时开始到下一个落潮憩流时为止）的水位流量关系一般是不规则的环形曲线，如图13.23所示。

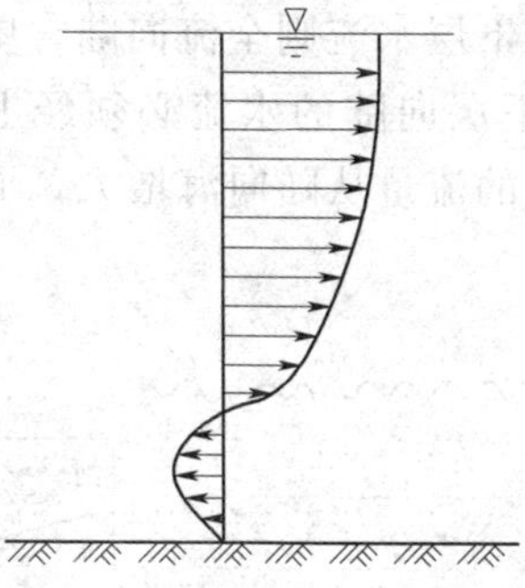

图13.22 水流转向时的垂线流速分布曲线

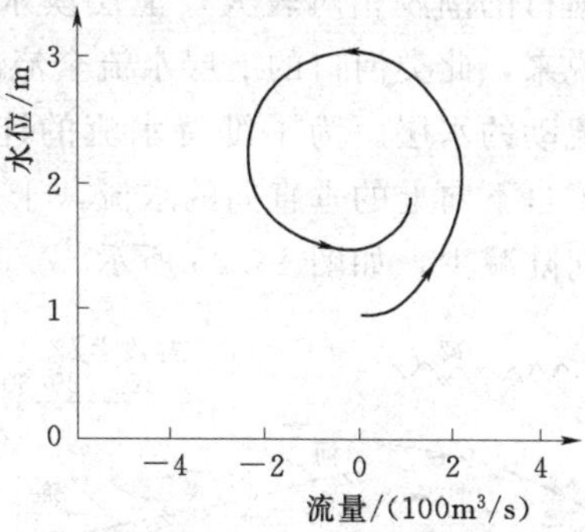

图13.23 潮水河水位-流量关系曲线

对潮水河的某一个断面，在任一瞬时，其流量 Q、流速 v 和过水断面面积 A 的关系 $Q=Av$ 仍适用。但因过水断面面积和断面平均流速的瞬息变化，流量必然也瞬息变化。在一个潮流期中，流量变化过程与流速变化过程是一致的，都具有周期性，因此对潮水河进行流量测验，必须测一个潮流期的全潮流量过程。这就要在此潮流期间适当布置测流次数，测得一个潮流期的流量过程线，然后分别计算涨潮流输入的水量和落潮流输出的水量。因为河道上游有水量下泄，所以落潮总水量应大于涨潮总水量，其差值即为河流下泄入海的水量。

13.3.3.4　咸淡水混合

河口区中咸淡水的盐度、密度以及含沙量随着河水的进退和河川径流的大小不断发生变化，并发生混合作用，这些作用对河口区的沉积和河口变形都会产生相应的影响。

咸淡水的混合程度主要取决于径流量和潮流量之间的对比关系，用混合指数（MI）表示。所谓混合指数（MI）是指涨潮期内进入河口的淡水量与涨潮潮量的比值。根据 MI 的大小，河口咸淡水的混合可分为高度分层型（弱混合型）、轻度混合型（缓混合型）和强混合型 3 种。

1. 高度分层型

当 $MI\geqslant 1$，即径流量大于涨潮潮量，咸淡水分层清楚，淡水从上层流向海，而海水含盐度大，密度也大，海水沿底部呈楔形侵入，形成界限分明的盐水楔。在这种情况下，上层和底层之间的盐度之差可超过 20‰。高度分层型往往出现在弱潮河口，主要是由于咸淡水混合取决于内波的机械作用，而弱潮河口内波较弱，使底层海水与上层淡水交换的水量很少。在盐水楔顶端附近是河口区淤积严重的地带，这是因为咸淡水相遇，流速减弱，导致泥沙沉淀。同时，咸淡水互相顶托，电解质不同的水体相互接触，也会引起细粒物质的絮凝作用。盐水楔顶端的位置随径流量和潮流量的变化而上下移动，泥沙淤积范围随楔顶移动范围而定，但这种移动范围对该型河口来说通常是很小的一部分。如图 13.24 所示。

2. 轻度混合型

当 $0.1<MI<1$，咸淡水间无明显的交界面，但上层与底层盐度仍有显著的差别，可达 4‰～20‰。在纵断面上仍有楔形的明显界面，并有一个盐度的相对变化带。此类河口的潮汐相对较大，上层淡水与下层咸水间的混合作用远大于第一种类型。一般说来，此类河口的上层水流全流向海，而下层水流则全流向陆，中间夹有一层无净向流动的水层。为了维持水流的连续性，下层向陆的水流必须经上层流到海中，形成了自下向上的垂直向的水流，于是，上层的流量从陆向海增大，而下层的流量则从海向陆减少，如图 13.25 所示。

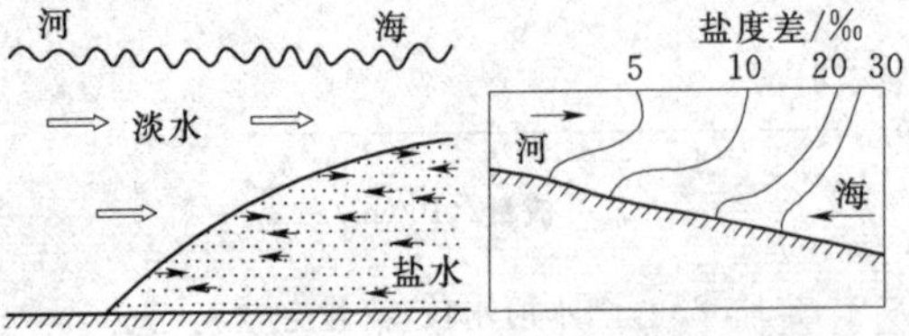

图 13.24　高度分层型

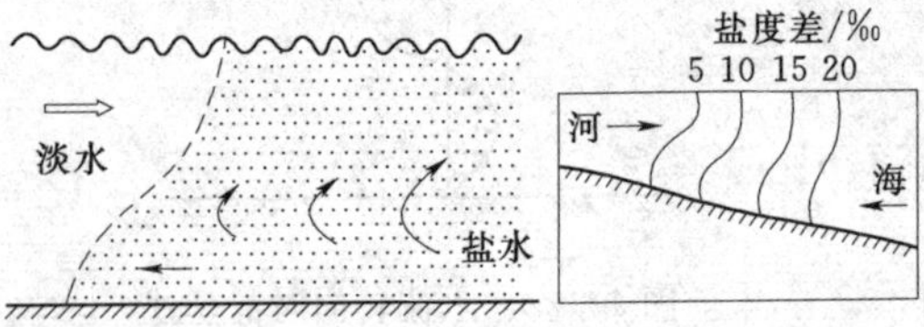

图 13.25　轻度混合型

3. 强混合型

当 $MI \leqslant 0.1$，潮汐作用占主导地位，此时咸淡水之间产生强烈的混合，断面分布图上的等盐度线近乎垂直，盐度的垂直差异一般小于4‰，但在纵向上的盐度梯度仍然存在，盐度向海洋逐渐增加。此类河口一般比较宽阔，呈典型的三角港。由于地转偏向力的作用，北半球的这类河口，涨潮流偏于其前进方向的右方（即河口的左侧），落潮流则偏于其左方，从而河口的左侧水流向陆地，泥沙也随之向陆地运移，右侧水流则流向海洋，泥沙则向海洋运移。三角港内左侧盐度高，右侧盐度低。钱塘江口基本属于这种类型，如图13.26所示。

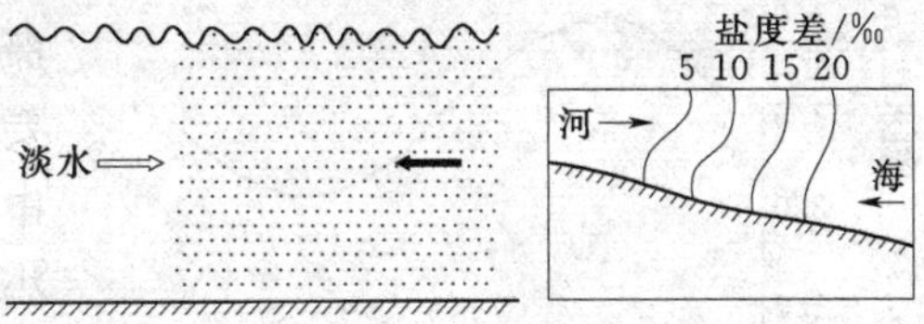

图13.26 强混合型

由上可见，河口区咸淡水的混合类型，取决于潮流量与径流量的对比，潮汐弱而径流量大的河口属于高度分层型，潮汐强而径流量小的河口属于强混合型。即使是同一河口，由于不同时期径流量与潮流量之间的对比不同，混合类型也不同。如长江口，洪水小潮汛时期，属于高度分层型，而平时则属于轻度混合型。

13.3.3.5 河口区泥沙与河床演变

河口区泥沙运动比河流和海洋要复杂得多，因为既受到河水的作用，同时又受到海洋运动的影响。

1. 泥沙来源

河口区的泥沙来源有三方面：一是河川径流挟带的下行泥沙；二是随潮流上溯的海域来沙；三是河口区局部搬动的泥沙。

河流泥沙主要来自上游流域的侵蚀，这部分泥沙大部分沉积在河口附近，也有很小一部分极细的悬移颗粒有可能被水流带出口外海滨。河口区的沉积泥沙形成河口区的河床形态，如边滩、心滩、水下沙洲及口外扇形拦门沙等。所以，从某种意义上来说，河口区是河流泥沙的最终归宿。由河流带到河口的泥沙性质，主要取决于流域的水文地理、地质条件。平原地区的中、小河流及流经平原后的大河流的河口，由于河口底坡平缓，河流带来的泥沙多呈悬浮状态，粒径比较细小，多属淤泥、黏土。山区河流的河口，泥沙颗粒比上述平原河口要大，但也属于细粉沙一类的颗粒。

海洋来的泥沙，有一部分是近岸浅滩受风浪运动被掀起的泥沙，再被涨潮流带入河口区。另一部分是邻近河流输出的泥沙，经沿岸流和涨潮流带入本河口区。例如，长江输出的部分泥沙，可以绕过南汇咀而进入杭州湾。

河口区局部搬运的泥沙，可以是河岸侵蚀、沙洲移动，也可能是水流冲刷河床底部，将底部沉积物崛起再被水流带走，这部分泥沙数量尽管不多，但在河口区内局部地段的冲淤变化中，起着很大的作用。

河口区总的输沙趋势是河流输向海洋，而在局部河段的一定时间内，也有输沙向口内移动的趋势。

2. 河口区泥沙分布

河口区水流的含沙量随水位的涨落和流速的增减而发生相应的变化。当流速最大时，含沙量并不是最大，流速最小时，含沙量也不一定是最小。最大、最小含沙量一般要比最大、最小流速迟出现1～2h。这种滞后现象是因为含沙量要达到饱和状态需要一定的时间造成的。在流速增大的过程中，含沙量常处于不饱和状态，而流速减小的过程中，含沙量则处于饱和状态。在河口的盐水楔附近，由于絮凝作用强烈，造成大量细小泥沙聚集下沉，且流速大掀起和携带的泥沙多，故近底层出现的高沙量大多与最大流速出现的时间相适应，如图13.27所示。

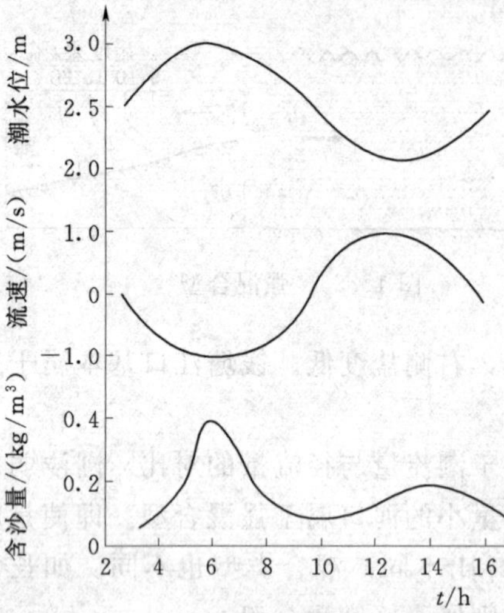

图13.27　河口盐水楔附近潮水位、流速、含沙量过程

絮凝作用是河口区泥沙大量沉降的一种物理化学现象。原来细颗粒泥沙在淡水中，由于电离作用均带有负电。泥沙颗粒负电荷的相斥作用使其保持分散状态，呈胶体状。水流内部紊动向上的分速，远大于其沉降速度，故不易在重力作用下下沉。水流进入河口区遇到海水，海水是含有正、负离子的电解质液体，表面带有负电荷的泥沙胶粒与海水中的离子发生离子代换，使部分泥沙表面带有正电荷。带有异性电荷的泥沙间发生吸引，使颗粒变大而下沉，这种物理化学现象称絮凝作用。它是河口区泥沙沉积的重要因素。

河口区含沙量的纵向分布是很不均匀的。一般在咸淡水直接交汇的河口段，出现高含沙量区，而自河口段向上游和向下游含沙量都逐渐减小。高含沙量区不是固定不变的，一般随径流的大小和潮汐的强弱在河口段摆动。在枯水期，高含沙量区可移到口门内盐水楔所及之地，大潮汛时河口排水排沙，高含沙量区位置偏下。

3. 河口区泥沙运动

河流的推移质泥沙进入河口区时，因水流挟运泥沙的能力减弱，推移质在潮区界以下运移速度减缓，在潮流界以后受逆向水流的顶阻，不能继续向下移动，故潮流界附近常是推移质的终止点。但悬移质泥沙可搬运到河口口门，并能输出到口外海滨。因水流受潮流顶托后，自潮区界以下挟沙能力逐渐降低，故部分悬沙也会在感潮河段内沉积。较大颗粒的悬沙终止于盐水楔前端，粒径较小的不易沉降，当遇到咸淡水混合时发生絮凝作用而下沉，故最细的悬沙，在落潮流时随表层淡水扩散输出口门外，在口外海滨运动或沉积。

进入口外海滨的泥沙，有的来自河流，有的直接来自宽阔海域。来自河流的是细粒悬沙，来自海域的是指涨潮时随咸水上溯带入的泥沙。来自海域的泥沙有两种情况：一是来自河流输出口外还未沉积到海底，或已沉于海底因受波浪掀动或涨潮流的冲刷启动，再次悬入水中的泥沙，它们随潮流又被带回到河口地区；二是涨潮时由咸水带入的本河流以外的其他地区的泥沙，可以是邻近其他河口输出的泥沙，或是邻近海岸被波浪侵蚀而产生的，随沿岸流而来的泥沙。但不论何种来源的泥沙，其运动的共同点是随潮水上溯由海向陆运移，并最后向盐水楔顶聚集。河流枯季潮汐作用较强时，可带到河口口门以内的地区沉积。当然，口外海滨的泥沙在波浪、沿岸流或海流的影响下，还可带到很远的地方。

4. 河口演变

河口演变是指在水流、波浪等动力作用下发生的冲淤变化，这种变化是通过泥沙运动来实现的。研究河口演变，主要是分析河口形态的形成、发育、演变及其周期性变化规律，如河口段浅滩、深槽的冲淤变化，河口发育特点及未来的演变规律，这对于航道规划、航道整治和海滩围垦以及河口综合治理方案的制订，都具有重要的意义。

河口因受海水入侵的影响，最初大多数为浅弱谷状或喇叭状海湾。在海侵结束后的海面稳定时期，河口才逐渐由陆向海发展。由于各河口上游来水来沙条件不同，海洋潮汐与潮波的强弱也有区别，因而不同的河口就有各自的发育特点和演变规律。现以长江口演变的特点来说明河口演变的一般规律。

长江口是一个中等强度的潮汐河口，口门附近多年平均潮差为 3.04m，当上游径流与口外潮差接近均值时，河口进潮总量达 32.5 亿 m^3。它的特点是：径流量大（大通站多年平均径流量为 9240 亿 m^3，占全国入海河流总径流量的 1/3）。输沙量很大，年输沙量为 4.78 亿 t，咸淡水混合属于缓混合。由于来沙丰富，河口段形成三角洲，使喇叭形海湾逐渐缩小。其演变表现出的特点是，首先河口淤积，然后浅滩出现。

当潮汐较强时，在哥氏力作用下，涨潮主流偏北，落潮主流偏南。这种涨落潮路线的不一致，导致河口分汊。当浅滩出露后，形成沙洲，但位置不稳定，时常发生此冲彼淤的变化。

随着河流动力外移和海洋动力退却，北汊道逐渐衰退和淤塞，河口沙洲演变的趋势是逐渐与北岸毗连成为三角洲平原。南汊道则逐渐增强成为主要泄水输沙的河道。

在南汊河道增强过程中，其自身又再分为新的南北汊道，重复出现汊道北废南兴的过程。随着时间的推移，长江口的位置向东南方向偏移。

由于各入海河口的动力状况和泥沙条件的差异，入海河口的演变相当复杂，其演变过程的特点也不尽相同，但基本上服从于河口演变的一般规律。

习题与思考题

13.1 用示意图表示湖泊的波浪要素，并解释其含义。

13.2 简述湖泊水的运动形式及其主要影响因素。

13.3 一个水库有哪些特征库容，对应的特征水位分别是什么？

13.4 通过绘制水库的调洪示意图简述水库具有调洪作用的原因。

13.5 水库产生异重流的条件有哪些？

13.6 河口区的典型潮型如何获得，它包含哪些特征，有何作用？

13.7　河口演变受哪些因素的影响？

参 考 文 献

［1］ 黄锡荃．水文学［M］．北京：高等教育出版社，1985.
［2］ 邓先俊．陆地水文学［M］．2 版．北京：水利电力出版社，1985.
［3］ 邓绥林．普通水文学［M］．北京：高等教育出版社，1985.
［4］ 梁学田．水文学原理［M］．北京：水利电力出版社，1992.

附　表

附表 1

瞬时单位线 S 曲线查用表（一）

t/K \ n	1.0	1.1	1.2	1.3	1.4	1.5	1.6	1.7	1.8	1.9	2.0	2.1	2.2	2.3	2.4	2.5	2.6	2.7	2.8	2.9	3.0
0	0	0	0	0	0	0	0	0	0	0	0	0	0	0	0	0	0	0	0	0	0
0.1	0.095	0.072	0.054	0.041	0.030	0.022	0.017	0.012	0.009	0.007	0.005	0.003	0.002	0.002	0.001	0.001	0.001	0	0	0	0
0.2	0.181	0.147	0.118	0.095	0.075	0.060	0.047	0.036	0.029	0.022	0.018	0.014	0.010	0.008	0.006	0.004	0.003	0.002	0.002	0.001	0.001
0.3	0.259	0.218	0.182	0.152	0.126	0.104	0.086	0.069	0.057	0.045	0.037	0.030	0.024	0.019	0.015	0.012	0.010	0.007	0.006	0.005	0.004
0.4	0.330	0.285	0.244	0.209	0.178	0.150	0.127	0.107	0.089	0.074	0.061	0.051	0.042	0.034	0.028	0.023	0.019	0.015	0.012	0.010	0.008
0.5	0.393	0.346	0.305	0.266	0.230	0.198	0.171	0.146	0.126	0.106	0.090	0.076	0.065	0.054	0.045	0.037	0.031	0.025	0.022	0.018	0.014
0.6	0.451	0.403	0.360	0.318	0.281	0.237	0.216	0.188	0.164	0.142	0.122	0.104	0.090	0.076	0.065	0.055	0.046	0.039	0.033	0.028	0.023
0.7	0.503	0.456	0.411	0.369	0.331	0.294	0.261	0.231	0.200	0.178	0.156	0.136	0.117	0.101	0.088	0.075	0.065	0.056	0.044	0.039	0.034
0.8	0.551	0.505	0.461	0.418	0.378	0.340	0.306	0.273	0.243	0.216	0.191	0.169	0.149	0.130	0.113	0.098	0.086	0.074	0.064	0.056	0.047
0.9	0.593	0.549	0.505	0.464	0.423	0.385	0.349	0.315	0.285	0.255	0.228	0.202	0.180	0.160	0.141	0.124	0.109	0.096	0.084	0.073	0.063
1.0	0.632	0.589	0.547	0.506	0.466	0.428	0.392	0.356	0.324	0.293	0.246	0.238	0.213	0.190	0.170	0.151	0.134	0.118	0.104	0.092	0.080
1.1	0.667	0.626	0.585	0.545	0.506	0.468	0.431	0.396	0.363	0.331	0.301	0.273	0.247	0.222	0.200	0.179	0.160	0.143	0.127	0.113	0.100
1.2	0.699	0.660	0.621	0.582	0.544	0.506	0.470	0.436	0.400	0.368	0.337	0.308	0.281	0.255	0.231	0.219	0.188	0.169	0.151	0.135	0.121
1.3	0.728	0.691	0.654	0.616	0.579	0.543	0.506	0.471	0.447	0.405	0.373	0.343	0.315	0.288	0.262	0.239	0.216	0.196	0.171	0.159	0.143

续表

t/K \ n	1.0	1.1	1.2	1.3	1.4	1.5	1.6	1.7	1.8	1.9	2.0	2.1	2.2	2.3	2.4	2.5	2.6	2.7	2.8	2.9	3.0
1.4	0.753	0.719	0.684	0.648	0.612	0.577	0.541	0.507	0.473	0.440	0.408	0.378	0.348	0.321	0.294	0.269	0.246	0.224	0.203	0.184	0.167
1.5	0.777	0.744	0.711	0.677	0.643	0.608	0.574	0.540	0.507	0.474	0.442	0.411	0.382	0.353	0.326	0.300	0.275	0.252	0.231	0.210	0.191
1.6	0.798	0.768	0.736	0.704	0.671	0.638	0.605	0.572	0.539	0.507	0.475	0.444	0.414	0.385	0.357	0.331	0.305	0.281	0.258	0.237	0.217
1.7	0.817	0.789	0.759	0.729	0.698	0.666	0.634	0.602	0.570	0.538	0.507	0.476	0.446	0.417	0.389	0.361	0.335	0.310	0.287	0.264	0.243
1.8	0.835	0.808	0.781	0.752	0.722	0.692	0.661	0.630	0.599	0.568	0.537	0.507	0.477	0.448	0.419	0.392	0.365	0.330	0.315	0.292	0.269
1.9	0.850	0.826	0.800	0.773	0.745	0.716	0.687	0.657	0.627	0.596	0.566	0.536	0.507	0.478	0.449	0.421	0.395	0.368	0.343	0.319	0.296
2.0	0.865	0.842	0.818	0.792	0.766	0.739	0.710	0.682	0.653	0.623	0.594	0.565	0.536	0.507	0.478	0.451	0.423	0.397	0.372	0.347	0.323
2.1	0.878	0.856	0.834	0.810	0.785	0.759	0.733	0.706	0.679	0.649	0.620	0.592	0.565	0.535	0.507	0.479	0.452	0.425	0.400	0.375	0.350
2.2	0.890	0.870	0.849	0.826	0.803	0.778	0.753	0.727	0.700	0.673	0.645	0.618	0.590	0.562	0.534	0.507	0.480	0.454	0.427	0.402	0.377
2.3	0.900	0.882	0.862	0.841	0.819	0.796	0.772	0.748	0.722	0.696	0.669	0.642	0.615	0.588	0.560	0.533	0.507	0.480	0.454	0.429	0.404
2.4	0.909	0.895	0.875	0.855	0.835	0.813	0.790	0.767	0.742	0.717	0.692	0.665	0.639	0.613	0.586	0.559	0.533	0.507	0.481	0.455	0.430
2.5	0.918	0.902	0.886	0.868	0.849	0.828	0.807	0.784	0.761	0.737	0.713	0.688	0.662	0.636	0.610	0.584	0.558	0.532	0.506	0.481	0.456
2.6	0.926	0.912	0.896	0.879	0.861	0.842	0.822	0.801	0.779	0.756	0.733	0.708	0.684	0.659	0.634	0.608	0.582	0.557	0.532	0.506	0.482
2.7	0.933	0.920	0.905	0.890	0.873	0.855	0.836	0.816	0.796	0.774	0.751	0.728	0.704	0.680	0.656	0.631	0.606	0.581	0.556	0.531	0.506
2.8	0.939	0.928	0.914	0.899	0.884	0.867	0.849	0.831	0.811	0.790	0.769	0.747	0.724	0.701	0.677	0.653	0.629	0.604	0.579	0.555	0.531
2.9	0.945	0.934	0.922	0.908	0.894	0.878	0.862	0.844	0.825	0.806	0.785	0.764	0.742	0.720	0.697	0.674	0.650	0.626	0.602	0.578	0.554
3.0	0.950	0.940	0.929	0.916	0.903	0.888	0.873	0.856	0.839	0.820	0.801	0.781	0.760	0.738	0.716	0.694	0.671	0.648	0.624	0.600	0.577
3.1	0.955	0.946	0.935	0.924	0.911	0.898	0.883	0.868	0.851	0.834	0.815	0.796	0.776	0.756	0.734	0.713	0.691	0.668	0.645	0.622	0.599
3.2	0.959	0.951	0.941	0.930	0.919	0.906	0.893	0.878	0.863	0.846	0.829	0.811	0.792	0.772	0.752	0.731	0.709	0.688	0.665	0.643	0.620

续表

n t/K	1.0	1.1	1.2	1.3	1.4	1.5	1.6	1.7	1.8	1.9	2.0	2.1	2.2	2.3	2.4	2.5	2.6	2.7	2.8	2.9	3.0
3.3	0.963	0.955	0.946	0.936	0.926	0.914	0.902	0.888	0.873	0.858	0.841	0.824	0.806	0.787	0.768	0.748	0.727	0.706	0.685	0.663	0.641
3.4	0.967	0.959	0.951	0.942	0.932	0.921	0.910	0.897	0.883	0.869	0.853	0.837	0.820	0.802	0.783	0.764	0.744	0.724	0.703	0.682	0.660
3.5	0.970	0.963	0.956	0.947	0.938	0.928	0.917	0.905	0.892	0.879	0.864	0.849	0.832	0.815	0.798	0.779	0.760	0.741	0.721	0.700	0.679
3.6	0.973	0.967	0.960	0.952	0.944	0.934	0.924	0.913	0.901	0.888	0.874	0.860	0.844	0.828	0.811	0.794	0.776	0.757	0.738	0.718	0.697
3.7	0.975	0.970	0.963	0.956	0.948	0.940	0.930	0.920	0.909	0.897	0.884	0.870	0.856	0.840	0.824	0.807	0.790	0.772	0.753	0.734	0.715
3.8	0.978	0.973	0.967	0.960	0.953	0.945	0.936	0.926	0.916	0.905	0.893	0.880	0.866	0.851	0.836	0.820	0.804	0.786	0.768	0.750	0.731
3.9	0.980	0.975	0.970	0.964	0.957	0.950	0.941	0.932	0.923	0.912	0.901	0.889	0.876	0.862	0.848	0.834	0.817	0.800	0.783	0.765	0.747
4.0	0.982	0.977	0.973	0.967	0.961	0.954	0.946	0.938	0.929	0.919	0.908	0.897	0.885	0.872	0.858	0.844	0.829	0.813	0.796	0.779	0.762
4.2	0.985	0.981	0.977	0.973	0.967	0.962	0.955	0.948	0.940	0.931	0.922	0.912	0.901	0.890	0.877	0.864	0.851	0.837	0.822	0.806	0.790
4.4	0.988	0.985	0.981	0.977	0.973	0.968	0.962	0.956	0.949	0.942	0.934	0.925	0.915	0.905	0.894	0.883	0.870	0.857	0.844	0.830	0.815
4.6	0.990	0.987	0.985	0.981	0.975	0.973	0.968	0.963	0.957	0.951	0.944	0.936	0.928	0.919	0.909	0.899	0.888	0.876	0.864	0.851	0.837
4.8	0.992	0.990	0.987	0.985	0.981	0.978	0.974	0.969	0.964	0.958	0.952	0.946	0.938	0.930	0.922	0.913	0.903	0.892	0.881	0.870	0.857
5.0	0.993	0.992	0.990	0.987	0.984	0.981	0.978	0.974	0.970	0.965	0.960	0.954	0.947	0.940	0.933	0.925	0.916	0.907	0.897	0.886	0.875
5.5	0.996	0.995	0.994	0.992	0.990	0.988	0.986	0.983	0.980	0.977	0.973	0.969	0.965	0.960	0.955	0.949	0.942	0.935	0.928	0.920	0.912
6.0	0.998	0.997	0.996	0.995	0.994	0.993	0.991	0.989	0.987	0.985	0.983	0.980	0.977	0.973	0.969	0.965	0.961	0.956	0.950	0.944	0.938
7.0	0.999	0.999	0.998	0.998	0.998	0.997	0.996	0.996	0.995	0.994	0.993	0.991	0.990	0.988	0.986	0.984	0.982	0.980	0.977	0.974	0.970
8.0			0.999	0.999	0.999	0.999	0.999	0.998	0.998	0.997	0.997	0.996	0.996	0.995	0.994	0.993	0.992	0.991	0.989	0.988	0.986
9.0								0.999	0.999	0.999	0.999	0.999	0.998	0.998	0.997	0.997	0.997	0.996	0.995	0.995	0.994

附表 2　　瞬时单位线 S 曲线查用表（二）

t/K \ n	3.0	3.1	3.2	3.3	3.4	3.5	3.6	3.7	3.8	3.9	4.0	4.1	4.2	4.3	4.4	4.5	4.6	4.7	4.8	4.9	5.0
0	0	0	0	0	0	0	0	0	0	0	0	0	0	0	0	0	0	0	0	0	0
0.5	0.014	0.012	0.010	0.008	0.006	0.005	0.004	0.003	0.003	0.002	0.002	0.001	0.001	0.001	0.001	0.001	0	0	0	0	0
1.0	0.080	0.070	0.061	0.053	0.046	0.040	0.035	0.030	0.026	0.022	0.019	0.016	0.014	0.012	0.010	0.009	0.007	0.006	0.005	0.004	0.004
1.1	0.100	0.088	0.077	0.068	0.060	0.052	0.045	0.040	0.034	0.030	0.026	0.022	0.019	0.016	0.014	0.012	0.010	0.009	0.008	0.006	0.005
1.2	0.121	0.107	0.095	0.084	0.074	0.066	0.058	0.051	0.044	0.039	0.034	0.029	0.026	0.022	0.019	0.017	0.014	0.012	0.011	0.009	0.008
1.3	0.143	0.128	0.114	0.102	0.091	0.081	0.071	0.063	0.056	0.049	0.043	0.038	0.033	0.029	0.025	0.022	0.019	0.017	0.014	0.012	0.011
1.4	0.167	0.150	0.135	0.121	0.109	0.097	0.087	0.077	0.069	0.061	0.054	0.047	0.042	0.037	0.032	0.028	0.025	0.022	0.019	0.016	0.014
1.5	0.191	0.173	0.157	0.142	0.128	0.115	0.103	0.092	0.083	0.074	0.066	0.058	0.052	0.046	0.040	0.036	0.031	0.028	0.024	0.021	0.019
1.6	0.217	0.198	0.180	0.164	0.148	0.134	0.121	0.109	0.098	0.088	0.079	0.070	0.063	0.056	0.050	0.044	0.039	0.035	0.031	0.027	0.024
1.7	0.243	0.223	0.204	0.186	0.170	0.154	0.140	0.127	0.115	0.103	0.093	0.084	0.075	0.067	0.060	0.054	0.048	0.043	0.038	0.033	0.030
1.8	0.269	0.248	0.228	0.210	0.192	0.175	0.160	0.146	0.132	0.120	0.109	0.098	0.089	0.080	0.072	0.064	0.058	0.051	0.046	0.041	0.036
1.9	0.296	0.274	0.253	0.234	0.215	0.197	0.181	0.166	0.151	0.138	0.125	0.114	0.103	0.093	0.084	0.076	0.068	0.061	0.055	0.049	0.044
2.0	0.323	0.301	0.279	0.258	0.239	0.220	0.203	0.186	0.171	0.156	0.143	0.130	0.119	0.108	0.098	0.089	0.080	0.072	0.065	0.059	0.053
2.1	0.350	0.327	0.305	0.283	0.263	0.244	0.225	0.208	0.191	0.176	0.161	0.148	0.135	0.123	0.112	0.102	0.093	0.084	0.076	0.069	0.062
2.2	0.377	0.354	0.331	0.309	0.287	0.267	0.248	0.230	0.212	0.196	0.181	0.166	0.153	0.140	0.128	0.117	0.107	0.097	0.088	0.080	0.072
2.3	0.404	0.380	0.356	0.334	0.312	0.291	0.271	0.252	0.234	0.217	0.201	0.185	0.171	0.157	0.144	0.132	0.121	0.111	0.101	0.092	0.084
2.4	0.430	0.406	0.382	0.359	0.337	0.316	0.295	0.275	0.256	0.238	0.221	0.205	0.190	0.175	0.161	0.149	0.137	0.125	0.115	0.105	0.096
2.5	0.456	0.432	0.408	0.385	0.362	0.340	0.319	0.299	0.279	0.260	0.242	0.225	0.209	0.194	0.179	0.166	0.153	0.141	0.129	0.119	0.109
2.6	0.482	0.457	0.433	0.410	0.387	0.364	0.343	0.322	0.302	0.283	0.264	0.246	0.229	0.213	0.198	0.183	0.170	0.157	0.145	0.133	0.123
2.7	0.506	0.482	0.458	0.434	0.411	0.389	0.367	0.346	0.325	0.305	0.286	0.268	0.250	0.233	0.217	0.202	0.187	0.174	0.161	0.149	0.137
2.8	0.531	0.506	0.482	0.459	0.436	0.413	0.391	0.369	0.348	0.328	0.308	0.289	0.271	0.253	0.237	0.221	0.206	0.191	0.178	0.165	0.152
2.9	0.554	0.530	0.506	0.483	0.460	0.437	0.414	0.392	0.371	0.350	0.330	0.311	0.292	0.274	0.257	0.240	0.224	0.209	0.195	0.181	0.168
3.0	0.577	0.553	0.530	0.506	0.483	0.460	0.438	0.416	0.394	0.373	0.353	0.333	0.314	0.295	0.277	0.260	0.244	0.228	0.213	0.198	0.185
3.1	0.599	0.578	0.552	0.529	0.506	0.483	0.461	0.439	0.417	0.396	0.375	0.355	0.335	0.316	0.298	0.280	0.263	0.246	0.231	0.216	0.202
3.2	0.620	0.603	0.574	0.552	0.528	0.506	0.484	0.462	0.440	0.418	0.397	0.377	0.357	0.338	0.319	0.301	0.283	0.266	0.250	0.234	0.219

续表

t/K \ n	3.0	3.1	3.2	3.3	3.4	3.5	3.6	3.7	3.8	3.9	4.0	4.1	4.2	4.3	4.4	4.5	4.6	4.7	4.8	4.9	5.0
3.3	0.641	0.618	0.596	0.573	0.551	0.528	0.506	0.484	0.462	0.441	0.420	0.399	0.379	0.359	0.340	0.321	0.304	0.286	0.269	0.253	0.237
3.4	0.660	0.638	0.616	0.594	0.572	0.550	0.528	0.506	0.484	0.463	0.442	0.421	0.400	0.380	0.361	0.342	0.324	0.306	0.289	0.272	0.256
3.5	0.679	0.658	0.636	0.615	0.593	0.571	0.549	0.528	0.506	0.485	0.462	0.442	0.422	0.404	0.382	0.363	0.344	0.326	0.308	0.291	0.275
3.6	0.697	0.677	0.656	0.634	0.613	0.592	0.570	0.549	0.527	0.506	0.484	0.464	0.443	0.423	0.403	0.384	0.365	0.346	0.328	0.311	0.293
3.7	0.715	0.695	0.674	0.653	0.633	0.612	0.590	0.569	0.548	0.527	0.506	0.485	0.464	0.444	0.424	0.404	0.385	0.366	0.348	0.330	0.313
3.8	0.731	0.712	0.692	0.672	0.651	0.631	0.610	0.589	0.568	0.547	0.527	0.506	0.485	0.465	0.445	0.425	0.406	0.387	0.368	0.350	0.332
3.9	0.747	0.728	0.709	0.689	0.670	0.649	0.629	0.609	0.588	0.567	0.548	0.526	0.506	0.485	0.465	0.446	0.426	0.407	0.388	0.370	0.352
4.0	0.762	0.744	0.725	0.706	0.687	0.667	0.647	0.627	0.607	0.587	0.567	0.546	0.526	0.506	0.486	0.466	0.446	0.427	0.403	0.389	0.371
4.2	0.790	0.773	0.756	0.738	0.720	0.701	0.682	0.663	0.644	0.624	0.605	0.585	0.565	0.545	0.525	0.506	0.486	0.467	0.448	0.429	0.410
4.4	0.815	0.799	0.783	0.767	0.750	0.733	0.715	0.697	0.678	0.660	0.641	0.621	0.602	0.582	0.563	0.544	0.525	0.506	0.486	0.468	0.449
4.6	0.837	0.823	0.809	0.793	0.778	0.761	0.745	0.728	0.710	0.692	0.674	0.656	0.637	0.619	0.600	0.581	0.562	0.543	0.524	0.505	0.487
4.8	0.857	0.845	0.831	0.817	0.803	0.788	0.772	0.756	0.740	0.723	0.706	0.688	0.671	0.653	0.634	0.616	0.598	0.579	0.560	0.542	0.524
5.0	0.875	0.864	0.851	0.838	0.825	0.811	0.797	0.782	0.767	0.751	0.735	0.718	0.702	0.683	0.667	0.650	0.632	0.614	0.596	0.578	0.560
5.2	0.891	0.881	0.870	0.858	0.846	0.833	0.820	0.806	0.792	0.777	0.762	0.746	0.731	0.714	0.698	0.681	0.664	0.647	0.629	0.612	0.594
5.4	0.905	0.896	0.886	0.875	0.864	0.852	0.840	0.828	0.814	0.801	0.787	0.772	0.757	0.742	0.726	0.710	0.694	0.678	0.661	0.644	0.627
5.6	0.918	0.909	0.900	0.891	0.880	0.870	0.859	0.847	0.835	0.822	0.809	0.796	0.782	0.768	0.753	0.738	0.722	0.707	0.691	0.674	0.658
5.8	0.928	0.921	0.913	0.904	0.895	0.885	0.875	0.865	0.854	0.842	0.830	0.818	0.805	0.791	0.777	0.763	0.749	0.734	0.719	0.703	0.687
6.0	0.938	0.930	0.924	0.916	0.908	0.899	0.890	0.881	0.870	0.860	0.849	0.837	0.825	0.813	0.800	0.787	0.773	0.759	0.745	0.730	0.715
6.5	0.957	0.952	0.947	0.941	0.935	0.927	0.921	0.913	0.905	0.897	0.888	0.879	0.869	0.859	0.843	0.837	0.826	0.814	0.802	0.789	0.776
7.0	0.970	0.967	0.963	0.958	0.954	0.949	0.943	0.938	0.932	0.925	0.918	0.911	0.903	0.895	0.887	0.878	0.868	0.859	0.848	0.838	0.827
7.5	0.980	0.977	0.974	0.971	0.968	0.964	0.960	0.956	0.951	0.946	0.941	0.935	0.929	0.923	0.916	0.911	0.902	0.894	0.886	0.877	0.868
8.0	0.986	0.984	0.982	0.980	0.978	0.975	0.972	0.969	0.965	0.962	0.958	0.953	0.949	0.944	0.939	0.933	0.927	0.921	0.915	0.908	0.900
9.0	0.994	0.993	0.991	0.990	0.989	0.988	0.986	0.985	0.983	0.981	0.979	0.976	0.974	0.971	0.968	0.965	0.961	0.958	0.954	0.950	0.945
10.0	0.997	0.997	0.996	0.996	0.995	0.994	0.994	0.993	0.992	0.991	0.990	0.988	0.987	0.985	0.984	0.982	0.980	0.978	0.976	0.973	0.971
11.0	0.999	0.999	0.998	0.998	0.998	0.997	0.997	0.997	0.996	0.996	0.995	0.994	0.994	0.993	0.992	0.991	0.990	0.989	0.988	0.986	0.985
12.0			0.999	0.999	0.999	0.999	0.999	0.998	0.998	0.998	0.998	0.997	0.997	0.997	0.996	0.996	0.995	0.994	0.994	0.993	0.992

附表 3 瞬时单位线 S 曲线查用表（三）

t/K \ n	5.0	5.1	5.2	5.3	5.4	5.5	5.6	5.7	5.8	5.9	6.0	6.1	6.2	6.3	6.4	6.5	6.6	6.7	6.8	6.9	7.0
0	0	0	0	0	0	0	0	0	0	0	0	0	0	0	0	0	0	0	0	0	0
0.5																					
1.0	0.004	0.003	0.003	0.002	0.002	0.002	0.001	0.001	0.001	0.001	0.001	0	0	0	0	0	0	0	0	0	0
1.5	0.019	0.016	0.014	0.012	0.011	0.009	0.008	0.007	0.006	0.005	0.004	0.004	0.003	0.003	0.002	0.002	0.002	0.001	0.001	0.001	0.001
2.0	0.053	0.047	0.042	0.038	0.034	0.030	0.027	0.024	0.021	0.019	0.017	0.015	0.013	0.011	0.010	0.009	0.008	0.007	0.006	0.005	0.004
2.5	0.109	0.100	0.091	0.083	0.076	0.069	0.063	0.057	0.051	0.047	0.042	0.038	0.034	0.031	0.028	0.025	0.022	0.020	0.018	0.016	0.014
3.0	0.185	0.172	0.160	0.148	0.137	0.127	0.117	0.108	0.099	0.091	0.084	0.077	0.071	0.065	0.059	0.054	0.049	0.045	0.041	0.037	0.034
3.2	0.219	0.205	0.192	0.179	0.166	0.155	0.144	0.133	0.123	0.114	0.105	0.098	0.090	0.083	0.076	0.070	0.064	0.059	0.053	0.049	0.045
3.4	0.256	0.240	0.226	0.211	0.198	0.185	0.173	0.161	0.150	0.139	0.129	0.120	0.111	0.103	0.095	0.088	0.081	0.075	0.069	0.063	0.058
3.6	0.294	0.277	0.261	0.246	0.231	0.217	0.204	0.191	0.179	0.167	0.156	0.146	0.135	0.126	0.117	0.109	0.100	0.093	0.086	0.080	0.073
3.8	0.332	0.315	0.298	0.282	0.266	0.251	0.237	0.223	0.210	0.197	0.184	0.173	0.162	0.151	0.141	0.132	0.122	0.114	0.106	0.098	0.091
4.0	0.371	0.353	0.336	0.319	0.303	0.287	0.271	0.256	0.242	0.228	0.215	0.202	0.190	0.178	0.167	0.157	0.146	0.137	0.128	0.119	0.111
4.1	0.391	0.373	0.355	0.338	0.321	0.305	0.289	0.274	0.259	0.244	0.231	0.218	0.205	0.193	0.181	0.170	0.159	0.149	0.139	0.130	0.121
4.2	0.410	0.392	0.374	0.357	0.340	0.323	0.307	0.291	0.276	0.261	0.247	0.233	0.220	0.208	0.195	0.184	0.172	0.162	0.151	0.142	0.133
4.3	0.430	0.411	0.393	0.375	0.358	0.341	0.325	0.309	0.293	0.278	0.263	0.249	0.236	0.223	0.210	0.198	0.186	0.175	0.164	0.154	0.144
4.4	0.449	0.430	0.412	0.394	0.377	0.360	0.343	0.327	0.311	0.295	0.280	0.266	0.251	0.238	0.225	0.212	0.200	0.189	0.177	0.167	0.156
4.5	0.468	0.449	0.431	0.413	0.395	0.378	0.361	0.345	0.328	0.312	0.297	0.282	0.268	0.254	0.240	0.227	0.214	0.203	0.191	0.180	0.169
4.6	0.487	0.469	0.450	0.432	0.414	0.397	0.379	0.363	0.346	0.330	0.314	0.299	0.284	0.270	0.256	0.243	0.229	0.217	0.205	0.193	0.182
4.7	0.505	0.487	0.469	0.451	0.433	0.415	0.398	0.381	0.364	0.348	0.332	0.316	0.301	0.286	0.272	0.258	0.244	0.232	0.219	0.207	0.195
4.8	0.524	0.505	0.487	0.469	0.451	0.433	0.416	0.399	0.382	0.365	0.349	0.333	0.318	0.303	0.288	0.274	0.260	0.247	0.234	0.221	0.209
4.9	0.542	0.524	0.505	0.487	0.469	0.452	0.434	0.417	0.400	0.383	0.366	0.350	0.335	0.320	0.304	0.290	0.276	0.262	0.249	0.236	0.223
5.0	0.560	0.541	0.523	0.505	0.487	0.470	0.452	0.435	0.418	0.401	0.384	0.368	0.352	0.336	0.321	0.306	0.292	0.278	0.264	0.251	0.238
5.1	0.577	0.559	0.541	0.523	0.505	0.488	0.470	0.453	0.435	0.418	0.402	0.385	0.369	0.353	0.338	0.323	0.308	0.294	0.279	0.266	0.253
5.2	0.594	0.576	0.558	0.541	0.523	0.505	0.488	0.470	0.453	0.436	0.419	0.403	0.386	0.370	0.354	0.339	0.324	0.310	0.295	0.281	0.268
5.3	0.610	0.593	0.575	0.558	0.540	0.523	0.505	0.488	0.471	0.453	0.437	0.420	0.403	0.387	0.371	0.356	0.340	0.326	0.311	0.297	0.283
5.4	0.627	0.609	0.592	0.575	0.557	0.540	0.522	0.505	0.488	0.471	0.454	0.437	0.421	0.404	0.388	0.373	0.357	0.342	0.327	0.313	0.298

续表

n / t/K	5.0	5.1	5.2	5.3	5.4	5.5	5.6	5.7	5.8	5.9	6.0	6.1	6.2	6.3	6.4	6.5	6.6	6.7	6.8	6.9	7.0
5.5	0.642	0.626	0.608	0.591	0.574	0.557	0.539	0.522	0.505	0.488	0.471	0.454	0.438	0.421	0.405	0.389	0.374	0.358	0.343	0.328	0.314
5.6	0.658	0.641	0.624	0.607	0.590	0.573	0.556	0.539	0.522	0.505	0.488	0.471	0.455	0.438	0.422	0.406	0.390	0.375	0.359	0.345	0.330
5.7	0.673	0.656	0.640	0.623	0.606	0.590	0.573	0.556	0.539	0.522	0.505	0.488	0.472	0.455	0.439	0.423	0.407	0.391	0.376	0.361	0.346
5.8	0.687	0.671	0.655	0.639	0.622	0.606	0.589	0.572	0.555	0.538	0.522	0.505	0.488	0.472	0.456	0.439	0.423	0.408	0.392	0.377	0.362
5.9	0.701	0.686	0.670	0.654	0.638	0.621	0.605	0.588	0.571	0.555	0.538	0.522	0.505	0.489	0.472	0.456	0.440	0.424	0.408	0.393	0.378
6.0	0.715	0.700	0.684	0.668	0.652	0.636	0.620	0.604	0.587	0.571	0.554	0.538	0.521	0.505	0.489	0.472	0.456	0.440	0.425	0.409	0.394
6.2	0.741	0.726	0.712	0.696	0.681	0.666	0.650	0.634	0.618	0.602	0.586	0.570	0.553	0.537	0.521	0.505	0.489	0.473	0.457	0.441	0.426
6.4	0.765	0.751	0.737	0.723	0.708	0.693	0.678	0.663	0.648	0.632	0.616	0.600	0.585	0.568	0.553	0.537	0.521	0.505	0.489	0.473	0.458
6.6	0.787	0.774	0.761	0.748	0.734	0.720	0.705	0.690	0.676	0.661	0.645	0.630	0.614	0.597	0.583	0.568	0.552	0.536	0.520	0.505	0.489
6.8	0.808	0.796	0.783	0.771	0.758	0.744	0.730	0.716	0.702	0.688	0.673	0.658	0.643	0.628	0.613	0.597	0.582	0.566	0.551	0.536	0.520
7.0	0.827	0.816	0.804	0.792	0.780	0.767	0.754	0.741	0.727	0.713	0.699	0.685	0.671	0.656	0.641	0.626	0.611	0.596	0.581	0.566	0.550
7.2	0.844	0.834	0.823	0.812	0.800	0.788	0.776	0.764	0.751	0.738	0.724	0.710	0.697	0.682	0.668	0.654	0.639	0.624	0.610	0.595	0.580
7.4	0.860	0.851	0.841	0.830	0.819	0.808	0.797	0.785	0.773	0.760	0.747	0.734	0.721	0.708	0.694	0.680	0.666	0.652	0.637	0.623	0.608
7.6	0.875	0.866	0.857	0.845	0.837	0.826	0.816	0.805	0.793	0.781	0.769	0.757	0.744	0.732	0.718	0.705	0.691	0.678	0.664	0.650	0.635
7.8	0.888	0.880	0.871	0.862	0.853	0.843	0.833	0.823	0.812	0.801	0.790	0.778	0.766	0.754	0.741	0.729	0.716	0.702	0.689	0.675	0.662
8.0	0.900	0.893	0.885	0.877	0.868	0.859	0.850	0.840	0.830	0.819	0.809	0.798	0.786	0.775	0.763	0.751	0.738	0.725	0.713	0.700	0.687
8.5	0.926	0.920	0.913	0.907	0.899	0.892	0.884	0.876	0.868	0.859	0.850	0.841	0.831	0.821	0.811	0.800	0.790	0.778	0.767	0.755	0.744
9.0	0.945	0.940	0.935	0.930	0.924	0.918	0.912	0.906	0.899	0.892	0.884	0.876	0.869	0.860	0.851	0.842	0.833	0.823	0.814	0.804	0.793
9.5	0.960	0.956	0.952	0.948	0.943	0.938	0.933	0.928	0.923	0.917	0.911	0.905	0.898	0.891	0.884	0.877	0.869	0.861	0.853	0.844	0.835
10.0	0.971	0.968	0.965	0.962	0.958	0.955	0.951	0.946	0.942	0.938	0.933	0.928	0.922	0.917	0.911	0.905	0.898	0.892	0.885	0.877	0.870
11.0	0.985	0.983	0.982	0.979	0.978	0.975	0.973	0.971	0.968	0.965	0.962	0.959	0.956	0.952	0.949	0.945	0.940	0.936	0.931	0.926	0.921
12.0	0.992	0.992	0.991	0.990	0.988	0.981	0.986	0.985	0.983	0.981	0.980	0.978	0.976	0.974	0.971	0.969	0.966	0.963	0.961	0.957	0.954
13.0	0.996	0.995	0.995	0.995	0.994	0.993	0.993	0.992	0.991	0.990	0.989	0.988	0.987	0.986	0.984	0.983	0.981	0.980	0.978	0.976	0.974
14.0	0.998	0.998	0.998	0.997	0.997	0.997	0.996	0.996	0.996	0.995	0.994	0.994	0.993	0.993	0.992	0.991	0.990	0.989	0.988	0.987	0.986
15.0	0.999	0.999	0.999	0.999	0.999	0.998	0.998	0.998	0.998	0.997	0.997	0.997	0.997	0.996	0.996	0.995	0.995	0.994	0.994	0.993	0.992